高等职业教育物联网应用技术
专业系列教材

无线传感网技术及应用

(微课版)

主　编　蔡教武　程亚惟　李良钰
副主编　欧　星　吴　凡　周天凤　普清民　冯阳明
参　编　王　利　林少茵　张　露　孙　菁
万其明　姚　鑫　江武志　管永俊
韩应伟　郭晓磊　黄若珊　胡应坤

西安电子科技大学出版社

内 容 简 介

本书采用实践为主、理论为辅、实践与理论相结合的方式，通过24个具体项目，深入浅出地讲解了基于CC2530单片机的无线传感技术及其应用，内容包括CC2530单片机基础、进阶以及ZigBee无线组网的开发与应用等相关内容，以期全面提高读者的实际动手能力。

本书可作为高职院校物联网应用技术、电子信息工程技术、智能网络互联技术等专业相关课程的教材，也可作为ZigBee技术开发者的参考用书。

图书在版编目（CIP）数据

无线传感网技术及应用 : 微课版 / 蔡教武，程亚惟，李良钰主编. -- 西安 : 西安电子科技大学出版社，2024. 8. -- ISBN 978-7-5606-7314-1

Ⅰ. TP212

中国国家版本馆 CIP 数据核字第 2024B1V082 号

策　　划	明政珠		
责任编辑	张　玮		
出版发行	西安电子科技大学出版社（西安市太白南路2号）		
电　　话	（029）88202421　88201467	邮　　编	710071
网　　址	www.xduph.com	电子邮箱	xdupfxb001@163.com
经　　销	新华书店		
印刷单位	广东虎彩云印刷有限公司		
版　　次	2024年8月第1版	2024年8月第1次印刷	
开　　本	787毫米×1092毫米　1/16	印　　张	18
字　　数	423千字		
定　　价	51.00元		

ISBN 978-7-5606-7314-1

XDUP 7615001-1

*** 如有印装问题可调换 ***

前　言

随着物联网的快速商业化，物联网产业的爆发式增长，世界各国纷纷通过加大对物联网产业发展政策的扶持力度进行战略布局，我国也已明确将物联网列为国家战略性新兴产业。

基于 ZigBee 的无线传感器网络技术是物联网的重要应用技术之一，目前市面上介绍该技术的教材不少，但其中很多只涉及 ZigBee 无线传感器网络的体系结构、路由算法、拓扑结构等，主要是从理论上对 ZigBee 无线传感器网络进行讲解，缺乏实际项目的介绍，这类教材并不适合职业院校教学使用。针对这种情况笔者编写了本书。

本书根据职业教育的教学规律，以“产教融合”“项目化教学”等职业教育思想为指导，秉持“做中学”教学理念，围绕物联网专业人才培养目标对于感知层和网络传输层技术技能人才的培养要求，将教材的内容和设计对接企业的岗位需求和工作过程，选取了 24 个“基础+进阶”的项目，由易到难，由简单到综合，逐步培养读者的无线传感网技术综合应用能力。

本书从 ZigBee 技术硬件资源出发，主要讲解支撑 ZigBee 技术的核心芯片 TI CC2530 的开发与应用。其中：项目一简述了 ZigBee 基础知识，旨在让读者认识什么是 ZigBee 无线传感网技术，了解 ZigBee 基础知识及应用、常用的 ZigBee 芯片和 Z-Stack 协议栈；项目二介绍了 IAR 集成开发环境，讲解了 CC2530 开发的软硬件环境的搭建方法以及调试方法；项目三至项目十一介绍了 CC2530 的 I/O、定时器 1、串口、睡眠定时器、看门狗、ADC 等单片机资源的功能、特点和应用开发；项目十二至项目十六在前面基本知识的基础上增加了温湿度、气体浓度、人体感应、RFID 等传感器的应用及 PWM 技术的学习；项目十七至项目二十三为 CC2530 的无线组网应用开发，主要讲解了 Z-Stack 协议栈的组网原理及应用开发方法；项目二十四介绍 SSD1306 液晶显示模块的原理和应用。

在内容编排上，本书基于项目进行教学单元的设计，并把知识点融入项目中。项目按照“项目导入—项目要求—项目分析—项目目标—知识储备—项目实施—项目成果—拓展训练—项目总结—项目评价”的顺序安排，以任务驱动，层次分明，非常适合“理论+实践”的教学模式。此外，本书提供了配套的 PPT、源代码等资源，读者可以访问西安电子科技大学出版社网站(https://www.xduph.com/)进行下载。

本书由中山职业技术学院蔡教武、广东工贸职业技术学院程亚惟、中山职业技术学院李良钰任主编，由罗定职业技术学院欧星、南海信息技术学校吴凡、中山职业技术学院周天凤、中山职业技术学院普清民、上海企想信息技术有限公司冯阳明任副主编。参与本书编写的还有中山职业技术学院王利、林少茵、张露、孙菁、万其明、姚鑫、江武志，广东工贸职业技术学院黄若珊、胡应坤，中山云谊电控科技有限公司管永俊、郭晓磊，广东维视校园照明科技有限公司韩应伟。其中，蔡教武负责大纲拟定和教材统稿，程亚惟负责编写项目十七至项目二十四，李良钰负责编写项目一、项目二和视频、动画资源制作，欧星负责编写项目三至项目十一，吴凡负责编写项目十二至项目十六，周天凤、普清民、王利、林少茵、孙菁、万其明负责相关的信息化资源制作，冯阳明、管永俊、韩应伟、郭晓磊负责项目案例收集和源代码的调试验证，张露、姚鑫、江武志、黄若珊、胡应坤负责项目案例资源的收集和教材资源的制作。

在编写本书的过程中，我们参考了大量的相关文献与资料，在此向相关作者表示感谢，同时感谢上海企想信息技术有限公司给予的大力支持。

由于编者水平有限，书中不足之处在所难免，恳请各位读者批评指正。

编　者

2024 年 3 月

目　录

项目一　认识 ZigBee 无线传感网技术.........1
项目导入.........1
项目要求.........1
项目分析.........1
项目目标.........2
知识储备.........2
一、ZigBee 无线传感网的定义.........2
二、ZigBee 无线传感网的特点.........2
三、常用短距离无线通信技术.........3
四、ZigBee 协议的版本.........6
五、ZigBee 芯片的发展概况.........7
六、Z-Stack 协议栈的发展概况.........9
拓展训练.........9
项目总结.........10
项目评价.........11
项目二　认识 IAR 集成开发环境.........12
项目导入.........12
项目要求.........12
项目分析.........12
项目目标.........12
知识储备.........12
一、IAR 集成开发环境.........13
二、IAR 的版本.........13
三、IAR 的安装方法.........13
四、IAR 的使用方法.........16
项目实施.........21
一、设备和资源准备.........21
二、仿真器(烧录器)驱动安装.........21
三、实施过程.........23
项目成果.........25
拓展训练.........25
项目总结.........25
项目评价.........27
项目三　制作 LED 流水灯.........28
项目导入.........28
项目要求.........28
项目分析.........28
项目目标.........29
知识储备.........29
一、CC2530 芯片的内部结构.........29
二、CC2530 的 I/O 口特性.........29
三、CC2530 的特殊功能寄存器(SFR)..31
四、项目中用到的 SFR.........33
项目实施.........34
一、设备和资源准备.........34
二、实验模块原理图.........35
三、实施过程.........35
项目成果.........39
拓展训练.........39
项目总结.........39
项目评价.........41
项目四　按键控制 LED.........42
项目导入.........42
项目要求.........42
项目分析.........42
项目目标.........43
知识储备.........43
一、CC2530 的 I/O 口.........43

二、项目中用到的 SFR......45
项目实施......45
一、设备和资源准备......45
二、实验模块原理图......45
三、实施过程......46
项目成果......49
拓展训练......49
项目总结......49
项目评价......51
项目五　按键触发中断......52
项目导入......52
项目要求......52
项目分析......52
项目目标......53
知识储备......53
一、开启中断(中断使能)......53
二、中断控制......56
三、中断处理......56
项目实施......57
一、设备和资源准备......57
二、实验模块原理图......57
三、实施过程......58
项目成果......62
拓展训练......62
项目总结......62
项目评价......64
项目六　定时器 1 控制 LED 闪烁......65
项目导入......65
项目要求......65
项目分析......65
项目目标......66
知识储备......66
一、定时器 1 的功能和工作模式......66
二、定时器 1 的通道模式控制......68
三、定时器 1 的状态和中断标志寄存器......71
项目实施......72
一、设备和资源准备......72
二、实验模块原理图......72
三、实施过程......73
项目成果......77
拓展训练......77
项目总结......77
项目评价......79
项目七　串口发送数据......80
项目导入......80
项目要求......80
项目分析......80
项目目标......81
知识储备......81
一、串行通信......81
二、CC2530 的串行通信接口......82
三、CC2530 的控制寄存器......82
四、CC2530 的波特率设置......85
五、UART 的发送和接收......85
项目实施......86
一、设备和资源准备......86
二、实验模块原理图......86
三、实施过程......86
项目成果......90
拓展训练......90
项目总结......90
项目评价......92
项目八　串口接收数据控制 LED......93
项目导入......93
项目要求......93
项目分析......93
项目目标......94
知识储备......94
一、UART 中断寄存器设置......94
二、UART 中断处理......95
三、项目中用到的 SFR......96
项目实施......97
一、设备和资源准备......97
二、实验模块原理图......97
三、实施过程......98
项目成果......102
拓展训练......102

项目总结......103
项目评价......104
项目九　CC2530 的睡眠定时器......105
项目导入......105
项目要求......105
项目分析......105
项目目标......105
知识储备......105
一、睡眠定时器......106
二、睡眠定时比较值的设置......107
三、睡眠定时器中断设置与中断标志......107
四、供电模式控制......109
项目实施......110
一、设备和资源准备......110
二、实验模块原理图......111
三、实施过程......111
项目成果......114
拓展训练......115
项目总结......115
项目评价......117
项目十　看门狗的应用......118
项目导入......118
项目要求......118
项目分析......118
项目目标......119
知识储备......119
一、看门狗定时器......119
二、喂狗操作......119
三、项目中用到的 SFR......120
项目实施......120
一、设备和资源准备......120
二、实验模块原理图......121
三、实施过程......121
项目成果......123
拓展训练......125
项目总结......125
项目评价......126
项目十一　ADC 采集芯片内温度......127
项目导入......127
项目要求......127
项目分析......127
项目目标......128
知识储备......128
一、CC2530 内置 ADC 的特点......128
二、ADC 输入端与采样率设置......128
三、ADC 运行模式......129
四、ADC 转换结果......130
项目实施......131
一、设备和资源准备......131
二、实验模块原理图......131
三、实施过程......132
项目成果......136
拓展训练......136
项目总结......137
项目评价......138
项目十二　温湿度采集系统设计......139
项目导入......139
项目要求......139
项目分析......139
项目目标......140
知识储备......140
一、SHT10 的特点......140
二、SHT10 与 MCU 的连接方式......140
三、SHT10 的数据采集......140
四、项目中用到的 SFR......143
项目实施......143
一、设备和资源准备......143
二、实验模块原理图......143
三、实施过程......144
项目成果......147
拓展训练......147
项目总结......148
项目评价......149
项目十三　PWM 控制 LED 的亮度......150
项目导入......150
项目要求......150
项目分析......150

项目目标......150
知识储备......150
一、PWM 技术简介......151
二、定时器 3 的工作原理......151
三、项目中用到的 SFR......152
项目实施......154
一、设备和资源准备......154
二、实验模块原理图......155
三、实施过程......155
项目成果......157
拓展训练......157
项目总结......158
项目评价......159
项目十四　气体浓度数据采集系统......160
项目导入......160
项目要求......160
项目分析......160
项目目标......160
知识储备......161
一、MQ-5 可燃气体传感器的特点......161
二、MQ-5 可燃气体传感器的采集原理......161
三、项目中用到的 SFR......161
项目实施......162
一、设备和资源准备......162
二、实验模块原理图......162
三、实施过程......163
项目成果......165
拓展训练......165
项目总结......165
项目评价......167
项目十五　人体感应系统......168
项目导入......168
项目要求......168
项目分析......168
项目目标......168
知识储备......168
一、BISS0001 人体感应红外传感器的原理......169
二、BISS0001 人体感应红外传感器的特点......169
三、项目中用到的 SFR......169
项目实施......170
一、设备和资源准备......170
二、实验模块原理图......170
三、实施过程......171
项目成果......172
拓展训练......173
项目总结......173
项目评价......175
项目十六　RFID 读取系统......176
项目导入......176
项目要求......176
项目分析......176
项目目标......177
知识储备......177
一、CLRC632 射频读/写模块......177
二、SPI 通信协议......177
三、项目中用到的 SFR......183
项目实施......185
一、设备和资源准备......185
二、实验模块原理图......185
三、实施过程......185
项目成果......188
拓展训练......188
项目总结......189
项目评价......190
项目十七　Z-Stack 协议栈广播通信......191
项目导入......191
项目要求......191
项目分析......191
项目目标......191
知识储备......191
一、ZigBee 网络的设备类型......192
二、ZigBee 的地址......192
三、ZigBee 网络拓扑结构......193
四、信标与非信标模式......194
五、ZigBee 协议栈的体系结构......194

六、ZigBee 的信道............................196
七、ZigBee 的地址分配......................197
八、Z-Stack 协议栈............................198
项目实施..206
一、设备和资源准备..........................206
二、实施过程......................................206
项目成果..208
拓展训练..209
项目总结..210
项目评价..211
项目十八　Z-Stack 协议栈串口通信..........212
项目导入..212
项目要求..212
项目分析..212
项目目标..212
知识储备..212
一、Z-Stack 协议栈串口初始化函数 MT_UartInit()..................................212
二、Z-Stack 协议栈 UART 串口默认参数......................................213
项目实施..214
一、设备和资源准备..........................214
二、实施过程......................................214
项目成果..216
拓展训练..217
项目总结..219
项目评价..220
项目十九　Z-Stack 协议栈串口收发信息....................................221
项目导入..221
项目要求..221
项目分析..221
项目目标..221
知识储备..221
一、Z-Stack 协议栈串口接收数据.......221
二、Z-Stack 协议栈串口接收函数 MT_UartProcessZToolData ().......222
项目实施..223
一、设备和资源准备..........................223
二、实施过程......................................223
项目成果..226
拓展训练..226
项目总结..227
项目评价..228
项目二十　Z-Stack 协议栈点播通信..........229
项目导入..229
项目要求..229
项目分析..229
项目目标..229
知识储备..229
一、ZigBee 的 PAN_ID (网络号).........230
二、ZigBee 点对点通信......................230
项目实施..231
一、设备和资源准备..........................231
二、实施过程......................................231
项目成果..236
拓展训练..237
项目总结..237
项目评价..238
项目二十一　Z-Stack 协议栈采集温湿度..................................239
项目导入..239
项目要求..239
项目分析..239
项目目标..239
知识储备..239
一、SHT10 文件移植............................240
二、无线发送温度数据函数 SampleApp Send_P2P_Message()....242
项目实施..242
一、设备和资源准备..........................242
二、实施过程......................................243
项目成果..243
拓展训练..243
项目总结..244
项目评价..246
项目二十二　Z-Stack 协议栈按键控制......247
项目导入..247

项目要求......247
项目分析......247
项目目标......247
知识储备......247
一、按键初始化......248
二、轮询按键事件......249
三、按键发送广播包......250
四、处理接收到的控制数据......250
项目实施......251
一、设备和资源准备......251
二、实施过程......251
项目成果......252
拓展训练......253
项目总结......254
项目评价......255
项目二十三　Z-Stack 数据包捕捉与分析......256
项目导入......256
项目要求......256
项目分析......256
项目目标......256
知识储备......256
一、Packet Sniffer 软件的安装与使用......257
二、Packet Sniffer 抓包结果分析......258
项目实施......260
一、设备和资源准备......260
二、实施过程......261
项目成果......261
拓展训练......261
项目总结......263
项目评价......264
项目二十四　SSD1306 液晶显示......265
项目导入......265
项目要求......265
项目分析......265
项目目标......265
知识储备......265
一、SSD1306 液晶模块的工作原理......266
二、SSD1306 文件移植......273
项目实施......275
一、设备和资源准备......275
二、实施过程......275
项目成果......275
项目总结......276
项目评价......277
参考文献......278

项目一

认识 ZigBee 无线传感网技术

项目导入

作为一种与蓝牙、Wi-Fi 齐名的短距离无线传感网技术，ZigBee 具有功耗低、成本低、安全性好、网络容量大、工作频段灵活等优点，广泛应用于工业控制、智能家居、医疗护理、智能农业、智能物流、城市交通、消费电子等领域。目前其最新版本为 ZigBee3.0，官方图标如图 1-1 所示。

图 1-1　ZigBee3.0 的官方图标

本项目将介绍 ZigBee 技术的基本知识及其他常见的短距离无线传感网技术。

项目要求

认识 ZigBee 无线传感网技术，掌握 ZigBee 无线传感网的定义、特点和应用领域。

项目分析

传感网是物联网系统的关键组成部分，它覆盖了感知层和网络层。感知层用于感知和控制设备的信息和状态；网络层用于实现感知层和平台层之间的信息传输。随着技术的不断进步，现在的传感网已经有很多类型。按照传输介质的不同，传感网可分为有线传感网和无线传感网。典型的有线传感网有 RS-485 总线网络、CAN 总线网络和基于电力线载波(Power Line Carrier，PLC)通信的有线传感网等。常见的无线传感网有基于 Wi-Fi、蓝牙、红外线、ZigBee、Z-Wave、LoRa 和 NB-IoT 等技术的无线传感网。本项目主要学习基于 ZigBee 的无线传感网应用与开发技术。

项目目标

(1) 掌握 ZigBee 无线传感网的定义。
(2) 掌握 ZigBee 无线传感网的特点。
(3) 了解 ZigBee 协议的版本。
(4) 了解 ZigBee 芯片的发展概况。
(5) 了解 Z-Stack 协议栈的发展概况。

知识储备

传感网与智慧生活

一、ZigBee 无线传感网的定义

ZigBee 是一种短距离、低功耗的无线通信技术。“ZigBee”这一名称来源于蜜蜂的舞蹈。蜜蜂在发现花丛后会通过一种特殊的肢体语言来告知同伴新发现的食物源位置等信息，这种肢体语言就是 Z 字形(ZigZag)舞蹈，是蜜蜂之间一种简单传达信息的方式。借此意义将这种新一代无线通信技术命名为 ZigBee，其特点是近距离、低复杂度、低功耗、低数据速率、低成本、大网络容量，主要适用于自动控制和远程控制领域，可以嵌入各种设备。

一个 ZigBee 网络最多由 65 535 个无线数传模块组成。在整个网络范围内，每个 ZigBee 网络中的无线数传模块之间可以相互通信，每个 ZigBee 网络节点间的距离可以从标准的 75 m 无限扩展。

ZigBee 网络节点不仅可以作为数据采集对象，使用其所连接的传感器直接采集和传输数据，还可以作为路由器转发其他网络节点传过来的数据信息。除此之外， ZigBee 网络节点还可在自己信号覆盖的范围内和多个不承担网络信息中转任务的孤立的子节点进行无线连接。

ZigBee 以 IEEE 802.15.4 协议为基础，既可使用全球通用的频段进行通信，又可在欧美不同的频段上进行通信。全球通用的频段为 2.400～2.484 GHz，传输速率为 250 kb/s；欧洲采用的频段为 868.0～868.66 MHz，传输速率为 20 kb/s；美国采用的频段为 902～928 MHz，传输速率为 40 kb/s。ZigBee 联盟成立于 2002 年 8 月，由英国 Invensys 公司、日本三菱电气公司、美国摩托罗拉公司以及荷兰飞利浦半导体公司组成，如今已经吸引了 200 多家芯片公司、无线设备公司和开发商加入。ZigBee 类似现有的移动通信 CDMA 网或 GSM 网，每个 ZigBee 网络数传模块相当于移动网络的一个基站，在整个网络范围内，它们之间可以相互通信；整个 ZigBee 网络不仅可以“无限”扩展，而且还可以与现有的其他网络连接，人们可以通过互联网在任意地点远程监控一个 ZigBee 网络。与移动通信的 CDMA 网或 GSM 网不同的是：ZigBee 网络主要是为工业现场自动化控制数据传输而建立的，因而它必须具有简单、使用方便、工作可靠、价格低廉等特点，每个 ZigBee“基站”的价格在几十元人民币以内；移动通信网主要是为语音通信而建立的，每个基站的价格一般在百万元人民币以上。

二、ZigBee 无线传感网的特点

ZigBee 无线传感网主要有以下特点：

(1) 功耗低。这是 ZigBee 的一个显著特点。ZigBee 的传输速率低，发射功率仅为 1 mW，而且采用了休眠模式，由于工作周期较短，可以确保两节五号电池支持 ZigBee 长达六个月到两年左右的使用时间。

(2) 成本低。协议简单且所需的存储空间小，这极大地降低了 ZigBee 的成本，每块 ZigBee 芯片的价格仅 1 美元左右，而且 ZigBee 协议是免专利费的。

(3) 时延短。ZigBee 的通信时延和从休眠状态激活的时延都非常短。典型的设备搜索时延为 30 ms，休眠激活时延为 15 ms，活动设备信道接入时延为 15 ms。这一方面节省了能量消耗，另一方面更适用于对时延要求比较敏感的场合。

(4) 数据传输速率低。ZigBee 的数据传输速率只有 20～250 kb/s，专用于低数据传输速率的场合。

(5) 网络容量大。一个 ZigBee 设备可以与另外 254 个设备相连接，一个 ZigBee 网络可以容纳最多 65 535 个设备，一个区域内可以同时存在 100 个 ZigBee 网络。网络有星型、树型和网状网络结构。在有节点加入和撤出时，ZigBee 网络具有自动修复功能。

(6) 有效范围小。ZigBee 的有效覆盖范围在 10～200 m 之间，具体依据实际发射功率的大小和各种不同的应用模式而定。

(7) 工作频段灵活。ZigBee 可使用的工作频段有 2.4 GHz(全球流行)、868 MHz(欧洲)以及 915 MHz(美国)，均为免执照频段。

(8) 安全性高。ZigBee 提供了基于循环冗余校验(CRC)的数据包完整性检查功能，支持鉴权和认证，采用了 AES-128 加密算法，各个应用可以灵活确定其安全属性。

(9) 数据传输可靠性高。ZigBee 采取了碰撞避免策略，同时为需要固定带宽的通信业务预留了专用时隙，避免了发送数据的竞争和冲突。MAC 层采用了完全确认的数据传输模式，每个发送的数据包都必须等待接收方的确认信息，如果传输过程中出现问题，则进行重发。

三、常用短距离无线通信技术

1. Wi-Fi

Wi-Fi 原先是无线保真(Wireless Fidelity)的缩写，也是一种基于 IEEE 802.11 标准的无线局域网(WLAN)技术。从 1999 年推出以来，Wi-Fi 已应用于市面上的许多产品(如个人计算机、游戏机、MP3 播放器、智能手机、平板电脑、打印机、笔记本电脑、家用电器以及其他可以无线上网的周边设备)中，成为了我们生活中较常用的访问互联网的方式。通常 Wi-Fi 技术使用 2.4 GHz 和 5 GHz 周围频段，通过有线网络外接一个无线路由器，把有线信号转换成无线信号。

由于无线传感网的频段在世界范围内是无需任何电信运营执照的，因此 WLAN 无线设备提供了一个世界范围内可以使用的、费用较低且数据带宽较高的无线空中接口。用户可以在 Wi-Fi 覆盖区域内快速浏览网页，随时随地接听或拨打电话，或使用基于 WLAN 的宽带数据应用，如流媒体、网络游戏等。有了 Wi-Fi，我们打长途电话(包括国际长途)、浏览网页、收发电子邮件、下载音乐、传递数码照片等，无需担心速度慢和花费高的问题。Wi-Fi 技术与蓝牙技术均属于在办公室和家庭中使用的短距离无线通信技术。

随着最新的 IEEE 802.11be 标准的发布，新的 Wi-Fi 版本名称被定义为 Wi-Fi7。目前 Wi-Fi 的所有版本中，2.4 GHz 频段支持 IEEE 802.11b/g/n/ax/be 标准，5 GHz 频段支持 IEEE 802.11a/n/ac/ax/be 标准，6 GHz 频段支持 IEEE 802.11be 标准。由此可见，IEEE 802.11be 可同时工作在 2.4 GHz、5 GHz 和 6 GHz 频段，Wi-Fi7 是兼容三频工作的。Wi-Fi 各版本的主要技术参数如表 1-1 所示。

表 1-1　Wi-Fi 各版本的主要技术参数

Wi-Fi 版本	Wi-Fi 标准	发布时间	最高速率	工作频段
Wi-Fi7	IEEE 802.11be	2024 年	30 Gb/s	2.4 GHz、5GHz、6 GHz
Wi-Fi6	IEEE 802.11ax	2019 年	11 Gb/s	2.4 GHz 或 5 GHz
Wi-Fi5	IEEE 802.11ac	2014 年	1 Gb/s	5 GHz
Wi-Fi4	IEEE 802.11n	2009 年	600 Mb/s	2.4 GHz 或 5 GHz
Wi-Fi3	IEEE 802.11g	2003 年	54 Mb/s	2.4 GHz
Wi-Fi2	IEEE 802.11b	1999 年	11 Mb/s	2.4 GHz
Wi-Fi1	IEEE 802.11a	1999 年	54 Mb/s	5 GHz
Wi-Fi0	IEEE 802.11	1997 年	2 Mb/s	2.4 GHz

优点：覆盖范围广，数据传输速率快。

缺点：存在一定的安全风险，信号稳定性较差，功耗略高，组网能力差。

2. 蓝牙

蓝牙(Bluetooth)技术最早始于 1994 年，由瑞典电信巨头爱立信公司研发。蓝牙技术可连接多个设备，克服了数据同步的难题。蓝牙技术联盟在全球拥有超过 25 000 家成员公司，它们分布在电信、计算机、网络和消费电子等多个领域。IEEE 将蓝牙技术列为 IEEE 802.15.1 标准，但如今已不再维持该标准。

蓝牙采用的频段为 2.4～2.485 MHz，属于无须取得执照的工业、科学和医疗(ISM)用的 2.4 GHz 无线电频段。蓝牙使用跳频技术，将传输的数据分割成数据包，通过 79 个指定的蓝牙频道分别传输，每个频道的频宽为 1 MHz。蓝牙 4.0 使用 2 MHz 间距，可容纳 40 个频道。第一个频道始于 2402 MHz，每 1 MHz 一个频道，至 2480 MHz，通常频率跳转每秒会发生 1600 次。

蓝牙是有着主从架构的协议。一个主设备至多可和同一网中的 7 个从设备通信，所有设备共享主设备的时钟。设备之间可通过协议转换角色，从设备也可转换为主设备(比如，一个头戴式耳机如果向手机发起连接请求，它作为连接的发起者，自然就是主设备，但是随后也许会作为从设备运行)。

蓝牙技术也紧跟物联网的发展脚步，2021 年发布了蓝牙 5.3 版本，数据传输速率可达 42 Mb/s，理论传输距离为 300 m，并增加了增强型 ATT 协议以及 LE 功耗控制和 LE 同步信道等功能。在智能家居领域，蓝牙设备之间可以不通网络实现“对话”，即使在突然断网无 Wi-Fi 的情况下，智能家居设备仍可以继续工作。

优点：数据传输速率快、功耗低，安全性高。

缺点：网络节点少，不适合多点布控。

3. ZigBee

初探 ZigBee 协议

ZigBee 于 2003 年被正式提出，它的出现是为了弥补蓝牙通信协议的高复杂、功耗大、距离近、组网规模太小等缺陷。ZigBee 可工作在三个频段：868～868.6 MHz、902～928 MHz 和 2.4～2.4835 GHz，其中最后一个频段在世界范围内通用，有 16 个信道，该频段也属于全球范围内无须取得执照的 ISM(Industrial Scientific Medical)频段。三个频段的传输速率分别为 20 kb/s、40 kb/s 及 250 kb/s。

ZigBee 采用自组网的方式进行通信，在无线传感器网络中，当某个传感器的信息从某条通信路径无法顺畅地传递出去时，动态路由器会迅速找出另一条近距离的信道来传输数据，从而保证了信息的可靠传递。

优点：安全性高、功耗低、组网能力强、容量大、电池寿命长。

缺点：抗干扰性差、未开源、通信距离短、数据传输速率较低。

4. NFC

近场通信(Near Field Communication，NFC)是一种新兴的技术，使用了 NFC 技术的设备(比如手机)可以在彼此靠近的情况下进行数据交换。NFC 技术是由非接触式射频识别(RFID)及互联互通技术整合演变而来的，由飞利浦公司和索尼公司共同研制开发。通过在单一芯片上集成感应式读卡器、感应式卡片和点对点通信的功能，利用移动终端可实现移动支付、电子票务、门禁、移动身份识别、防伪等应用。NFC 与蓝牙技术的功能类似，尽管 NFC 的传输速率和传输距离没有蓝牙快和远，但它的功耗和成本都更低，保密性也更好，这些优点让它成为了移动支付和消费类电子的宠儿。

近场通信是一种短距高频的无线电技术，以 13.56 MHz 频率运行于 20 cm 距离内，其传输速率有 106 kb/s、212 kb/s、424 kb/s 三种。

近场通信技术是由 Nokia、Philips、Sony 公司合作开发的，推动了 ISO 18092、ECMA-340 和 ETSI TS 102 190 框架的标准化，同时也兼容广泛应用的 ISO 14443 Type-A、ISO 15693 等标准的非接触式智能卡。

近场通信技术的原理非常简单，它可以通过主动和被动两种模式交换数据。在被动模式下，启动近场通信的设备也称为发起设备(主设备)，在整个通信过程中提供射频场。它可以选择 106 kb/s、212 kb/s、424 kb/s 中的一种传输速率，将数据发送到另一台设备。另一台设备称为目标设备(从设备)，不必产生射频场，而使用负载调制(Load Modulation)技术以相同的速度将数据传回发起设备。在主动模式下，发起设备和目标设备都要产生自己的射频场进行通信。

优点：成本低、功耗低、安全性高。

缺点：数据传输速率较低，不能组网。

5. 其他短距离无线通信技术

除了以上 4 种典型的短距离无线通信技术，还有超宽带、红外等技术。

超宽带(Ultra Wideband，UWB)是一种无载波通信技术，利用纳秒至微微秒级的非正弦波窄脉冲传输数据，能在 10 m 左右的范围内实现每秒数百兆位至数吉兆位的数据传输速率，具有系统复杂度低、发射信号功率谱密度低、对信道衰落不敏感、截获能力低、定位精度高、抗干扰性能强、传输速率高、带宽极宽、消耗能量小等优点，尤其适用于室内等密集多径场所的高速无线接入，主要应用于室内通信、高速无线 LAN、家庭网络、无绳电话、安全检测、位置测定、雷达等领域。

红外技术也是无线通信技术的一种，可以进行无线数据的传输。红外技术有明显的特点：点对点式传输、无线、不能离得太远、要对准方向、不能穿过墙与障碍物、几乎无法控制信息传输的速度。IEEE 802.11 物理层标准中，除了使用 2.4 GHz 频率的射频，还包括了红外的有关标准。IrDA1.0 支持最高 115.2 kb/s 的通信速率，IrDA1.1 支持 4 Mb/s。

各种短距离无线通信技术的主要技术参数对比如表 1-2 所示。

表 1-2　各种短距离无线通信技术的主要技术参数

技术参数	Wi-Fi	蓝牙	ZigBee	NFC	UWB	红外
数据传输速率	11～54 Mb/s	720 kb/s～42 Mb/s	20 kb/s，40 kb/s，250 kb/s	106 kb/s，212 kb/s，424 kb/s	53～480 Mb/s	20 b/s
通信距离	100～200 m	300 m	10～100 m	20 cm 以内	0.2～40 m	10 m
标准	IEEE 802.11	IEEE 802.15.1	IEEE 802.15.4	ISO 18092	—	红外数据协议
使用频段	2.4 GH，5 GHz，6 GHz	2.4 GHz	2.4 GH，868 MHz，915 MHz	13.56 MHz	3.1～10.6 GHz	38 kHz
安全性	低	高	中	高	极高	高
功耗	10～50 mA	20 mA	5 mA	10 mA	10～50 mA	1 mA
抗干扰性能	较低	较低	中	中	高	高

四、ZigBee 协议的版本

ZigBee 是以 IEEE 802.15.4 标准为基础发展出来的无线通信技术。IEEE 802.15.4 标准是 IEEE 802.15.4 工作组为低速率无线个域网(Wireless Personal Area Network，WPN)制定的标准。IEEE 802.15.4 工作组成立于 2002 年 12 月，致力于定义一种廉价、便携、低复杂度、低成本、低功耗、低速率设备使用的无线连接技术，并于 2003 年 12 月通过了第一个 IEEE 802.15.4 标准。随着无线传感器网络技术的发展，无线传感器网络的标准也得到了快速的发展。IEEE 802.15.4 标准定义了个域网中通过射频方式在设备间进行互联的方式与协议，该标准使用避免冲突的载波监听多址接入方式作为媒体访问机制，同时支持星型与对等型拓扑结构。

第一个 ZigBee 协议栈规范于 2004 年 12 月正式发布，称为 ZigBee 1.0 或 ZigBee 2004。

第二个 ZigBee 协议栈规范于 2006 年 12 月发布，称为 ZigBee 2006 规范，主要是用“群组库”(Cluster Library)替换了 ZigBee 2004 中的 MSG/KVP 结构。

第三个 ZigBee 协议栈规范于 2007 年 10 月发布，称为 ZigBee 2007 规范。它包含两个协议栈模板(Profile)：一个是 ZigBee 协议栈模板(Stack Profile 1)，于 2006 年发布，目标是消费电子产品和灯光商业应用环境，其设计简单，用于少于 300 个节点的网络中；另一个是 ZigBeePro 协议栈模板 (Stack Profile 2)，于 2007 年发布，目标是商业和工业环境，其支持大型网络(1000 个以上节点的网络)，具有更高的安全性，并增加了多播、多对一路由等功能。ZigBee 2007 向后完全兼容 ZigBee 2006 设备，ZigBee 2007 设备可以加入一个 ZigBee 2006 网络，并能在 ZigBee 2006 网络中运行，反之亦然。

虽然 ZigBee 联盟制定了一系列的规范，但是仍然留给厂商较多的定制空间。以智能家居为例，各厂商一般都使用标准的 HA 规范，但普遍都基于自身需求做了一些定制，结果就是市场上不同厂商的 ZigBee 网关和终端设备都无法互联互通互操作。对于用户来说，体验会受到一定影响，比如选择了某一智能家居厂商的 ZigBee 网关，就必须使用该厂商的各种终端设备，如开关、插座等，才能与网关配合起来。

为了解决这个互操作问题，2016 年 5 月，ZigBee 联盟推出了 ZigBee 3.0 标准。其主要任务就是统一众多应用层协议，解决不同厂商 ZigBee 设备之间的互联互通问题。用户只要购买任意一个经过 ZigBee 3.0 的网关就可以控制不同厂家基于 ZigBee 3.0 的智能设备。ZigBee 3.0 虽然统一了 ZHA、ZLL 等 6 种 Application Profile，但 ZigBee 3.0 标准的市场普及仍然需要时间。

五、ZigBee 芯片的发展概况

ZigBee 的
前世今生

1. 早期 ZigBee 芯片的发展概况

自 2003 年 12 月 Chipcon 公司推出业界第一款 ZigBee 收发器 CC2420 以来，各大半导体厂家可谓百家争鸣，先后推出了许多款 ZigBee 收发芯片，其中仍以 Chipcon 最受关注。先后有多家公司推出与 ZigBee 收发芯片匹配的专业处理器，除 Chipcon 外，以微芯的 PIC18F4620 和 Atmel 的 A222222 最为成功。2004 年 12 月 Chipcon 推出了全球第一个基于 IEEE 802.15.4/ZigBee 协议的片上系统(SoC)解决方案——CC2430 无线单片机，该款芯片内部集成了一颗增强型的 8051 内核以及 ZigBee 收发器 CC2420。2005 年 12 月，Chipcon 再接再厉，推出了内嵌定位引擎的 ZigBee/IEEE 802.15.4 解决方案 CC2431。

2006 年 2 月 TI 公司收购了 Chipcon 公司，以壮大其在 RF 行业的龙头地位。之后，TI 在发布的 ZigBee 收发器以及无线单片机上进行不断修订，陆续开发出了具有针对性的开发系统，并于 2006 年 10 月把其自身的 MSP430 处理器应用于 ZigBee 收发器的控制，在 2007 年 5 月推出整套 CC2420+MSP430 ZigBee/IEEE 802.15.4 Development Kit 开发包，2008 年 2 月推出第二代 ZigBee/IEEE 802.15.4 收发芯片 CC2520，2008 年 4 月推出 ZigBee 协处理器 CC2480，2008 年 6 月推出 2.4G 放大芯片 CC2591。

TI 共推出了 3 种 ZigBee 方案。方案 1 为单芯片(SoC)CC2430/ CC2431；方案 2 为协处理器 CC2480，提供 AT 命令接口；方案 3 为 MCU 加射频收发器 CC2520/CC2420。方案 1 和 2 功耗理想，其中方案 1 的集成度高。方案 3 采用 TIMSP430 加上外置的射频收发器。方案 2 的 ZigBee 协处理器可以与任何 MCU 接口，还能和 DSP 对接，因此方案 2 更加灵活。

2. 国外 ZigBee 芯片的最新发展概况

近年来，国外芯片巨头主要提供了 CC2530、CC2630 和 JN5168 等 ZigBee 芯片方案。

1) CC2530

CC2530 是美国 TI 推出的一款用于 IEEE 802.15.4、ZigBee 和 RF4CE 应用的 SoC 解决

方案。它集成了增强型工业标准 8051 MCU 和 IEEE 802.15.4 RF 收发器，拥有系统可编程 Flash、8 KB RAM 和 UART、SPI、DMA 等诸多强大外设功能。CC2530 有 4 种不同的 Flash 版本：CC2530F32/64/128/256，分别具有 32 KB/64 KB/128 KB/256 KB 的 Flash 存储器。

2) CC2630

CC2630 是美国 TI 推出的内含一个 32 位 ARM Cortex－M3 内核，与携带了 ARM Cortex-M0 内核管理的 IEEE 802.15.4 MAC 系统同时运行的双内核 SoC。其双内核架构可改善整体系统的性能和功耗，并释放闪存以供应用。CC2630 的主频高达 48 MHz，富有丰富的外设，高达 128 KB Flash 和 20 KB SRAM，可有效解决 ZigBee 和 6LoWPAN 应用方案。

3) JN5168

JN5168 是一款 NXP 推出的支持 JenNet-IP、ZigBeePRO 或 RF4CE 网络的 32 位增强型带嵌入式 EEPROM 的 RISC 处理器。它拥有 256 KB Flash 和 32 KB RAM，以及 IEEE 802.15.4 无线收发器，提供了一个完整的集成解决方案。

3. 国产 ZigBee 芯片的最新发展概况

我国知名的 ZigBee 芯片生产商有台晶科技、炬力、深谷电子等。与进口 ZigBee 相比，国产 ZigBee 芯片的价格较便宜，同时具备性能稳定、环保、易操作等特点，是大批企业、个人选用的主要原因。目前，国产 ZigBee 芯片市场份额逐年上升，并且预计在未来几年会进一步扩大。

1) 国产 ZigBee 芯片的优势

国产 ZigBee 芯片与进口 ZigBee 芯片相比，虽然在品牌影响力、市场认可度、稳定性等方面还有些劣势，但也具有以下明显优势：

(1) 成本更低。国产 ZigBee 芯片的生产成本相对进口 ZigBee 芯片较低，因此国产 ZigBee 芯片的价格更优惠，同时质量也有保障。

(2) 适应国内市场。国产 ZigBee 芯片能够更好地适应国内市场的需求，同时能够提供更符合中国国情的一系列软硬件支持。

(3) 技术逐步提升。虽然国产 ZigBee 芯片的技术与进口 ZigBee 芯片相比仍有差距，但是随着科技的不断创新和推动，国产 ZigBee 芯片技术在逐渐提升，其性能也逐渐得到提高。

2) 国产 ZigBee 芯片的发展前景和趋势

目前，我国智能家居市场逐渐普及，物联网应用也逐渐成熟。随着技术的发展和应用需求的不断增长，ZigBee 芯片市场将不断扩大，目前中国已经成为全球最大的物联网市场之一。在这种情况下，国产 ZigBee 芯片有望逐步获得更多的市场份额，其发展前景也逐渐被看好。

(1) 政策扶持：受全球贸易环境和我国政策的影响，一些市场领域的采购和使用坚持中国制造，这给国产 ZigBee 芯片带来了很好的机遇和政策支持。

(2) 生态圈建设：除了芯片本身，支持 ZigBee 技术的设备、平台、工具、服务等生态圈建设也非常重要，这将吸引开发者和合作伙伴加入其中，共同推动技术的发展。

(3) 行业应用需求：智能家居、智慧城市、工业控制、医疗健康等领域对低功耗、低成本、高可靠性的无线物联网技术有着巨大的需求，尤其是在应对人口老龄化、环保节能等社会经济问题方面，ZigBee 技术也将发挥更加重要的作用。

总之，国产 ZigBee 芯片市场既面临着一些挑战，也蕴藏着巨大的潜力和机遇。

六、Z-Stack 协议栈的发展概况

在 ZigBee 软件方面，TI 公司于 2007 年 1 月推出了 ZigBee 协议栈(Z-Stack)，并于 2007 年 4 月提供免费下载版本 V1.4.1，目前已被全球众多 ZigBee 开发商所广泛采用。Z-Stack 符合 ZigBee 2006 规范，支持多种平台，其中包括面向 IEEE 802.15.4/ZigBee 的 CC2X30 片上系统解决方案、基于 CC2X20 收发器的新平台以及 TIMSP43 超低功耗 MCU。除了全面符合 ZigBee 2006 规范，Z-Stack 还支持丰富的新特性，如无线下载，可通过 ZigBee 网状网络(Mesh Network)无线下载节点更新。

2007 年 7 月，Z-Stack 升级为 V1.4.2，之后进行了多次更新，并于 2008 年 1 月升级为 V1.4.3；2008 年 4 月，针对 MSP430F4618 + CC2420 组合，Z-Stack 升级为 V2.0.0，支持 CC2520 + MSP430；2008 年 7 月 Z-Stack 升级为 V2.1.0，支持 ZigBee 与 ZigBeePRO 特性集并符合最新智能能源规范，非常适用于高级电表架构(AMI)。Z-Stack V2.1.0 软件平台包括 MSP430 超低功耗微控制器(MCU)、CC2520 RF 收发器以及 CC2591 距离扩展器，通信连接距离可达数公里；提供了其所支持的应用范例库，包括智能能源、家庭自动化以及无线下载(OAD)等功能。

TI 推出 Z-Stack 2.5.1a 协议栈之后，并没有继续以 Z-Stack 2.6.x 的形式直接发布，而是按照不同应用场景发布了不同版本的协议栈。原因在于 TI 希望开发者根据实际的应用选择更有针对性的协议栈进行开发。

之后 TI 又推出了 Z-Stack 3.0 协议套件，其目的是将多个前面的 ZigBee 标准整合成一个统一的标准。Z-Stack 3.0 协议套件针对 CC2530、CC2531 和 CC2538MCU，主要实现了以下几个功能：

(1) 统一的 ZigBee 集群库，它是物联网应用程序的通用语言 dotdot 的基础，用于定义嵌入式物联网应用程序的数据对象、模型和功能，实现了 ZigBee 基本设备行为规范。该规范定义了所有 ZigBee 设备使用的网络形成、发现和应用程序供应的通用机制集。

(2) 基于 ZigBeePro 2015 堆栈提供了新的和改进的安全模式，包括用于带外密钥交换的安装代码，以及用于无协调器网络拓扑的分布式安全网络。

(3) 支持绿色电源代理，允许能量收集和超低功耗设备无缝连接到 ZigBee 网络。

(4) 保持与以前的 ZigBeePro 和应用程序配置文件的向前和向后兼容性。

(5) 样品应用包括快速原型设计，例如门锁、恒温器、灯和开关，以及温度传感器等。

(6) ZigBee 网络处理器固件通过串行端口提供对 ZigBeePro 2015 堆栈和基本设备行为功能的抽象访问，用于基于 ZigBee 的双芯片架构应用程序。

拓展训练

请查阅相关资料，研究常见的长距离无线传感网技术，并简述它们的特点和应用领域。

项目总结

项目完成后认真填写表1-3，记录整个项目的完成步骤及完成效果。

表1-3 项目报告表

<table>
<tr><td>课程名称</td><td></td><td>项目名称</td><td colspan="3"></td></tr>
<tr><td>班级</td><td></td><td>姓名</td><td></td><td>学号</td><td></td></tr>
<tr><td>组长</td><td></td><td>小组成员</td><td colspan="3"></td></tr>
<tr><td>项目报告</td><td colspan="5">(报告必须包含以下几点：一、项目目的；二、项目计划；三、项目实施过程；四、项目总结；五、体会，可附页)
<table>
<tr><td>日期</td><td colspan="2">年 月 日</td></tr>
<tr><td rowspan="3">项目成员签名</td><td></td><td></td></tr>
<tr><td></td><td></td></tr>
<tr><td></td><td></td></tr>
</table>
</td></tr>
</table>

项目评价

根据项目完成情况，由学生自评、项目组互评、教师评分给予综合评判。学生也可参考评分细节重点掌握相关环节需要达到的能力要求。考核评价表如表 1-4 所示。

表 1-4　考核评价表

评价要素		分值	学生自评 (30%)	项目组互评 (20%)	教师评分 (50%)	各项总分	合计
能力考核	报告格式规范	10					
	报告条理清晰	20					
	报告内容充实	20					
	报告原创度高	20					
素质考核	学习态度	5					
	工作态度	10					
	合作交流	5					
	出勤	10					
学生自评签名：		项目组互评签名：			教师签名：		

项目二

认识 IAR 集成开发环境

项目导入

大学毕业生小王到一家传感网系统方案设计公司实习，项目经理要求小王搭建一个适合 ZigBee 技术开发的集成开发环境，小王该如何搭建该系统呢？

本项目将带你认识 ZigBee 无线传感网技术的集成开发环境——IAR Embedded Workbench。

项目要求

认识并搭建 IAR 集成开发环境，顺利运行一个简单的 IAR 程序。

项目分析

集成开发环境(Integrated Development Environment，IDE)是用于软件开发的应用程序，通常包含编辑器、编译器、调试器、图形用户界面等多种工具。

传感网技术开发的集成开发环境可分为通用 IDE、专用 IDE 两种，也可搭建自己的 IDE。通用 IDE 是支持多种不同厂家单片机芯片的 IDE，如 Keil、IAR 等。专用 IDE 是支持特定型号单片机或特定环境的 IDE 工具，如只支持 STM32 的 STM32CubeIDE 等。本项目中，小王需要搭建适合 ZigBee 无线传感网技术的集成开发环境，所使用的软件开发环境为 IAR，本项目将学习 IAR for 51 版本的基本使用方法。

项目目标

(1) 了解 IAR 软件开发环境的版本及其发展。
(2) 掌握 IAR 的基本使用方法。
(3) 掌握 ZigBee 软件开发环境的搭建。
(4) 掌握 ZigBee 程序编译和下载的基本流程。

知识储备

本书的项目需要用到 IAR Embedded Workbench for MCS-51 集成开发环境，为学习 IAR

开发环境的开发流程，我们首先了解IAR软件开发环境的版本及其发展，掌握IAR的基本使用方法。

一、IAR集成开发环境

IAR for MCS-51，即IAR Embedded Workbench for MCS-51。IAR Embedded Workbench是瑞典IAR Systems公司为微处理器开发的一个集成开发环境，简称IAR或EW。IAR针对不同的处理器提供不同的版本，如针对内核为8051的微处理器提供IAR for 51版本，针对内核为ARM或AVR的微处理器提供IAR for ARM和IAR for AVR版本。

IAR的Embedded Workbench系列是一种增强型一体化嵌入式集成开发环境，其中完全集成了开发嵌入式系统所需要的文件编辑、项目管理、编译、链接和调试工具，不仅可以在系统开发初期进行无目标硬件的纯软件仿真，也可以结合硬件仿真器实现用户系统的实时在线仿真调试。

二、IAR的版本

IAR集成开发环境针对不同的MCU开发了不同版本的软件，主要有IAR Embedded Workbench for ARM(IAR EWARM)、IAR Embedded Workbench for 8051(IAR EW8051)、IAR Embedded Workbench for MSP430(IAR EW430)、IAR Embedded Workbench for AVR、IAR Embedded Workbench for STM8等版本，其中常用的是IAR EWARM(如ARM CortexM3和STM32F407等)和IAR EW8051(如89C51和CC2530等)。IAR EW8051又有许多不同的版本，版本间的兼容性较差。因此开发不同类型的项目最好选择不同版本的IAR开发环境。

Z-Stack 3.0.x协议套件适用于CC2530、CC2531、CC2538等MCU。针对CC2538MCU，配套使用IAR EWARM 8.22.1版本；针对CC2530和CC2531等MCU，配套使用IAR EW8051 10.20.1版本。

Z-Stack 3.x.0协议套件适用于CC1352和CC2652等MCU，配套使用EWARM 8.20.2版本。

Z-Stack Home 1.2.1协议适用于CC2530、CC2538等MCU。当使用CC2538 + SRF06EB时，配套使用EWARM 7.40.2版本；当使用CC2530 + SRF05EB时，配套使用EW8051 9.10.1版本；当使用CC2530 + EXP5438时，配套使用EW430 6.20.1版本。

本书选用Z-Stack2.5.1a协议栈，因此选择与其配套的IAR EW8051 8.10版本。

三、IAR的安装方法

运行IAR的安装文件“IAR Embedded Workbench Evaluation for 8051 8.10.3”，开启安装流程，将会出现图2-1所示的界面，单击“Next”按钮，将进入图2-2所示的界面。

在图2-2所示的界面选择第一个选项(默认选项)，并单击“Next”按钮，进入图2-3所示的界面，分别填入你的名字、公司名称以及许可证编号。

单击“Next”按钮，进入图2-4所示的界面，填写你获得的许可证密钥或者单击“Browse”按钮导入许可证文件。

单击“Next”按钮，进入图2-5所示的界面，选择完全安装“Complete”。

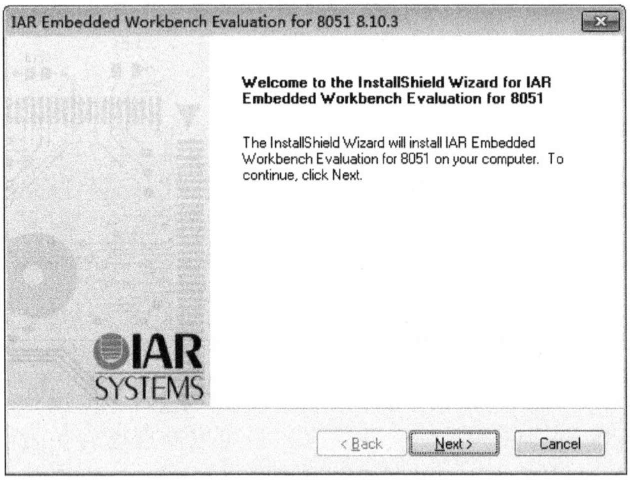

图 2-1　IAR 软件安装界面 1

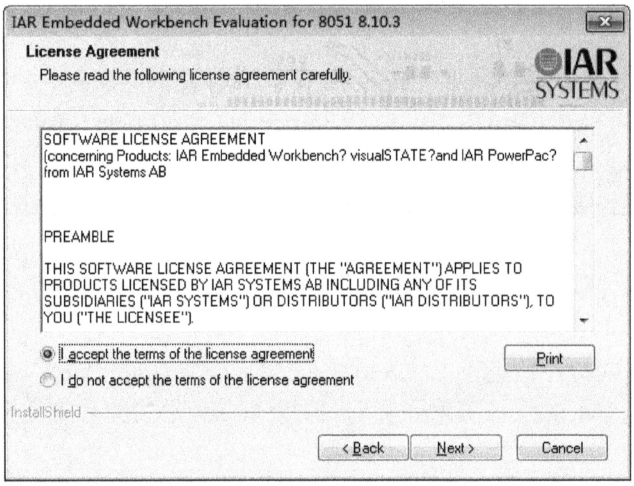

图 2-2　IAR 软件安装界面 2

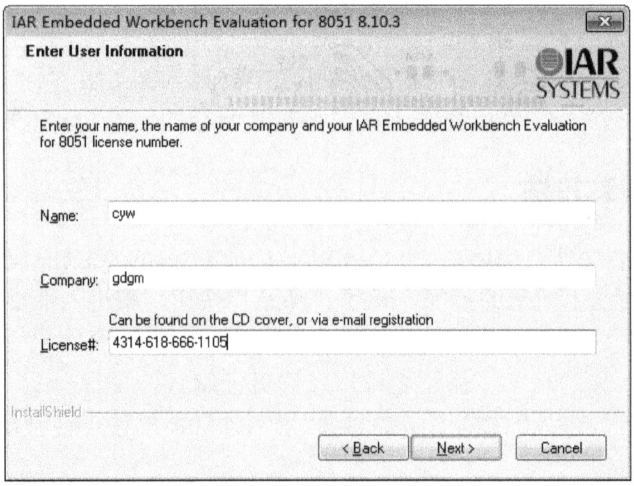

图 2-3　IAR 软件安装界面 3

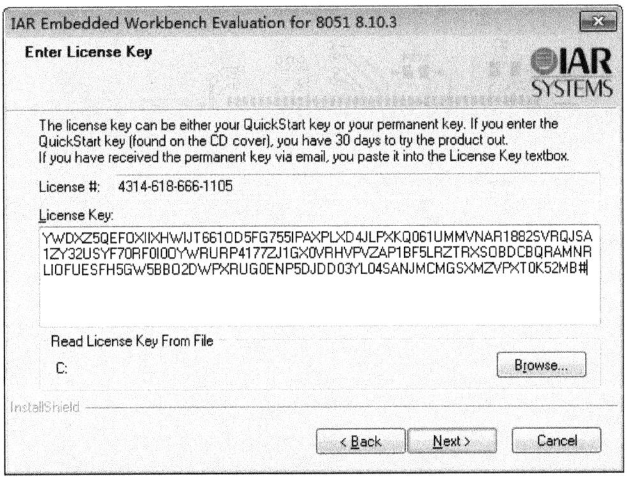

图 2-4　IAR 软件安装界面 4

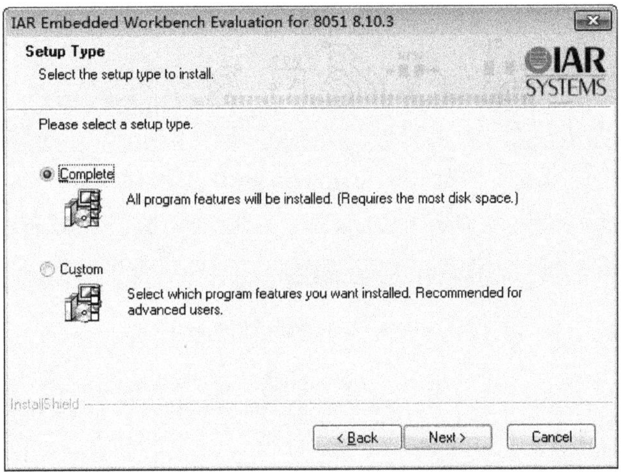

图 2-5　IAR 软件安装界面 5

单击“Next”按钮，进入图 2-6 所示的界面，单击“Change”按钮选择安装路径或用默认路径。

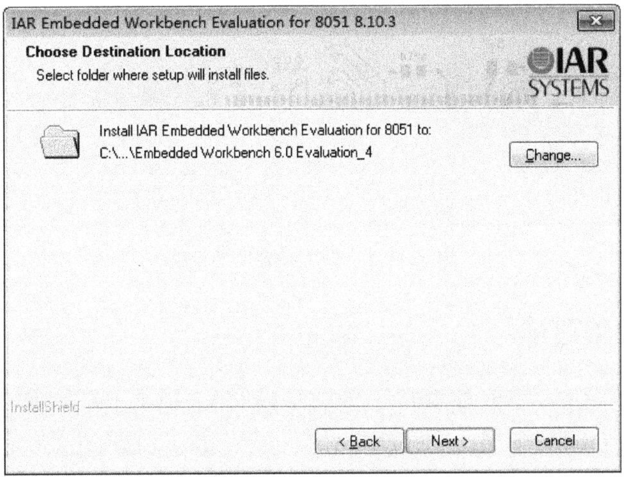

图 2-6　IAR 软件安装界面 6

单击“Next”按钮，进入图 2-7 所示的界面，单击“Install”按钮开始安装软件，如需修改，则单击“Back”按钮返回。

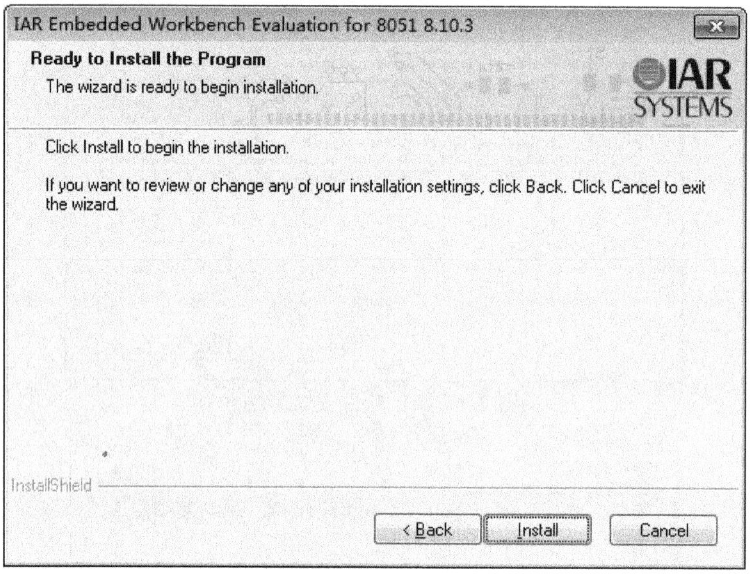

图 2-7 IAR 软件安装界面 7

安装完成后，将显示图 2-8 所示的界面，表示软件安装已经顺利结束。

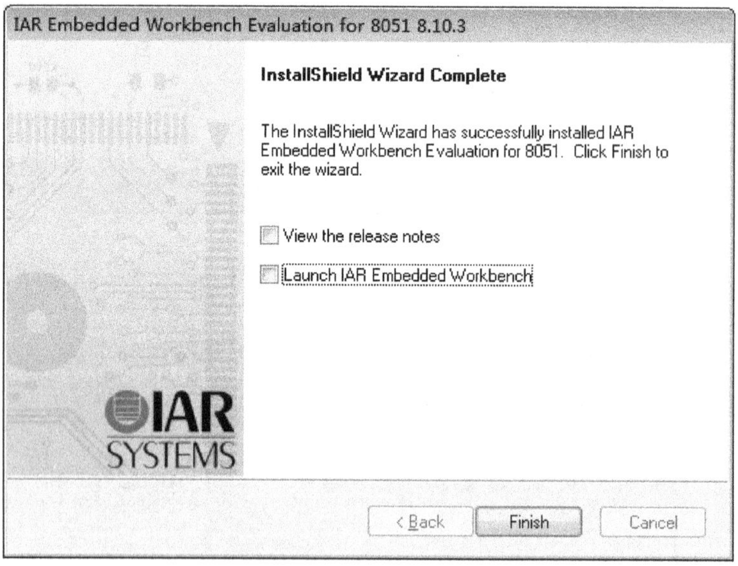

图 2-8 IAR 软件安装界面 8

四、IAR 的使用方法

安装好 IAR 软件之后，在开始菜单下依次单击“IAR System→IAR Embedded Workbench for 8051 8.10→IAR Embedded Workbench”，即可开启 IAR 集成开发环境，如图 2-9 所示。

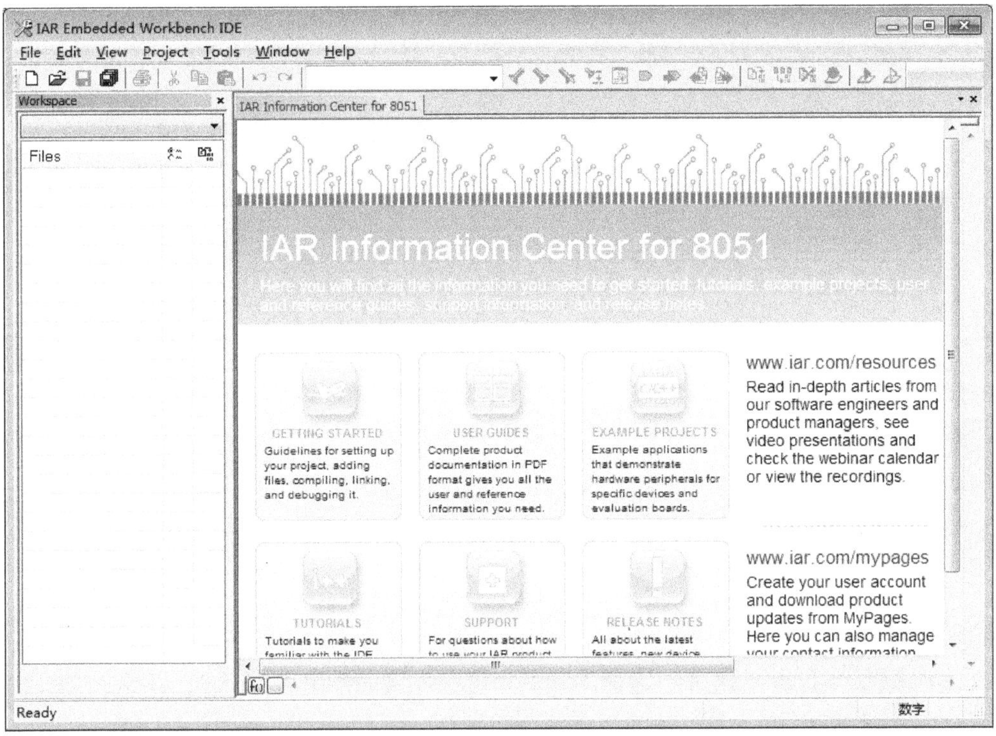

图 2-9　IAR 软件使用界面 1

单击“Project”菜单，选择“Create New Project”，在弹出的对话框中展开“Generic project templates”，选择“C project”，表示用 C 语言来开发一个 CC2530 的项目，如图 2-10 所示。

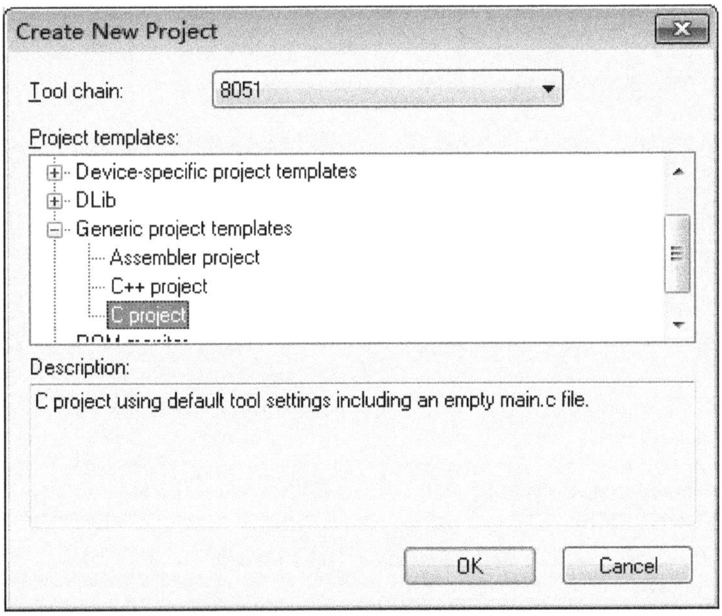

图 2-10　IAR 软件使用界面 2

点击“OK”按钮，在弹出的界面中选择工程存放目录并输入工程名，单击保存按钮，则在对应目录下将自动生成项目文件，如图 2-11 所示。

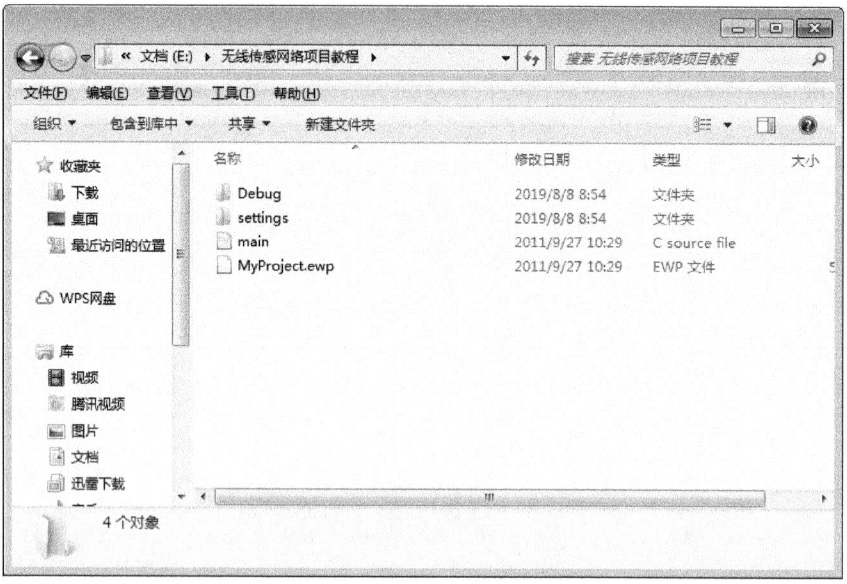

图 2-11 IAR 软件使用界面 3

这时可以看到工程名下自动生成了 main.c 空文件，回到 IAR 集成开发环境界面，如图 2-12 所示，用鼠标右击工程名，选择“Options”，此时会弹出工程选项设置对话框。

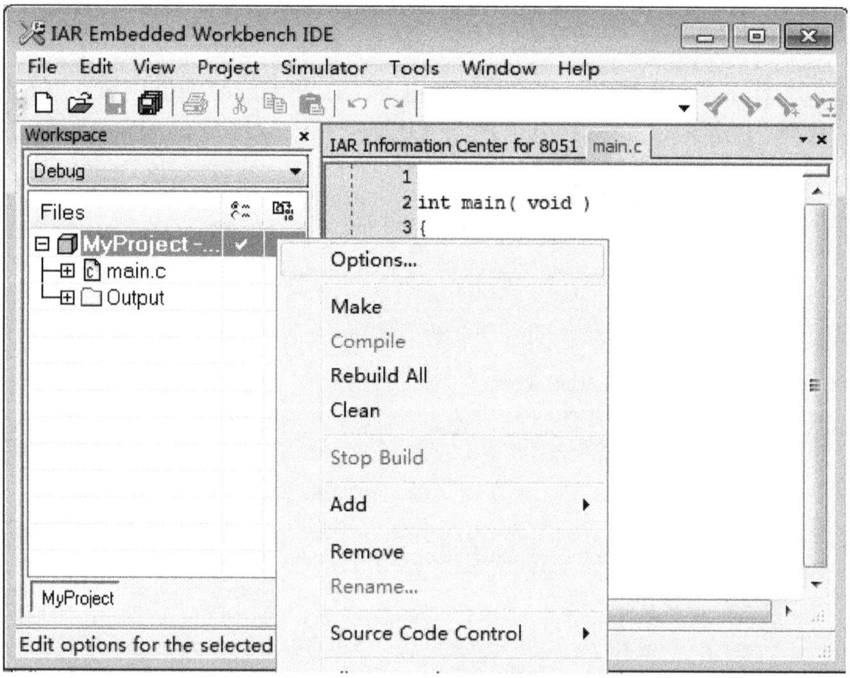

图 2-12 IAR 软件使用界面 4

在“Category”框中，选择“General Options”，在右边菜单选择“Target”下的“Device”，如图 2-13 所示。因为我们要开发的是基于 CC2530 芯片的项目，而工程中通常采用 256 KB Flash ROM 的 CC2530，所以在弹出的菜单中选择上层目录 devices 下的 Texas Instruments 子目录，就可以找到需要的芯片类型 CC2530F256。

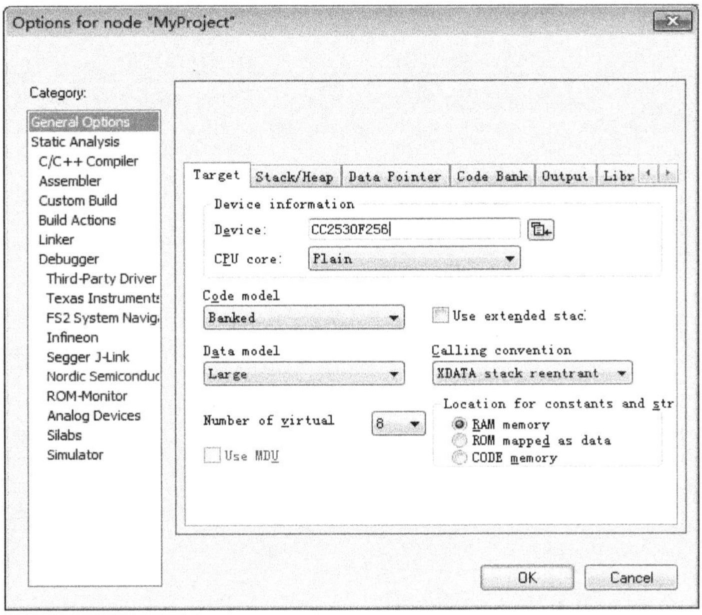

图 2-13　IAR 软件使用界面 5

如图 2-14 所示，在“Category”框中选择“Linker”，右边框中选择“Config”菜单，在“Linker command file”选项下勾选“Override default”，单击右边按钮，在弹出的菜单中选择上层目录 devices 下的 Texas Instruments 子目录，选择 CC2530 的配置文件 lnk51ew_CC2530F256_banked.xcl。不同 MCU 在程序烧录到 Flash ROM 时的位置有所不同，因此配置文件选择错误会造成程序编译和烧录失败。

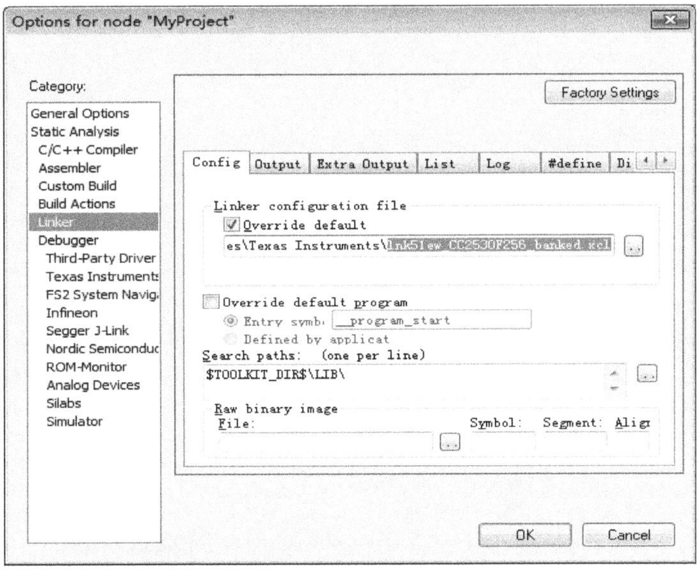

图 2-14　IAR 软件使用界面 6

若要在编译时生成十六进制的 hex 文件，以后可以使用其他烧录工具直接将程序烧录进 CC2530，则在“Output”菜单中勾选“Override default”，下方栏中填入生成的二进制 hex 文件名，如图 2-15 所示。

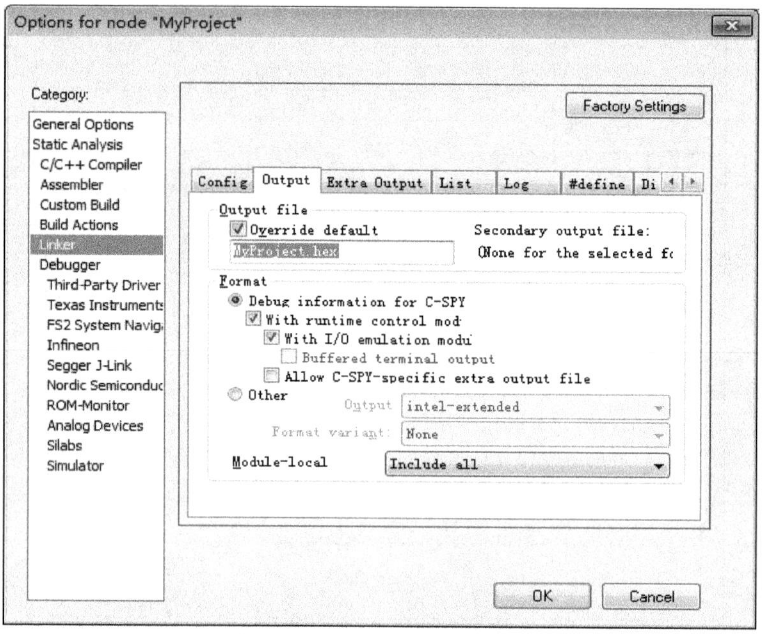

图 2-15　IAR 软件使用界面 7

在“Category”框中，选择调试仿真器“Debugger”，右边框中选择“Setup”菜单，在“Driver”下选择“Texas Instruments”。一般我们采用的仿真器(烧录器)芯片也是 TI 公司的 CC2530，因此“Device Description file”选项要勾选“Override default”，选择上层目录 devices 下的 Texas Instruments 子目录，选择 CC2530 的仿真器驱动文件 ioCC2530F256.ddf，如图 2-16 所示。

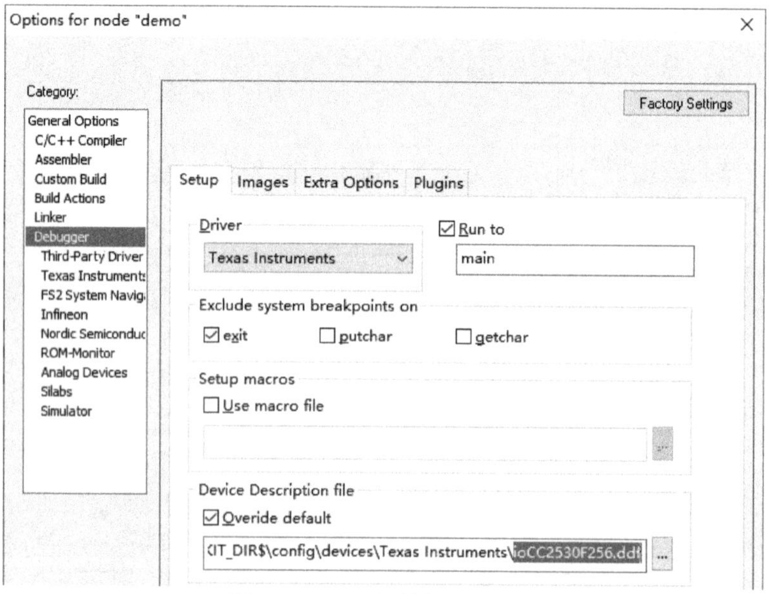

图 2-16　IAR 软件使用界面 8

Debugger 下是 IAR 支持的各种仿真设备。嵌入式开发中常用的仿真器有采用 Texas Instruments 主控芯片 CC2530 的 SmartRF04EB 或 CC-Debugger、Segger 公司的 J-Link(其主控芯片为 STM32F205)，两者指令集完全不同，IAR EW8051 的 9.3 版本才开始支持 J-Link

仿真器，一般来说我们都会选用同类型芯片的仿真器。默认选项软件模拟仿真 Simulator 只能反映出代码的编写错误，因此采用硬件仿真能更有效地反映出设备的真实运行状况。

项目实施

一、设备和资源准备

项目实施前必须先准备好相应的设备和资源，见表 2-1。

表 2-1　设备和资源清单

序号	设备/资源名称	数量	单位	是否准备到位(√)
1	CC2530 模块(带 LED 电路)	1	个	
2	CC-Debugger 仿真器(带下载线)	1	个	
3	Mini USB 供电线或 5 号电池	1	根/个	

二、仿真器(烧录器)驱动安装

IAR 集成开发环境中，当程序设计好之后，我们需要对程序进行调试和下载，此时需要用到仿真器(也称为烧录器)。常见的 CC2530 模块一般由底板和 CC2530MCU 板组成，底板上集成了 LED、按键、传感器、USB 转 TTL 芯片等功能，为开发各种项目工程提供了方便。一般工程中采用 SmartRF04EB 或 CC-Debugger 仿真器，它们通常通过 JTAG 接口与 CC2530 开发板相连，如图 2-17 所示。

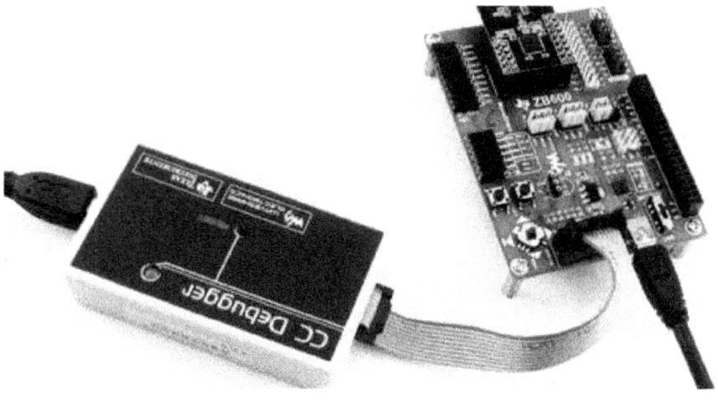

图 2-17　仿真器连接 CC2530 开发板示意图

仿真器另一端用 USB 数据线连接到 PC 上，如果驱动还没有安装，PC 将会提示安装驱动程序，此时选择从列表或指定的位置安装(高级)，单击下一步，选择“在搜索中包含这个位置”，再单击浏览，选择 IAR 安装目录下的驱动目录，默认安装的路径为“C:\Program Files\IAR Systems\Embedded Workbench 6.0\8051\drivers\Texas Instruments\win_64bit_x64”，如果是 32 位操作系统，则选择 win_32bit_x86 子目录。

如果未能成功安装驱动，打开 Windows 的设备管理器就会看到一个黄色惊叹号，如图 2-18 所示。

图 2-18 仿真器驱动未安装示意图

用鼠标右击这个设备后选择更新驱动程序，并在弹出的图 2-19 所示的界面中选择“浏览计算机以查找驱动程序软件(R)”，找到 IAR 安装目录下的驱动目录。默认安装路径为“C:\ProgramFiles\IARSystems\ Embedded Workbench 6.0\8051\drivers\Texas Instruments\win_64bit_x64”。

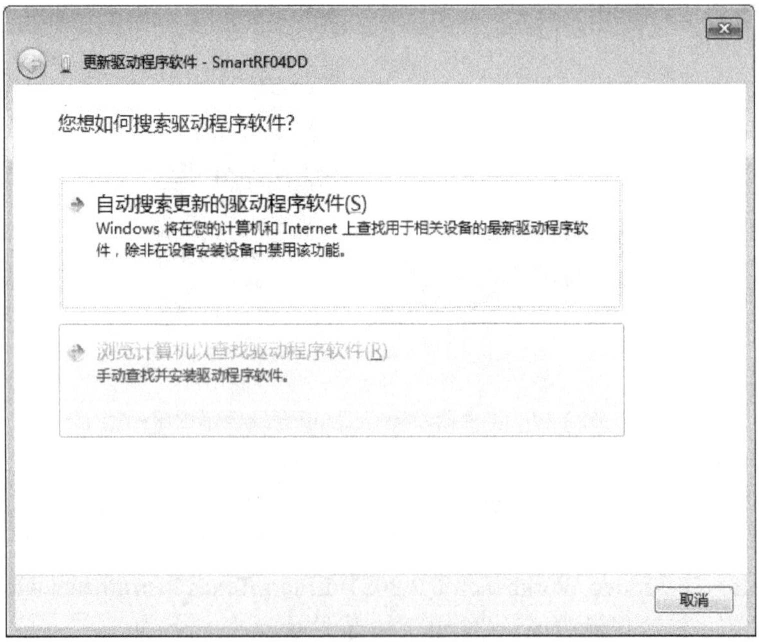

图 2-19 仿真器驱动安装过程

驱动程序安装成功后，可以在设备管理器下看到黄色惊叹号消失，如图 2-20 所示。

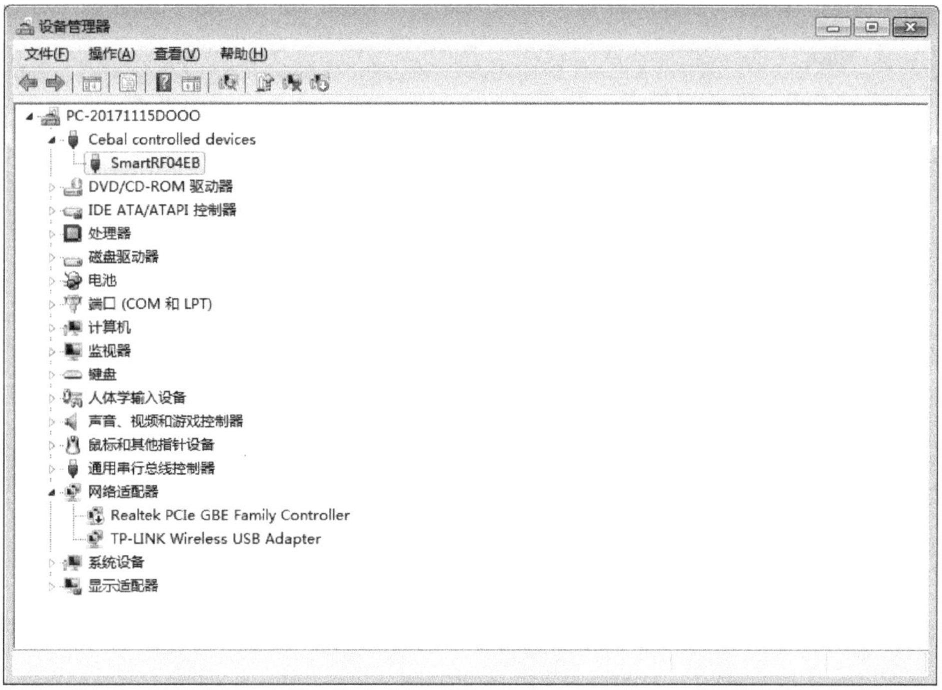

图 2-20　仿真器驱动成功安装示意图

三、实施过程

1. 连接设备

将 CC-Debugger 仿真器的 JTAG 接口与 CC2530 实验模块的 JTAG 接口相连，仿真器另一端用 USB 数据线连接到 PC 上，如图 2-21 所示。

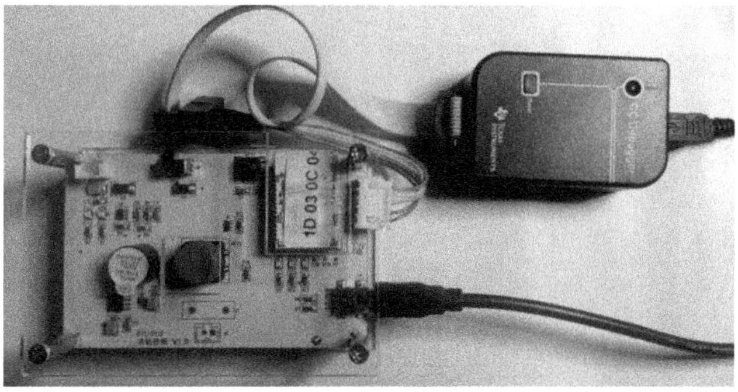

图 2-21　实验接线图

2. 设计程序

将下面的代码写入 main.c 文件中。

```
#include <ioCC2530.h>
#define LED1 P1_0              //定义 P1.0 口用 LED1(红灯 D5)，让代码更易读懂
//延时 1ms 子程序
void DelayMS(intMsec)
```

```
    {
        int i,j;
        for (i=0; i<msec; i++)
          for (j=0; j<535; j++);
    }
    //主程序
    void main(void)
    {
        P1DIR |= 0x01;                    //只修改 LED1 灯相应的 P1_0 口为输出
        while(1)                          //死循环
        {
            LED1 = 0;                     //点亮 LED1
            DelayMS(1000);                //延时 1 s
            LED1 = 1;                     //熄灭 LED1
            DelayMS(1000);                //延时 1 s
        }
    }
```

点击 Compile 编译按钮，当下方信息框提示“0 error(s)”时，说明代码正确，再点击 Download and Debug 按钮就可以把生成的 Hex 文件烧写进 CC2530 芯片中，如图 2-22 所示。

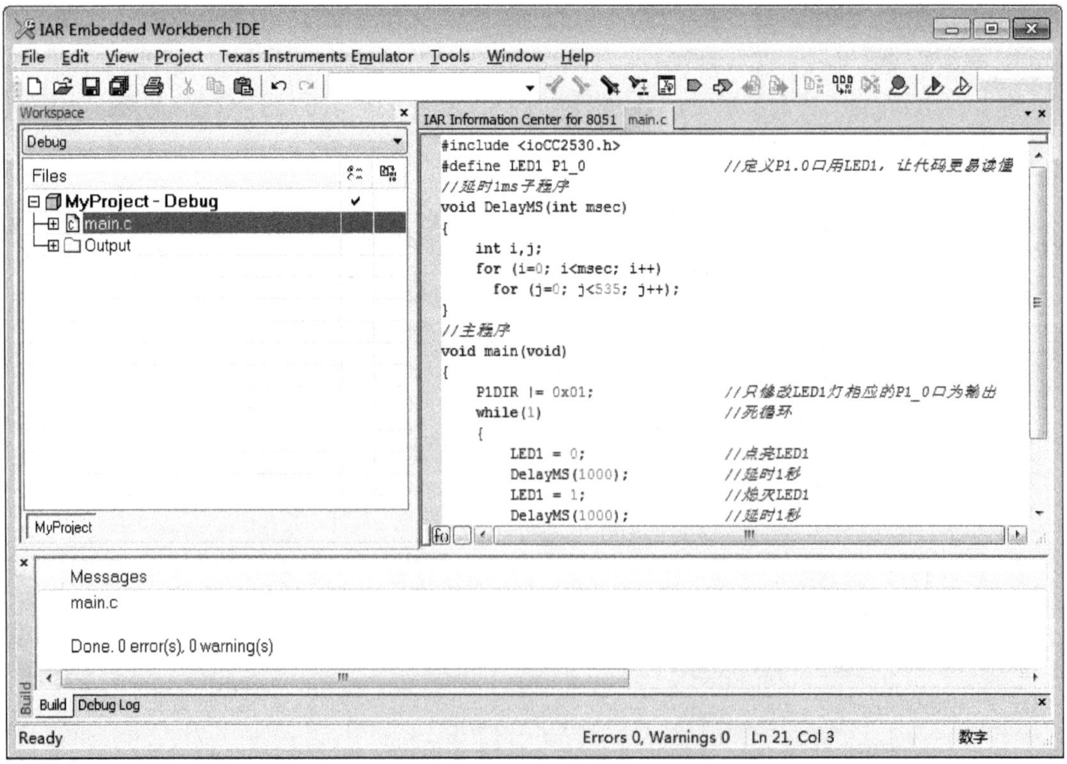

图 2-22　IAR 编译代码无误界面

项目成果

按仿真器或者CC2530模块上的Reset复位键，可以看到CC2530开发板上的红灯D5闪烁，说明程序烧录成功，其效果如图2-23所示。如果未看到此效果，就说明程序烧录不成功，需要检查所输入的代码是否正确、CC-Debugger仿真器接线是否正确、仿真器驱动安装是否正常，或更换CC2530实验模块。

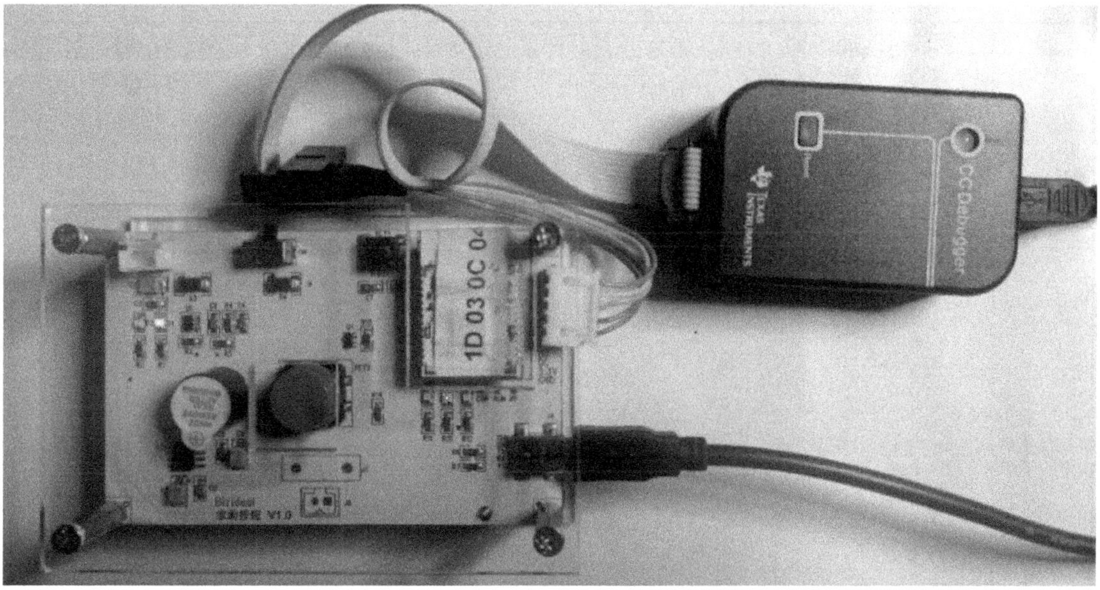

图2-23　烧录成功效果图

拓展训练

1. 训练描述

以上实验中，我们顺利运行了第一个程序，看着闪烁的红灯D5，是不是感觉有所收获呢？如果想让另外一个绿灯 D6 也同时闪烁，你能做到吗？不妨修改上面的代码，重新下载试试！

2. 训练要求

控制2个LED灯(D5和D6)同时闪烁。

项目总结

项目完成后认真填写表2-2，记录整个项目的完成步骤及完成效果。

表 2-2 项目报告表

<table>
<tr><td>课程名称</td><td></td><td>项目名称</td><td colspan="3"></td></tr>
<tr><td>班级</td><td></td><td>姓名</td><td></td><td>学号</td><td></td></tr>
<tr><td>组长</td><td></td><td>小组成员</td><td colspan="3"></td></tr>
<tr><td rowspan="5">项目报告</td><td colspan="5">(报告必须包含以下几点：一、项目目的；二、项目计划；三、项目实施过程；四、项目总结；五、体会，可附页)</td></tr>
<tr><td colspan="3"></td><td>日期</td><td>年　月　日</td></tr>
<tr><td colspan="3"></td><td rowspan="3">项目成员签名</td><td></td></tr>
<tr><td colspan="3"></td><td></td></tr>
<tr><td colspan="3"></td><td></td></tr>
</table>

项目评价

根据项目完成情况，由学生自评、项目组互评、教师评分给予综合评判。学生也可参考评分细节重点掌握相关环节需要达到的能力要求。考核评价表如表 2-3 所示。

表 2-3　考核评价表

评价要素		分值	学生自评(30%)	项目组互评(20%)	教师评分(50%)	各项总分	合计
能力考核	接线正确	10					
	驱动安装正确	10					
	完成代码	10					
	LED 闪烁正常	10					
	完成拓展训练	10					
	项目报告	20					
素质考核	学习态度	5					
	工作态度	10					
	合作交流	5					
	出勤	10					
学生自评签名：		项目组互评签名：			教师签名：		

项目三

制作 LED 流水灯

项目导入

LED 因其本身发光颜色多样而成为各种场所、设施实现照明、营造气氛的最佳选择之一。某游乐场拟新增一个时间隧道娱乐项目，需要变化多样的 LED 流水灯效果，如图 3-1 所示，以烘托出身临其境的娱乐气氛。

如何点亮 LED

图 3-1　LED 流水灯带

本项目将介绍如何设计一个 LED 流水灯。

项目要求

根据用户需求，设计一个 LED 流水灯系统。

(1) 完成设备选型及开发环境搭建。

(2) 设计 LED 控制程序，实现 LED1、LED2 流水灯效果。

项目分析

本项目需要使用 LED 设计一个流水灯，我们可以使用 CC2530 单片机的 I/O 口来实现项目任务。I/O 口作为单片机与外界通信最主要的手段，是单片机学习中最基本也是最重要的知识。在本项目中，我们可以通过单片机的 I/O 口来控制 LED 的亮和灭，再设计相应的程序，便可实现流水灯的效果。

项目目标

(1) 了解 CC2530 芯片的内部构成。
(2) 掌握 CC2530 芯片 I/O 口的特点。
(3) 了解 CC2530 的 SFR(特殊功能寄存器)。
(4) 学会与 CC2530 的 I/O 相关 SFR 配置。
(5) 学会使用 CC2530 的 I/O 控制外部设备的原理及其编程。

知识储备

由于我们使用的单片机为 CC2530 芯片，要完成这个项目的设计，首先要了解 CC2530 芯片的内部结构，熟悉 CC2530 芯片 I/O 口的特点，掌握 C2530 芯片与 I/O 口相关的特殊功能寄存器的参数配置及应用开发。

一、CC2530 芯片的内部结构

CC2530 芯片主要由以下几个部分组成：
(1) 8051 CPU 内核；
(2) 内置或外接 32 MHz 晶振；
(3) 内置 32 kHz 晶振，以保证芯片在休眠状态时的工作；
(4) 8 KB SRAM；
(5) 32/64/128/256 KB Flash ROM；
(6) 简化了 8051 的 I/O 口，只保留 P0、P1 及 P2 的 5 个引脚，共 21 个 I/O 引脚；
(7) 内置 1 个最高 12 bit 的 ADC(模数转换器)；
(8) 2 个异步通信串口 USART0、USART1；
(9) 4 个定时器 TIMER1～TIMER4；
(10) 18 个 IRQ 中断源和一个五通道 DMA 中断控制器；
(11) 1 个睡眠定时器，以保证 MCU 可工作于超低功耗模式；
(12) 内置一个兼容 IEEE 802.15.4 协议的无线 RF 收发器。
CC2530 的内部结构图如图 3-2 所示。

二、CC2530 的 I/O 口特性

CC2530 有 21 个数字 I/O 引脚，可以配置为通用数字 I/O 或外设 I/O，这些 I/O 口通过配置相关寄存器可作为 ADC 的模拟量输入端、定时器或 USART 等外部设备。

I/O 口具备以下主要特性：
(1) 具有 21 个数字 I/O 引脚；
(2) 可以配置为通用 I/O 或外部设备 I/O；
(3) 输入口具备上拉或下拉能力；
(4) 具有外部中断能力。

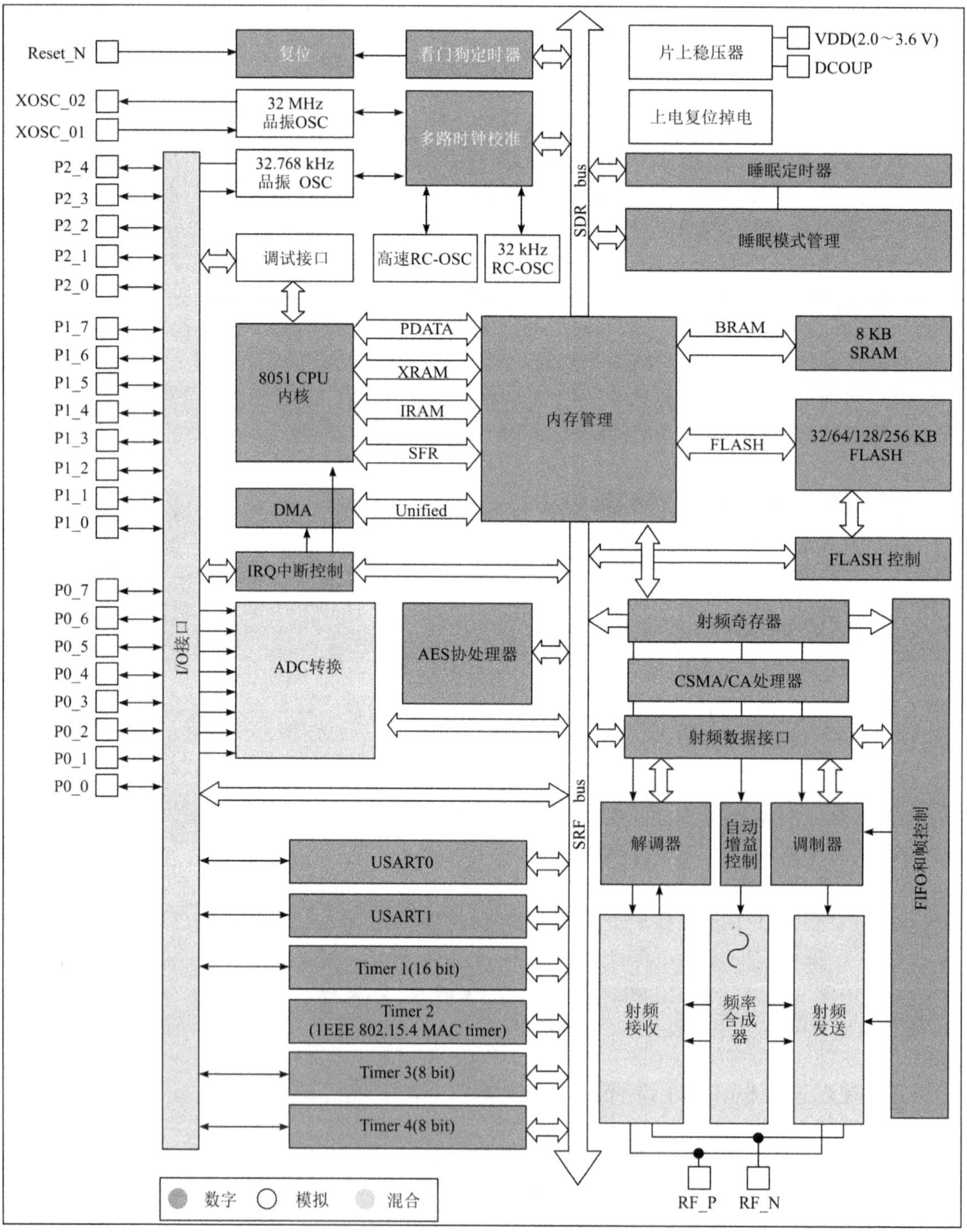

图 3-2 CC2530 内部结构图

21 个 I/O 引脚均可用作外部中断源输入口。中断由外部设备产生，外部中断功能也可以在睡眠模式下唤醒设备。用作通用 I/O 时，引脚可以组成 3 个 8 位端口：端口 0、端口 1 和端口 2，表示为 P0、P1 和 P2。其中 P0 和 P1 是完全的 8 位端口，而 P2 仅有 5 位可用。所有的端口均可以通过 SFR(特殊功能寄存器)的配置实现位寻址和字节寻址，每个端口引脚都可以单独设置为通用 I/O 或外部设备 I/O。除了两个高驱动输出口 P1.0 和 P1.1 各具备 20 mA 的输出驱动能力，所有的输出均具备 4 mA 的驱动能力。

三、CC2530 的特殊功能寄存器(SFR)

CC2530 采用的是 8051 的内核，其 SFR 用于控制 CC2530 的内核和外部设备。CC2530 的许多 SFR 和标准 8051 的 SFR 地址完全相同，同时增加了一些 SFR 用于外设和射频收发器的控制。表 3-1 为本项目中用到的部分 SFR 地址映射及功能表。完整的 SFR 寄存器表请参考 CC2530 的芯片手册。

表 3-1　SFR 的地址和功能表

寄存器名称	SFR 地址	模块	功 能 描 述
ADCCON1	0xB4	ADC	ADC 控制 1
ADCCON2	0xB5	ADC	ADC 控制 2
ADCCON3	0xB6	ADC	ADC 控制 3
ADCL	0xBA	ADC	ADC 数据低字节
ADCH	0xBB	ADC	ADC 数据高字节
P0	0x80	CPU	端口 0。可从 XDATA(0x7080)读出
SP	0x81	CPU	栈指针
DPL0	0x82	CPU	数据指针 0 低字节
DPH0	0x83	CPU	数据指针 0 高字节
DPL1	0x84	CPU	数据指针 1 低字节
DPH1	0x85	CPU	数据指针 1 高字节
PCON	0x87	CPU	供电模式控制
TCON	0x88	CPU	中断标志
P1	0x90	CPU	端口 1。可从 XDATA(0x7090)读出
DPS	0x92	CPU	数据指针选择
S0CON	0x98	CPU	中断标志 2
IEN2	0x9A	CPU	中断使能 2
S1CON	0x9B	CPU	中断标志 3
P2	0xA0	CPU	端口 2。可从 XDATA(0x70A0)读出
IEN0	0xA8	CPU	中断使能 0
IP0	0xA9	CPU	中断优先级 0
IEN1	0xB8	CPU	中断使能 1
IP1	0xB9	CPU	中断优先级 1
IRCON	0xC0	CPU	中断标志 4
PSW	0xD0	CPU	程序状态字
ACC	0xE0	CPU	累加器
IRCON2	0xE8	CPU	中断标志 5

续表一

寄存器名称	SFR 地址	模块	功 能 描 述
B	0xF0	CPU	B 寄存器
P0IFG	0x89	IOC	端口 0 中断状态标志
P1IFG	0x8A	IOC	端口 1 中断状态标志
P2IFG	0x8B	IOC	端口 2 中断状态标志
PICTL	0x8C	IOC	端口引脚中断屏蔽和边沿
P0IEN	0xAB	IOC	端口 0 中断屏蔽
P1IEN	0x8D	IOC	端口 1 中断屏蔽
P2IEN	0xAC	IOC	端口 2 中断屏蔽
P0INP	0x8F	IOC	端口 0 输入模式
PERCFG	0xF1	IOC	外设 I/O 控制
APCFG	0xF2	IOC	模拟外设 I/O 配置
P0SEL	0xF3	IOC	端口 0 功能选择
P1SEL	0xF4	IOC	端口 1 功能选择
P2SEL	0xF5	IOC	端口 2 功能选择
P1INP	0xF6	IOC	端口 1 输入模式
P2INP	0xF7	IOC	端口 2 输入模式
P0DIR	0xFD	IOC	端口 0 方向
P1DIR	0xFE	IOC	端口 1 方向
P2DIR	0xFF	IOC	端口 2 方向
CLKCONCMD	0xC6	PMC	时钟控制命令
CLKCONSTA	0x9E	PMC	时钟控制状态
T1CC0L	0xDA	定时器 1	定时器 1 通道 0 捕获/比较值低字节
T1CC0H	0xDB	定时器 1	定时器 1 通道 0 捕获/比较值高字节
T1CC1L	0xDC	定时器 1	定时器 1 通道 1 捕获/比较值低字节
T1CC1H	0xDD	定时器 1	定时器 1 通道 1 捕获/比较值高字节
T1CC2L	0xDE	定时器 1	定时器 1 通道 2 捕获/比较值低字节
T1CC2H	0xDF	定时器 1	定时器 1 通道 2 捕获/比较值高字节
T1CNTL	0xE2	定时器 1	定时器 1 计数器低字节
T1CNTH	0xE3	定时器 1	定时器 1 计数器高字节
T1CTL	0xE4	定时器 1	定时器 1 控制和状态
T1CCTL0	0xE5	定时器 1	定时器 1 通道 0 捕获/比较控制
T1CCTL1	0xE6	定时器 1	定时器 1 通道 1 捕获/比较控制
T1CCTL0	0x62A0	定时器 1	定时器 1 通道 0 捕获/比较控制(SFR 寄存器另外的 XREG 映射)

续表二

寄存器名称	SFR 地址	模块	功 能 描 述
T1CCTL1	0x62A1	定时器 1	定时器 1 通道 1 捕获/比较控制(SFR 寄存器另外的 XREG 映射)
T1CCTL2	0x62A2	定时器 1	定时器 1 通道 2 捕获/比较控制(SFR 寄存器另外的 XREG 映射)
T1CCTL3	0x62A3	定时器 1	定时器 1 通道 3 捕获/比较控制
T1CCTL4	0x62A4	定时器 1	定时器 1 通道 4 捕获/比较控制
T1CC0L	0x62A6	定时器 1	定时器 1 通道 0 捕获/比较值低字节(SFR 寄存器另外的 XREG 映射)
T1CC0H	0x62A7	定时器 1	定时器 1 通道 0 捕获/比较值高字节(SFR 寄存器另外的 XREG 映射)
T1CC1L	0x62A8	定时器 1	定时器 1 通道 1 捕获/比较值低字节(SFR 寄存器另外的 XREG 映射)
T1CC1H	0x62A9	定时器 1	定时器 1 通道 1 捕获/比较值高字节(SFR 寄存器另外的 XREG 映射)
T1CC2L	0x62AA	定时器 1	定时器 1 通道 2 捕获/比较值低字节(SFR 寄存器另外的 XREG 映射)
T1CC2H	0x62AB	定时器 1	定时器 1 通道 2 捕获/比较值高字节(SFR 寄存器另外的 XREG 映射)
T1CC3L	0x62AC	定时器 1	定时器 1 通道 3 捕获/比较值低字节
T1CC3H	0x62AD	定时器 1	定时器 1 通道 3 捕获/比较值高字节
T1CC4L	0x62AE	定时器 1	定时器 1 通道 4 捕获/比较值低字节
T1CC4H	0x62AF	定时器 1	定时器 1 通道 4 捕获/比较值高字节

表 3-1 中灰色标记的 SFR 为 CC2530 与标准 8051 完全相同的部分。相比 8051，CC2530 新增了许多寄存器，如 AD 转换寄存器 ADCCONx(x 为 1～3)、定时器 1 控制寄存器 T1CTL、T1CCTLn(n 为 0～4)、定时器 1 计数器 T1CCn、中断控制寄存器 IEN1、中断标志寄存器 IRCON 等。另外与 8051 不同的是 CC2530 采用的是 8051 的内核，I/O 引脚定义为输入或输出必须配置后方可使用，对应的 3 个寄存器为 P0SEL～P2SEL(记为 PxSEL，其中 x 为端口的标号 0～2)，用来设置端口的每个引脚为通用 I/O 或外部设备 I/O 信号。作为缺省的情况，每当复位之后，所有的数字输入/输出引脚都设置为通用输入引脚。

I/O 引脚用作输入时，可以设置为上拉、下拉或三态模式，复位后所有的端口均缺省设置为带上拉的输入模式。若要取消输入的上拉或下拉功能，则需将 PxINP 中的对应位设置为 1。引脚 P1.0 和 P1.1 没有上拉/下拉功能。

四、项目中用到的 SFR

本项目中用到的 SFR 包括 P1、P1SEL、P1DIR、P1INP，P1 寄存器用于控制 P1 口外部引脚的电平高低，P1SEL 用于设置 P1 口外部引脚是通用 I/O 口还是外设，P1DIR 用于设置

P1 口外部引脚的输入/输出方向，P1INP 用于设置 P1 口外部引脚的驱动方式。寄存器配置如表 3-2～表 3-5 所示。

表 3-2 P1(0x90)：P1 端口数据寄存器

位	名称	复位	R/W	描 述
7～0	P1_[7:0]	0xFF	R/W	端口 1。通用 I/O 端口。可以从 SFR 位寻址。该 CPU 内部寄存器可以从 XDATA (0x7080)读取，但是不能写

当给 P1 寄存器其中一个或几个位赋值时，对应外部引脚电平也会相应改变。

表 3-3 P1SEL(0xF4)：P1 端口功能选择

位	名称	复位	R/W	描 述
7～0	SELP1_[7:0]	0x00	R/W	P1.0 到 P1.7 功能选择。 0：通用 I/O；1：外设功能

当给 P1SEL 寄存器其中一个或几个位赋值 0 时，对应引脚为通用 I/O；赋值 1 时，对应引脚为外部设备(如 ADC、定时器、USART)。

表 3-4 P1DIR (0xFE)：P1 端口方向

位	名称	复位	R/W	描 述
7～0	DIRP[7:0]	0x00	R/W	P1.0 到 P1.7 的 I/O 方向。 0：输入；1：输出

当给 P1DIR 寄存器其中一个或几个位赋值 0 时，对应引脚为输入口；赋值 1 时，对应引脚为输出口。

表 3-5 P1INP (0xF6)：P1 端口输入模式

位	名称	复位	R/W	描 述
7～0	MDP0_[7:0]	0x00	R/W	P1.0 到 P1.7 的 I/O 输入模式。 0：接上拉/下拉电阻；1：三态

当给 P1INP 寄存器其中一个或几个位赋值 0 时，对应引脚为接上拉/下拉电阻的输入口；赋值 1 时，对应引脚为三态门输入口。

如果我们用到寄存器复位后的默认功能，也可以不对寄存器进行设置。但在大型项目中代码由开发团队合作完成，无法确定这些寄存器的状态，因此会对用到的所有寄存器都进行配置。

项目实施

一、设备和资源准备

项目实施前必须先准备好相应的设备和资源，见表 3-6。

表 3-6　设备和资源清单

序号	设备/资源名称	数量	单位	是否准备到位(√)
1	CC2530 模块(带 LED 电路)	1	个	
2	CC Debugger 仿真器(带下载线)	1	个	
3	Mini USB 供电线或 5 号电池	1	根/个	

二、实验模块原理图

常见的 CC2530 应用模块通常在 P1_0 和 P1_1 引脚均接有发光二极管(LED)，本实验模块的应用电路在 P0_7 引脚上也接了一个 LED。其原理图如图 3-3 所示。其中，当 P1_0 输出高电平 1 时，发光二极管 D5 熄灭；当 P1_0 输出低电平 0 时，发光二极管 D5 点亮。其余 D6、D7 两个 LED 的电路控制与 D5 相同，仅 I/O 端口不同。本实验使用 D5 和 D6 两个 LED 完成流水灯实验。由于本实验使用的 CC2530 实验模块带有蜂鸣器模块，因此需要初始化蜂鸣器的 I/O 端口 P1_2 并关闭蜂鸣器。

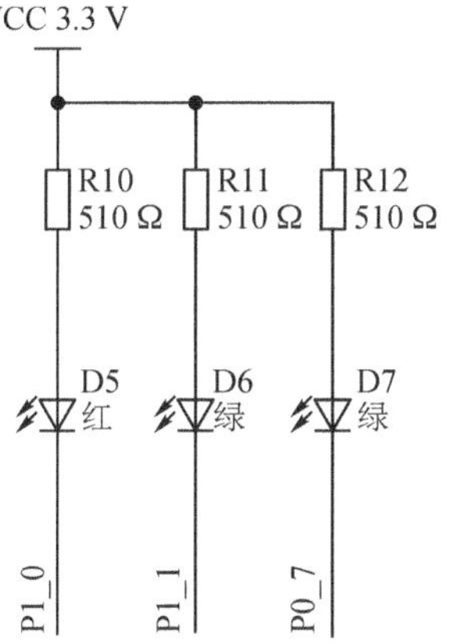

图 3-3　LED 原理图

三、实施过程

1. 连接设备

将 CC Debugger 仿真器的接口与 CC2530 实验模块(实验模块使用“求助按钮 V1.0”)相连，仿真器另一端用 USB 数据线连接到 PC 上，如图 3-4 所示。

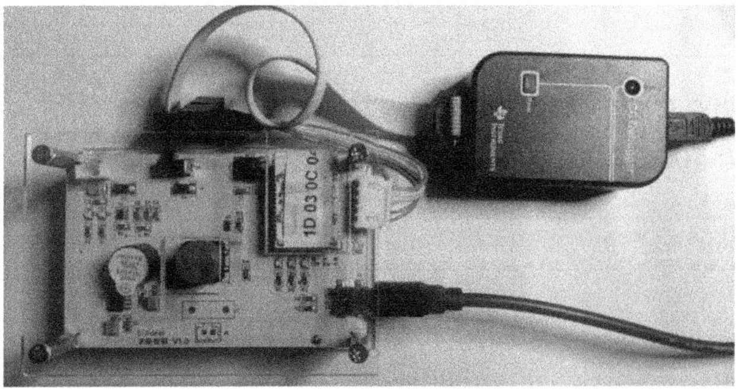

图 3-4　实验接线图

2. 程序设计

1) 程序设计思路

传统的8051 单片机可以直接给某个I/O端口赋值，或者直接读取某个I/O端口的输入电平。CC2530 虽然也是8051 内核，但是其I/O端口的输入和输出需要配置寄存器来实现，这类似于AVR、ARM等单片机，而51 单片机则可直接操作I/O端口。表3-7给出51 单片机与CC2530 管脚输入和输出对比。

表 3-7　51 单片机与 CC2530 管脚输入和输出对比表

管脚状态	51 单片机	CC2530
输入	直接读取。 如：int temp; temp=P1;	通用 I/O 端口，需要配置 PxSEL、PxDIR、PxINP 这三个寄存器(x 可以是 0、1、2)
输出	直接赋值。 如：P0=0x80; P1^0=1;	

由于CC2530的I/O端口的使用需要配置寄存器，本实验使用通用I/O，需要配置PxSEL、PxDIR、PxINP三个寄存器，这三个寄存器的默认值如表3-8所示。在本实验中，需要把这三个寄存器配置为以下状态：通用I/O、输出、上拉。

表 3-8　LED 端口的三个配置寄存器

寄存器	寄存器默认值	状　态
PxSEL	0x00	通用 I/O
PxDIR	0x00	输入
PxINP	0x00	上拉

要改变一个端口引脚的方向，需要使用寄存器PxDIR 来设置每个端口引脚为输入或输出，如表3-9和表3-10所示。设置PxDIR 中的指定位为1，其对应的引脚就被设置为输出。

由寄存器默认值可知只需要配置PxDIR为输出即可。

表 3-9　端口 0 方向

P0DIR	(0xFD)：端口 0 方向			
位	名称	复位	R/W	描　述
7～0	DIRP0_[7:0]	0x00	R/W	P0.7 到 P0.0 的 I/O 方向。 0：输入；1：输出

表 3-10　端口 1 方向

P1DIR	(0xFE)：端口 1 方向			
位	名称	复位	R/W	描　述
7～0	DIRP1_[7:0]	0x00	R/W	P1.7 到 P1.0 的 I/O 方向。 0：输入；1：输出

上述过程由下面这段代码实现：

```
P1DIR |= 0x03;          //0000 0011 P1_0,P1_1 端口定义为输出
P0DIR |= 0x80;          //1000 0000 P0_7 端口定义为输出
LED 闪烁则用取反实现：
LED1 = ~ LED1;
下面这段代码是一个简单的延迟函数，计算方式由硬件决定。
void Delayms(uint xms)
{
    uint j;
    for(;xms>0;xms--)
    for(j=587;j>0;j--);
}
```

2) 设计程序流程图

程序流程图如图 3-5 所示。

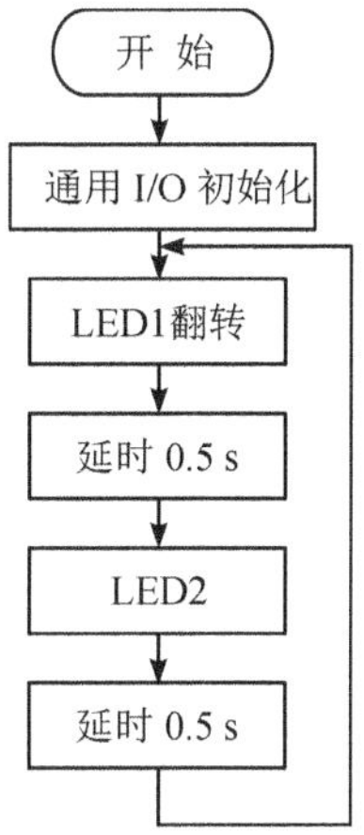

图 3-5　程序流程图

3) 创建工程

打开 IAR，新建一个 C Project 工程(具体步骤请参照项目二)。

4) 编写代码

完整的程序源代码见课程资源，主要功能代码如下。

(1) 引用相应头文件：

```
#include <ioCC2530.h>
```

(2) 对 I/O 口进行初始化：

```
函数名称：IO_Init
功能：完成 I/O 口初始化
void IO_Init(void)
{
    P1DIR |= 0x03;    //P1_0, P1_1 端口定义为输出
    P1DIR |= 0x04;    //P1_2 端口定义为输出，对应蜂鸣器
    LED1 = 0;         //点亮 LED1
    LED2 = 0;         //点亮 LED2
    Beeper = 0;       //关闭蜂鸣器
}
```

(3) 主函数通过循环让两个 LED 灯闪烁：

```
函数名称：main
功能：LED 灯轮流闪烁
void main(void)
{
    IO_Init ();         //初始化 LED 灯控制 I/O 口
```

```
    while(1)                    //死循环
    {
        LED1 = ~ LED1;
        Delayms ( 500 );        //延时 0.5 s
        LED2 = ~ LED2;
        Delayms ( 500 );        //延时 0.5 s
    }
}
```

5) 编译运行

点击工具栏中的“Compile”编译按钮 ，保存工作空间，当下方信息框提示“0 error(s)”时，说明代码正确，再点击“Download and Debug”按钮 就可以把生成的 Hex 文件烧写进 CC2530 中，如图 3-6 所示。

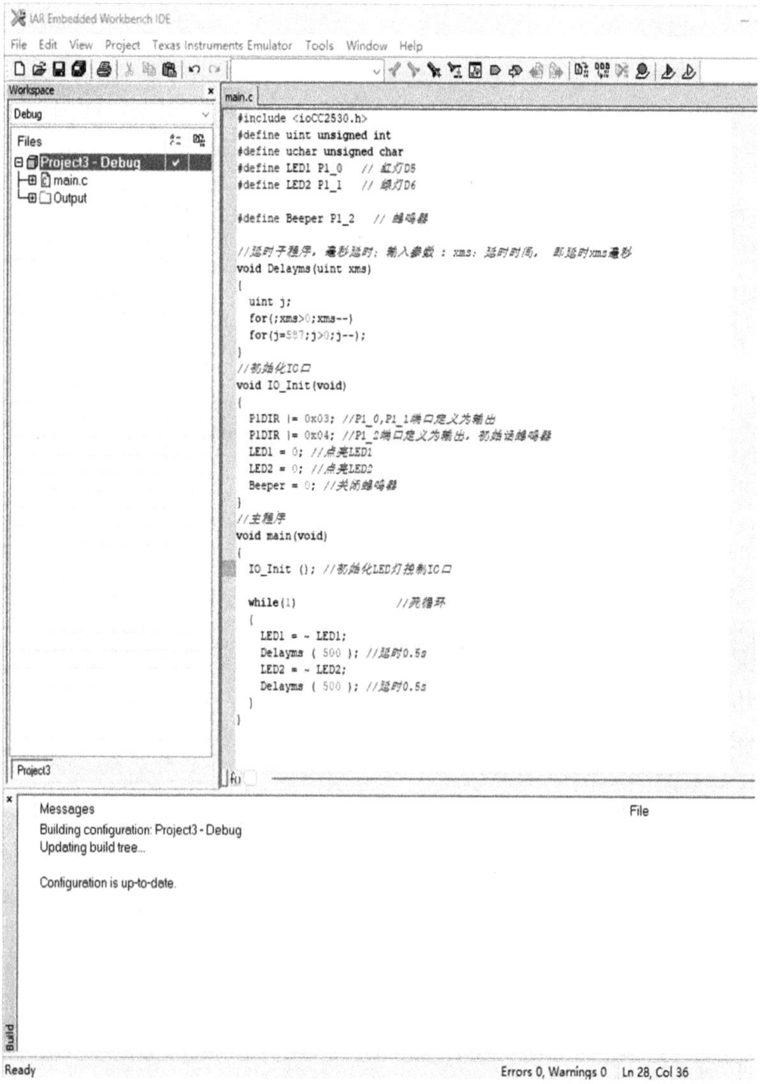

图 3-6 IAR 的 LED 流水灯编译界面

项目成果

按下仿真器或者 CC2530 实验模块上的 Reset 复位键，可以看到 CC2530 板上红灯 D5 和绿灯 D6 交替亮灭的效果，说明程序烧录成功，其效果如图 3-7 所示。如果未看到流水灯效果，则说明程序烧录不成功，需要检查 CC Debugger 仿真器接线、仿真器驱动安装是否正常或更换 CC2530 实验模块。

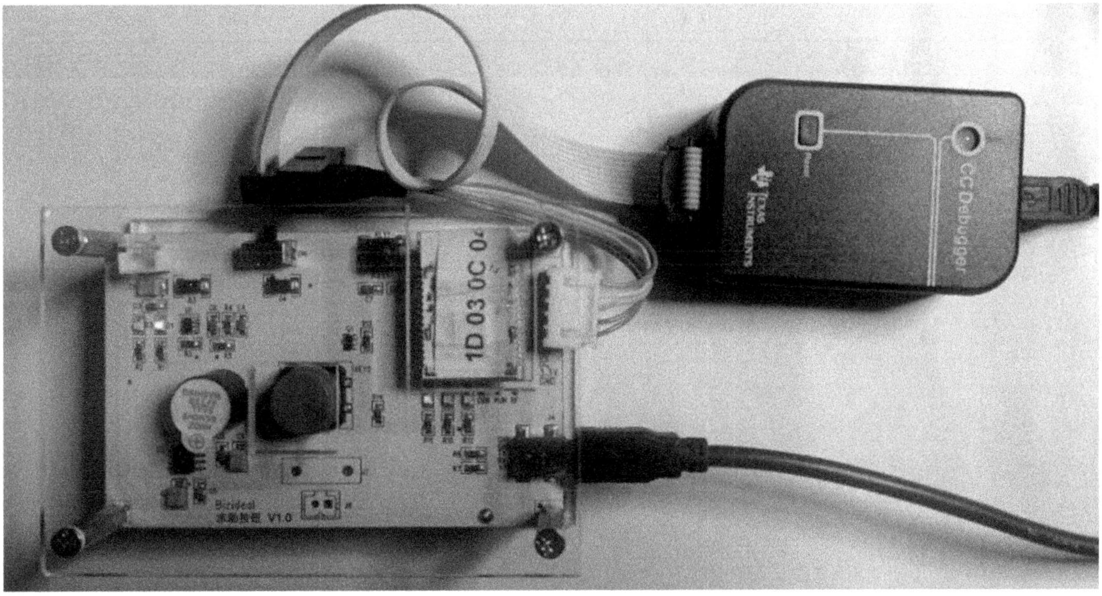

图 3-7　烧录成功效果图

拓展训练

1. 训练描述

以上实验只是利用 CC2530 开发板自带的 2 个 LED 完成了流水灯最基本的功能，要实现真正的 LED 流水灯效果，则需要用到更多的 I/O 口。

2. 训练要求

(1) 使用 P1_0、P1_1、P0_7 口的 3 个引脚控制 3 个 LED。

(2) 实现流水灯从左到右再从右到左的往复流动效果。

(3) 实现其他更多的流水灯效果。

项目总结

项目完成后认真填写表 3-11，记录整个项目的完成步骤及完成效果。

表 3-11　项 目 报 告 表

<table>
<tr><td>课程
名称</td><td></td><td>项目
名称</td><td colspan="3"></td></tr>
<tr><td>班级</td><td></td><td>姓名</td><td></td><td>学号</td><td></td></tr>
<tr><td>组长</td><td></td><td>小组
成员</td><td colspan="3"></td></tr>
<tr><td>项目
报告</td><td colspan="5">(报告必须包含以下几点：一、项目目的；二、项目计划；三、项目实施过程；四、项目总结；五、体会，可附页)
<table>
<tr><td>日期</td><td colspan="2">年　月　日</td></tr>
<tr><td rowspan="3">项目
成员
签名</td><td></td><td></td></tr>
<tr><td></td><td></td></tr>
<tr><td></td><td></td></tr>
</table></td></tr>
</table>

项目评价

根据项目完成情况，由学生自评、项目组互评、教师评分给予综合评判。学生也可参考评分细节重点掌握相关环节需要达到的能力要求。考核评价表如表 3-12 所示。

表 3-12　考核评价表

评价要素		分值	学生自评 (30%)	项目组互评 (20%)	教师评分 (50%)	各项总分	合计
能力考核	接线正确	10					
	驱动安装正确	10					
	完成代码	10					
	LED 闪烁正常	10					
	完成拓展训练	10					
	项目报告	20					
素质考核	学习态度	5					
	工作态度	10					
	合作交流	5					
	出勤	10					
学生自评签名：		项目组互评签名：			教师签名：		

项目四

按键控制 LED

项目导入

电路板上常见一种机械弹性电子按键(见图 4-1)，使用时轻按下按键，即可使引脚导通、开关闭合，松开按键则开关断开。按键控制基于机械触点的弹性作用，即机械触点的断开、闭合来产生高、低电平的互相转化。但由于按键的机械性质，开关在闭合时不会立即进入稳定的导通状态，在断开时也不会立即断开，通断的瞬间在电平信号上会产生一连串的抖动。抖动的时间取决于按键的机械特性，通常为 5～20 ms。在按键的电子设计中，为消除这种抖动的影响，通常采用硬件和软件两种方式进行消抖处理。本项目采用实现起来方便简单的软件消抖方式。

如何通过按键控制 LED 亮灭

图 4-1　按键的认识

本项目将使用按键来控制 LED 的亮灭，以实现简单的报警提示功能。

应用场景：行动不便的老人在遭遇突发意外时，只需按下手边的求助按键，报警提示灯就会亮起，救护人员看到指示后，会马上过来处理。

项目要求

根据用户需求，设计一套使用求助按键点亮 LED 报警灯的系统。

(1) 用软件查询方式完成独立按键检测原理的学习。

(2) 设计按键控制程序，实现求助按键控制 LED 的亮灭。

项目分析

我们可以通过配置 CC2530 单片机的 I/O 口来实现项目要求。本项目用软件查询方式来判断按键是否被按下，如果按下，则 LED 亮起，再按下按键，则 LED 熄灭，如此循环。

在本项目中，CC2530 通用 I/O 的使用需要配置相关寄存器，同时需要熟悉 CC2530 通用 I/O 寄存器的类型及其配置。

CC2530 的通用 I/O 除两个高驱动输出口 P1.0 和 P1.1 各具备 20 mA 的输出驱动能力之外，其他输出端口均具备 4 mA 的输出驱动能力。

任何时候，可通过寄存器 PxDIR 来设置每个端口的引脚为输入或输出。只要设置 PxDIR 中的指定位为 1，其对应的引脚就被设置为输出了。

项目目标

(1) 掌握 CC2530 芯片 I/O 口的使用方法。

(2) 掌握 CC2530 芯片 I/O 口输入模式相关的 SFR 配置。

(3) 掌握 CC2530 按键控制 LED 的软件编程。

(4) 熟悉按键控制电路。

知识储备

要完成这个项目的设计，我们必须熟悉如何配置相应的寄存器，使 CC2530 芯片的 I/O 口作为输入/输出端口来实现应用。读取按键状态时可通过将 I/O 口设置为输入端口来实现，此时 I/O 口可以配置为上拉、下拉或三态三种操作模式中的一种。当 I/O 口配置为输入模式时，CC2530 芯片通过读取相应的寄存器来获得 I/O 口的输入状态。输入模式下，也可以通过设置边缘触发或电平触发来给 C2530 芯片产生中断。由此我们可以理解为，CC2530 芯片的 I/O 口可视为双向并带有三态控制的输入和输出缓冲器。

一、CC2530 的 I/O 口

1. I/O 口的输入模式

在项目三中，CC2530 的 I/O 口配置为输出模式。在本项目中要检测按键是否被按下，则需将 CC2530 的 I/O 口配置为输入模式。CC2530 的 I/O 口作为通用 I/O 口使用时，可以配置成输出模式或输入模式。CC2530 的 I/O 口有上拉、下拉和三态三种操作模式。输入模式用来从外界器件获取输入的电信号，当 CC2530 的 I/O 口被配置成通用输入端口时，这些端口也能够提供上拉、下拉和三态三种输入模式，可通过编程进行设置，以满足外接电路设计的要求。CC2530 的 I/O 口如果没有外接设备，则应当将其配置成带上拉或下拉的通用输入模式，也可以配置成通用输出模式，但不能悬空；如果 I/O 口连接了外部设备，且作为输入模式时外部设备能提供有效的电信号，则可选取上拉、下拉和三态中的任何一种模式来使用。

CC2530 的 I/O 上拉模式是指单片机引脚通过一个电阻连接到芯片的内部正电源，当没有外界信号输入时，引脚被上拉电阻接到高电平，即为逻辑 1。下拉是指单片机引脚通过一个电阻连接到芯片的内部地，当没有外界信号输入时，引脚被下拉电阻固定在低电平，即为逻辑 0。单片机的 I/O 输入端口通过判断引脚电平的高或低来判断输入信号是逻辑值 1 还

是逻辑值 0。若引脚电平接近电源电压值(如 3.0～3.3 V)，则认为输入信号是逻辑值 1；若引脚电平接近 0V(如 0～0.3 V)，则认为输入信号是逻辑值 0。如果 CC2530 的 I/O 口没有输入信号，即引脚悬空或外接的器件没有为单片机提供输入信号，那么单片机的引脚电压为不确定状态，可能为 0～3.3 V 范围中的任意值，单片机无法判断引脚的状态。因此在实际应用电路中，需要通过上拉或下拉将单片机的引脚电平固定到一个确定的状态。

三态也称高阻态，即 CC2530 的 I/O 口既没有上拉到电源，也没有下拉到地，而是呈现高阻值状态。三态模式一般用于引脚的输出功能，特别当单片机的引脚接在多个设备共用的通信总线上时。当单片机不发送信号时，采用三态工作模式可以保证不干扰其他设备之间的通信。三态模式用于输入引脚时，引脚必须外接其他器件，此时不存在上拉或下拉电阻，还降低了单片机的功耗。

按键检测功能使用的是 I/O 口的输入模式。按键的一端接地，另一端与单片机的某个 I/O 口相连，先给该 I/O 口赋一高电平，然后让单片机不断地检测该 I/O 口是否变为低电平。当按键闭合时，即相当于该 I/O 口通过按键与地相连，变成低电平。程序一旦检测到 I/O 口变为低电平，则说明按键被按下，然后执行相应的指令。

2. CC2530 通用 I/O

用作通用 I/O 时，引脚可以组成 3 个 8 位端口：端口 0、端口 1 和端口 2，对应 P0、P1 和 P2。其中，P0 和 P1 是完全的 8 位端口，而 P2 仅有 5 位可用。所有的端口均可以通过 SFR 寄存器的 P0、P1 和 P2 来实现位寻址和字节寻址。每个端口引脚都可以单独设置为通用 I/O 或外部设备 I/O。

除两个高驱动输出口 P1.0 和 P1.1 各具备 20 mA 的输出驱动能力外，其他输出端口均具备 4 mA 的输出驱动能力。

寄存器 PxSEL(其中 x 为端口的标号 0～2)用来设置端口的每个引脚为通用 I/O 或外部设备 I/O。作为缺省的情况，每当复位之后，所有的数字输入/输出引脚都设置为通用输入引脚。

在任何时候，要改变一个端口引脚的方向，就使用寄存器 PxDIR 来设置每个端口的引脚为输入或输出。因此只要设置 PxDIR 中的指定位为 1，其对应的引脚就被设置为输出了。

读取端口寄存器 P0、P1 和 P2 的值时，不管引脚配置如何，输入引脚上的逻辑值都将被返回。这在执行读、修改、写指令期间不适用。读、修改、写指令包括：ANL、ORL、XRL、JBC、CPL、INC、DEC、DJNZ、MOV、CLR 和 SETB。一个端口寄存器上可执行以下操作：当目标是端口寄存器 P0、P1 或 P2 中一个独立的位时，寄存器的值(而不是引脚上的值)将被读取、修改并写回端口寄存器。

用作输入时，通用 I/O 端口引脚可以设置为上拉、下拉或三态操作模式。作为缺省的情况，复位之后，所有的端口均设置为带上拉的输入。要取消输入的上拉或下拉功能，只需将 PxINP 中的对应位设置为 1 即可。I/O 端口引脚 P1.0 和 P1.1 没有上拉、下拉功能；配置为外设 I/O 信号的引脚也没有上拉、下拉功能，即使外设功能是一个输入。

在电源模式 PM1、PM2 和 PM3 下，I/O 引脚保留进入 PM1/PM2/PM3 时设置的 I/O 模式和输出值(如果可用的话)。

本项目中定义的相关 I/O 端口有：P1_0 端口，用于控制 LED1；P1_2 端口，用于控制蜂鸣器 BEEP；P0_0 端口，用于控制按键 KEY1。

二、项目中用到的 SFR

本项目中用到的 SFR 包括 P1、P1SEL、P1DIR、P1INP。其中：P1 用于控制 P1 口外部引脚的电平高低；P1SEL 用于设置 P1 口外部引脚是通用 I/O 口还是外设；P1DIR 用于设置 P1 口外部引脚的输入/输出方向；P1INP 用于设置 P1 口外部引脚的驱动方式。寄存器配置如表 4-1～表 4-3 所示。

表 4-1　P0SEL (0xF3)：端口 P0 功能选择

位	名称	复位	R/W	描　　述
7～0	SELP0_[7:0]	0x00	R/W	P0.7 到 P0.0 功能选择。 0：通用 I/O；1：外设功能

表 4-2　P0DIR (0xFE)：端口 1 方向

位	名称	复位	R/W	描　　述
7～0	DIRP0_[7:0]	0x00	R/W	P0.7 到 P0.0 的 I/O 方向。 0：输入；1：输出

表 4-3　P1DIR (0xFE) - 端口 1 方向

位	名称	复位	R/W	描　　述
7～0	DIRP1_[7:0]	0x00	R/W	P1.7 到 P1.0 的 I/O 方向。 0：输入；1：输出

项目实施

一、设备和资源准备

项目实施前必须先准备好相应的设备和资源，见表 4-4。

表 4-4　设备和资源清单

序号	设备/资源名称	数量	单位	是否准备到位(√)
1	CC2530 模块(带求助按钮电路)	1	个	
2	CC Debugger 仿真器(带下载线)	1	个	
3	Mini USB 供电线或 5 号电池	1	根/个	

二、实验模块原理图

常见的 CC2530 应用模块一般都会设计一个或多个按键接到 I/O 口上，图 4-2 以 P0_0 为例，按键在按下时 I/O 口 P0_0 输入低电平，松开时输入高电平。而有的 CC2530 模块则相反，需要修改按键检测函数 KeyScan()中相应的电平值。LED 电路原理图如图 4-3 所示。

由于本项目使用的 CC2530 实验模块带有蜂鸣器模块，因此需要初始化蜂鸣器的 I/O 端口 P1_2 并关闭蜂鸣器。

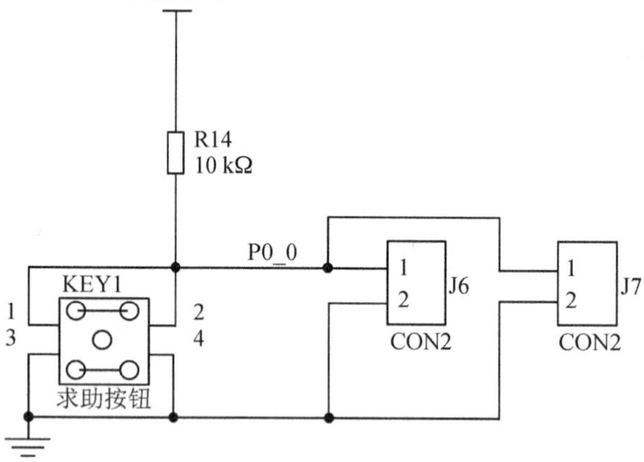

图 4-2 按键原理图

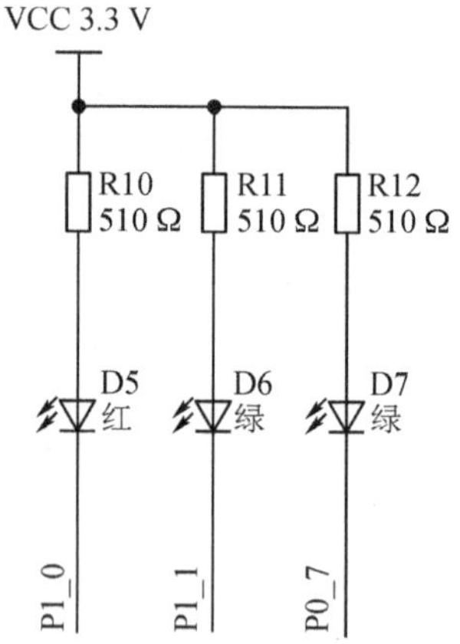

图 4-3 LED 电路原理图

三、实施过程

1. 连接设备

将 CC Debugger 仿真器的接口与 CC2530 实验模块(实验模块使用“求助按钮 V1.0”)相连，仿真器另一端用 USB 数据线连接到 PC 上。

2. 设计程序

1) 设计程序流程图

程序流程图如图 4-4 所示。

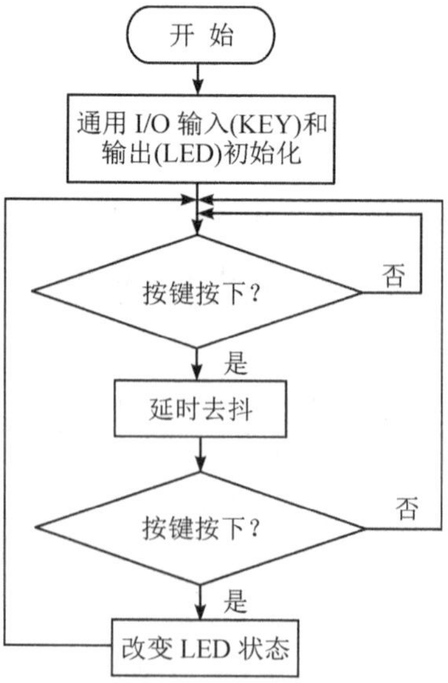

图 4-4 程序流程图

2) 创建工程

打开 IAR，新建一个 C Project 工程(具体步骤请参照项目二)。

3) 编写代码

完整的程序源代码见课程资源，主要功能代码如下。

(1) 引用相应头文件：

```
#include <ioCC2530.h>
```

(2) 对 I/O 口进行初始化：

```
函数名称：IO_Init
功能：完成 I/O 口初始化
void IO_Init(void)
{
    P1DIR |= 0x01;     //P1_0 定义为输出，对应 LED1
    P1DIR |= 0x04;     //P1_2 定义为输出，对应蜂鸣器
    LED1 = 1;          //初始状态，没有按下求助按钮，关闭 LED1
    Beeper = 0;        //关闭蜂鸣器
}
```

(3) 用按键检测函数检查按键是否按下：

```
函数名称：KeyScan
功能：检测按键是否按下，返回值为 0 表示无按键按下，为 1 表示按键按下
uchar KeyScan(void)
{
    if(KEY1==0)
    {
        Delayms(2);              //延时去抖
        if(KEY1==0)
        {
            while(!KEY1);        //松手检测。如果一直按着按键，将一直停在这条语句
            return 1;            //有按键按下
        }
    }
    return 0;                    //无按键按下
}
```

(4) 主函数通过循环查询按键状态，并改变 LED 状态：

```
函数名称：main
功能：调用按键扫描函数，根据按键改变 LED 状态
void main(void)
{
    IO_Init ();                  //初始化 LED 控制 I/O 口
```

```
        while(1)  //死循环
        {
            if(KeyScan())
            {
                LED1=~LED1; //按键改变 LED 状态
            }
        }
    }
```

4) 编译运行

如图 4-5 所示，点击工具栏中的“Compile”编译按钮，保存工作空间，当下方信息框提示“0 error(s)”时，说明代码正确，再点击“Download and Debug”按钮就可以把生成的 Hex 文件烧写进 CC2530 中。

图 4-5 按键控制 LED 编译界面

项目成果

按下仿真器或者 CC2530 实验模块上的 Reset 复位键，然后反复按下 CC2530 模块上的按键，若可以看到 CC2530 开发板上 D5 的亮灭效果，如图 4-6 所示，则说明程序运行成功。如果未看到按键控制 LED 效果，则说明程序的编写有误，需要检查 CC Debugger 仿真器接线、仿真器驱动安装是否正常或更换 CC2530 实验模块。

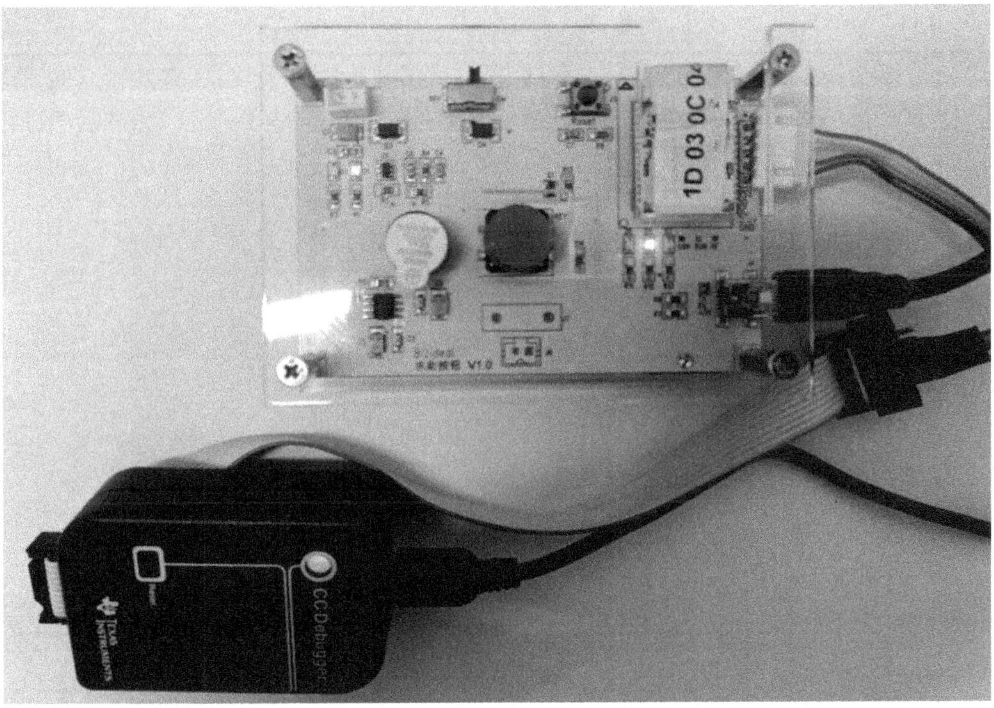

图 4-6　烧录成功效果图

拓展训练

1. 训练描述

以上实验利用 CC2530 板上自带的按键和 LED 指示灯完成了求助按钮控制 LED 的功能，拓展训练可以通过按键控制 LED 流水灯的效果展示。

2. 训练要求

(1) 使用 P1_0、P1_1、P0_7 口的 3 个引脚控制 3 个 LED。

(2) 按下按键，3 个 LED 流水灯呈现从左到右、再从右到左的往复流动效果；再次按下按键，LED 均熄灭。

项目总结

项目完成后认真填写表 4-5，记录整个项目的完成步骤及完成效果。

表4-5 项目报告表

<table>
<tr><td>课程
名称</td><td></td><td>项目
名称</td><td colspan="3"></td></tr>
<tr><td>班级</td><td></td><td>姓名</td><td></td><td>学号</td><td></td></tr>
<tr><td>组长</td><td></td><td>小组
成员</td><td colspan="3"></td></tr>
<tr><td rowspan="5">项目
报告</td><td colspan="5">(报告必须包含以下几点：一、项目目的；二、项目计划；三、项目实施过程；四、项目总结；五、体会，可附页)</td></tr>
<tr><td colspan="2" rowspan="4"></td><td>日期</td><td colspan="2">年　月　日</td></tr>
<tr><td rowspan="3">项目
成员
签名</td><td></td><td></td></tr>
<tr><td></td><td></td></tr>
<tr><td></td><td></td></tr>
</table>

项目评价

根据项目完成情况，由学生自评、项目组互评、教师评分给予综合评判。学生也可参考评分细节重点掌握相关环节需要达到的能力要求。考核评价表如表 4-6 所示。

表 4-6　考核评价表

<table>
<tr><th colspan="2">评价要素</th><th>分值</th><th>学生自评
(30%)</th><th>项目组互评
(20%)</th><th>教师评分
(50%)</th><th>各项总分</th><th>合计</th></tr>
<tr><td rowspan="6">能力
考核</td><td>接线正确</td><td>10</td><td></td><td></td><td></td><td></td><td rowspan="6"></td></tr>
<tr><td>驱动安装正确</td><td>10</td><td></td><td></td><td></td><td></td></tr>
<tr><td>完成代码</td><td>10</td><td></td><td></td><td></td><td></td></tr>
<tr><td>完成按键控制
LED</td><td>10</td><td></td><td></td><td></td><td></td></tr>
<tr><td>完成拓展训练</td><td>10</td><td></td><td></td><td></td><td></td></tr>
<tr><td>项目报告</td><td>20</td><td></td><td></td><td></td><td></td></tr>
<tr><td rowspan="4">素质
考核</td><td>学习态度</td><td>5</td><td></td><td></td><td></td><td></td><td rowspan="4"></td></tr>
<tr><td>工作态度</td><td>10</td><td></td><td></td><td></td><td></td></tr>
<tr><td>合作交流</td><td>5</td><td></td><td></td><td></td><td></td></tr>
<tr><td>出勤</td><td>10</td><td></td><td></td><td></td><td></td></tr>
<tr><td colspan="2">学生自评签名：</td><td colspan="3">项目组互评签名：</td><td colspan="3">教师签名：</td></tr>
</table>

项目五

按键触电中断

项目导入

设想这样一个场景：小明正在厨房里用砂锅煲汤，需要 15 分钟。小明在厨房里盯着汤锅，此时客厅的电视机播放出他喜爱的电视剧的主题曲。于是小明开始纠结，尽管自己很想立刻跑去客厅看电视，但是煲汤的砂锅开始渐渐冒气泡，他只能选择放弃电视剧。

这个场景中小明要做两件事情：一是煲汤，二是看电视。这两件事情互相独立，并且同时进行。在煲汤的 15 分钟期间，小明不需要手动操作，仅仅需要等待煲汤完成，然后去把煤气关掉。所以小明最恰当的做法是在煲汤开始的时候设置一个闹钟，定时 15 分钟，之后小明可以安心去看电视。当 15 分钟定时时间结束，闹钟响起时，煲汤完成的时间到达，小明再去厨房把煤气关掉，然后回到客厅继续看电视就可以了。

外部中断原理

这个场景与 CC2530 单片机有关联吗？

CC2530 单片机在处理程序的任务时，某一事件正在进行(对应场景是小明正在看电视)，此时有一件或者多件其他事件发生(对应煲汤完成)，需要单片机立刻去响应，并判断是否需要停下手头的工作去马上处理，只有处理完了(对应关闭煤气)，才能返回继续完成刚才的工作(对应看电视)。这种情况下，CC2530 单片机的中断系统起到了关键的作用。合理巧妙地利用单片机的中断功能，不仅可以处理突发状况，而且可以“同时”完成多项任务。

本项目在项目四按键控制 LED 亮灭的基础上，使用按键输入中断功能控制 LED 亮灭和蜂鸣器的发声，以实现声光报警提示功能。

项目要求

使用按键输入中断功能，设计一套具备声光报警提示功能的系统。

(1) 掌握通用 I/O 中断的使用；

(2) 了解 CC2530 的 I/O 中断机制；

(3) 了解 CC2530 的中断向量；

(4) 了解如何编写中断函数。

项目分析

项目采用中断方式来判断按键是否被按下，按一下，LED 亮，并且蜂鸣器响起；再按一下，LED 灭同时蜂鸣器静音。如此循环。

项目目标

(1) 掌握 CC2530 中断的工作原理。
(2) 掌握 CC2530 的 I/O 中断相关寄存器的配置。
(3) 掌握 CC2530 的 I/O 中断方法。

如何通过外部中断控制 LED 亮灭

知识储备

引起 CPU 中断的事件称为中断源。中断源向 CPU 提出中断请求，CPU 暂时中断原来的事件 A，转去处理事件 B，待处理完毕事件 B 后，再回到原来被中断的地方(即断点)，称为中断返回。实现上述中断功能的部件称为中断系统(或中断机构)。

将 CC2530 的通用 I/O 设置为输入后，即可用于产生中断。中断可以设置在外部信号的上升或下降沿触发。P0、P1 或 P2 端口都有中断使能位，对位于 IEN1 和 IEN2 寄存器内的端口，所有的中断使能位都是公共的，具体功能如下：

IEN1.P0IE：P0 中断使能。

IEN2.P1IE：P1 中断使能。

IEN2.P2IE：P2 中断使能。

除了这些公共中断使能位，每个端口都有位于 SFR 寄存器 P0IEN、P1IEN 和 P2IEN 的单独的中断使能位。即使配置为外设 I/O 或通用输出的 I/O 引脚在使能时都有中断产生。

当中断条件发生在 I/O 引脚上时，P0～P2 中断标志寄存器 P0IFG、P1IFG 或 P2IFG 中相应的中断状态标志将设置为 1。不管引脚是否设置了中断使能位，中断状态标志都被置为 1 。当中断执行后，中断状态标志被清除，该标志写入 0。这个标志必须在清除 CPU 端口中断标志(PxIF)之前清除。寄存器的具体功能如下：

P0IEN：P0 中断使能。

P1IEN：P1 中断使能。

P2IEN：P2 中断使能。

PICTL：P0、P1 和 P2 触发沿设置。

P0IFG：P0 中断标志。

P1IFG：P1 中断标志。

P2IFG：P2 中断标志。

一、开启中断(中断使能)

CC2530 的 21 个通用 I/O 设置为输入后，都可以用于触发中断。中断可以设置在外部信号的上升沿或下降沿触发。使用中断前首先要开启中断功能(中断使能)，与之相关的寄存器有 IEN0、IEN1 和 IEN2，寄存器各位的名称、功能和描述如表 5-1～表 5-6 所示。

表 5-1 IEN0 (0xA8)：中断使能 0

位	名称	复位	R/W	描　　述
7	EA	0	R/W	总中断设置。 0：禁止所有中断；1：打开总中断
6	—	0	R0	不使用，读出来是 0
5	STIE	0	R/W	睡眠定时器中断使能。 0：中断禁止；1：中断使能
4	ENCIE	0	R/W	AES 加密/解密中断使能。 0：中断禁止；1：中断使能
3	URX1IE	0	R/W	USART 1 RX 中断使能。 0：中断禁止；1：中断使能
2	URX0IE	0	R/W	USART0 RX 中断使能。 0：中断禁止；1：中断使能
1	ADCIE	0	R/W	ADC 中断使能。 0：中断禁止；1：中断使能
0	RFERRIE	0	R/W	RFTX/RX FIFO 中断使能。 0：中断禁止；1：中断使能

表 5-2 IEN1(0xB8)：中断使能 1

位	名称	复位	R/W	描　　述
7，6	—	00	R0	不使用，读出来为 0
5	P0IE	0	R/W	端口 0 中断使能。 0：中断禁止；1：中断使能
4	T4IE	0	R/W	定时器 4 中断使能。 0：中断禁止；1：中断使能
3	T3IE	0	R/W	定时器 3 中断使能。 0：中断禁止；1：中断使能
2	T2IE	0	R/W	定时器 2 中断使能。 0：中断禁止；1：中断使能
1	T1IE	0	R/W	定时器 1 中断使能。 0：中断禁止；1：中断使能
0	DMAIE	0	R/W	DMA 传输中断使能。 0：中断禁止；1：中断使能

表 5-3　IEN2(0x9A)：中断使能 2

位	名称	复位	R/W	描　　述
7，6	—	00	R0	没有使用，读出来是 0
5	WDTIE	0	R/W	看门狗定时器中断使能。 0：中断禁止；1：中断使能
4	P1IE	0	R/W	端口 1 中断使能。 0：中断禁止；1：中断使能
3	UTX1IE	0	R/W	USART1 TX 中断使能。 0：中断禁止；1：中断使能
2	UTX0IE	0	R/W	USART0 TX 中断使能。 0：中断禁止；1：中断使能
1	P2IE	0	R/W	端口 2 中断使能。 0：中断禁止；1：中断使能
0	RFIE	0	R/W	RF 一般中断使能。 0：中断禁止；1：中断使能

表 5-4　P0IEN (0xAB)：端口 0 中断屏蔽

位	名称	复位	R/W	描　　述
7～0	P0_[7:0]IEN	0x00	R/W	端口 P0.7 到 P0.0 中断使能。 0：中断禁止；1：中断使能

表 5-5　P1IEN (0x8D)：端口 1 中断屏蔽

位	名称	复位	R/W	描　　述
7～0	P1_[7:0]IEN	0x00	R/W	端口 P1.7 到 P1.0 中断使能。 0：中断禁止；1：中断使能

表 5-6　P2IEN (0xAC)：端口 2 中断屏蔽

位	名称	复位	R/W	描　　述
7，6	—	00	R/W	未使用
5	DPIEN	0	R/W	USBD+中断使能
4:0	P2_[4:0]IEN	0 0000	R/W	端口 P2.4 到 P2.0 中断使能。 0：中断禁止；1：中断使能

举例说明，要使用 P1_2 引脚作为中断输入，按顺序完成以下设置：

(1) 开总中断；

(2) 开启 P1 口中断；

(3) 开启 P1_2 引脚中断。

以上操作，即要把表中寄存器的灰色相关位设置为 1。

二、中断控制

CC2530 单片机的中断控制寄存器各位的名称、功能和描述如表 5-7 所示。

表 5-7 PICTL (0x8C)：端口中断控制

位	名称	复位	R/W	描 述
7	PADSC	0	R/W	控制 I/O 引脚在输出模式下的驱动能力。 0：最小驱动能力增强，DVDD1/2 等于或大于 2.6 V； 1：最大驱动能力增强，DVDD1/2 小于 2.6 V
6～4	—	000	R0	未使用
3	P2ICON	0	R/W	端口 2， 4～0 引脚的输入中断配置。 0：输入上升沿触发中断；1：输入下降沿触发中断
2	P1ICONH	0	R/W	端口 1， 7～4 引脚的输入中断配置。 0：输入上升沿触发中断；1：输入下降沿触发中断
1	P1ICONL	0	R/W	端口 1， 3～0 引脚的输入中断配置。 0：输入上升沿触发中断；1：输入下降沿触发中断
0	P0ICON	0	R/W	端口 0， 7～0 引脚的输入中断配置。 0：输入上升沿触发中断；1：输入下降沿触发中断

例如，要在 P1_2 引脚的下降沿触发中断，则需把灰色标记位置为 1；若在上升沿触发中断，则无须配置这个寄存器。

三、中断处理

CC2530 单片机的中断处理寄存器各位的名称、功能和描述如表 5-8～表 5-11 所示。

表 5-8 IRCON2 (0xE8)：中断标志 5

位	名称	复位	R/W	描 述
7～5	—	000	R/W	没有使用
4	WDTIF	0	R/W	看门狗定时器中断标志。 0：无中断请求；1：中断请求未处理
3	P1IF	0	R/W	端口 1 中断标志。 0：无中断请求；1：中断请求未处理
2	UTX1IF	0	R/W	USART1 TX 中断标志。 0：无中断请求；1：中断请求未处理
1	UTX0IF	0	R/W	USART1 TX 中断标志。 0：无中断请求；1：中断请求未处理
0	P2IF	0	R/W	端口 2 中断标志。 0：无中断请求；1：中断请求未处理

表 5-9　P0IFG (0x89)：端口 0 中断状态标志

位	名称	复位	R/W	描　　述
7～0	P0IF[7:0]	0x00	R/W0	端口 0：7～0 位中断状态标志。 当端口发生中断请求未处理时，其相应的标志位置 1

表 5-10　P1IFG (0x8A)：端口 1 中断状态标志

位	名称	复位	R/W	描　　述
7～0	P1IF[7:0]	0x00	R/W0	端口 1：7～0 位中断状态标志。 当端口发生中断请求未处理时，其相应的标志位置 1

表 5-11　P2IFG (0x8B)：端口 2 中断状态标志

位	名称	复位	R/W	描　　述
7，6	—	00	R0	未使用
5	DPIF	0	R/W0	USB D+ 中断状态标志。 当 D+ 线发生中断请求未处理时，其相应的标志位置 1
4:0	P2IF[4:0]	00000	R/W0	端口 2：4～0 位中断状态标志。 当端口发生中断请求未处理时，其相应的标志位置 1

当中断条件发生时，P0～P2 中断标志寄存器 P0IFG、P1IFG 或 P2IFG 中相应的中断状态标志将设置为 1。例如，若 P1_2 引脚触发了中断，则 P1IFG 中的数值会变为 00000100。不论引脚是否设置中断使能位，中断状态标志位都会被置 1。

项目实施

一、设备和资源准备

项目实施前必须先准备好相应的设备和资源，见表 5-12。

表 5-12　设备和资源清单

序号	设备/资源名称	数量	单位	是否准备到位(√)
1	CC2530 模块	1	个	
2	CC Debugger 仿真器(带下载线)	1	个	
3	Mini USB 供电线或 5 号电池	1	根/个	

二、实验模块原理图

按键原理图如图 5-1 所示，按键按下时 I/O 口的 P0_0 输入低电平，松开时则输入高电平。蜂鸣器和 LED 电路原理图如图 5-2 所示，I/O 口的 P1_2 用于有源蜂鸣器 LS1 的发声控制，当 P1_2 输出高电平时，蜂鸣器发声，输出低电平则关闭蜂鸣器，不发声。

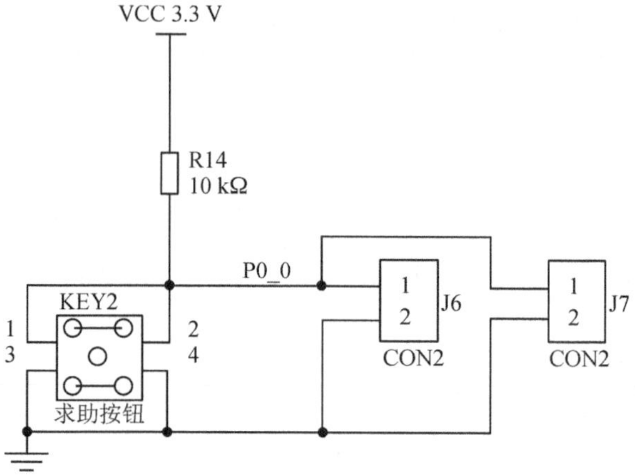

图 5-1 按键原理图

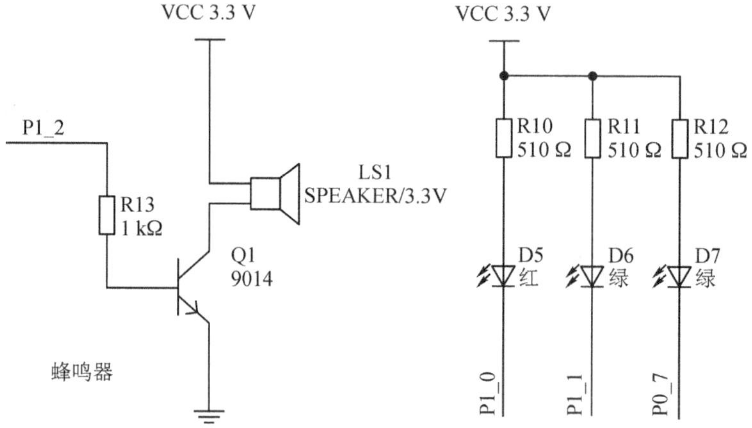

图 5-2 蜂鸣器和 LED 的原理图

三、实施过程

1. 连接设备

将 CC Debugger 仿真器的接口与 CC2530 实验模块(实验模块使用“求助按钮 V1.0”)相连，仿真器另一端用 USB 数据线连接到 PC 上，如图 5-3 所示。

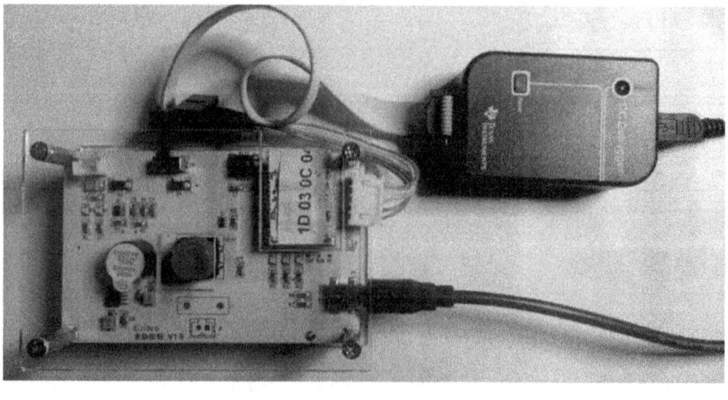

图 5-3 实验接线图

2. 设计程序

1) 分析程序设计思路

首先定义相关 I/O 端口，根据硬件原理图，P1_0 端口控制 LED1，P1_1 端口控制 LED2，P0_7 端口控制 LED3，P1_2 端口控制蜂鸣器 BEEP，P0_0 端口控制按钮。

```
#define LED1 P1_0    //LED1 为 P1_0 端口控制
#define LED2 P1_1    //LED2 为 P1_1 端口控制
#define LED3 P0_7    //LED3 为 P0_7 端口控制
#define BEEP P1_2    //BEEP 为 P1_2 端口控制
```

CC2530 的外部中断需要配置四个寄存器 P0IEN、PICTL、P0IFG、IEN1。寄存器的具体用法参考本项目知识储备内容。

KEY_IO 初始化(中断方式配置)代码如下：

```
void InitKey(void)
{
    P0IEN|= 0x01;       //设置 P0_0 为中断方式
    IEN1 |= 0x20;       //允许 P0 口中断
    PICTL|= 0x01;       //下降沿触发
    P0IFG = 0x00;       //清中断标志位
    EA = 1;             //开总中断
}
```

2) 设计程序流程图

程序流程图见图 5-4。

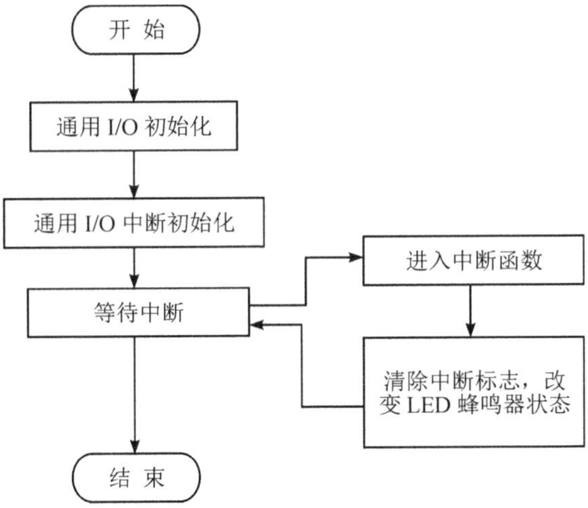

图 5-4　程序流程图

3) 创建工程

打开 IAR，新建一个 C Project 工程(具体步骤请参照项目二)。

4) 编写代码

完整的程序源代码见课程资源，主要功能代码如下。

(1) 引用相应头文件：

```
#include <ioCC2530.h>
```

(2) 对 I/O 口进行初始化：

```
函数名称：IO_Init
功能：完成 LED 和蜂鸣器 I/O 口的初始化
void IO_Init(void)
{
    P1DIR |= 0x01;    //P1_0 定义为输出，对应 LED1
    P1DIR |= 0x04;    //P1_2 端口定义为输出，对应蜂鸣器
    LED1 = 1;         //初始状态，没有按下求助按钮，关闭 LED1
    Beeper = 0;       //关闭蜂鸣器
}
```

(3) 对按键的 I/O 口进行初始化：

```
函数名称：InitKey
功能：完成按键中断 I/O 口的初始化
void IO_Init(void)
{
  P0IEN|= 0x01;      //设置 P0_0 为中断方式
  IEN1 |= 0x20;      //允许 P0 口中断
  PICTL|= 0x01;      //下降沿触发
  P0IFG = 0x00;      //清中断标志位
  EA = 1; //开总中断
}
```

(4) 主函数通过循环让两个 LED 灯闪烁：

```
函数名称：main
功能：LED 灯轮流闪烁
void main(void)
{
    IO_Init ();                //初始化 LED 灯控制 I/O 口
    while(1)                   //死循环
    {
        LED1 = ~ LED1;
        Delayms ( 500 );       //延时 0.5 s
        LED2 = ~ LED2;
        Delayms ( 500 );       //延时 0.5 s
    }
}
```

5) 编译运行

点击工具栏中的“Compile”编译按钮，保存工作空间，当下方信息框提示“0 error(s)”时，说明代码正确，再点击“Download and Debug”按钮 就可以把生成的 Hex 文件烧写进 CC2530 中，如图 5-5 所示。

图 5-5　按键中断产生声光报警的编译界面

项目成果

按下仿真器或者 CC2530 实验模块上的 Reset 复位键，然后反复按下 CC2530 模块上的按键，可以看到 CC2530 板上 D5 的亮灭效果，同时 LED 亮起时伴随有蜂鸣器的响声，LED 熄灭则蜂鸣器声音关闭，则说明项目运行成功，其效果如图 5-6 所示。如果未看到按键控制 LED 和蜂鸣器的效果，就说明程序的编写有误，需要检查 CC Debugger 仿真器接线、仿真器驱动安装是否正常或更换 CC2530 实验模块。

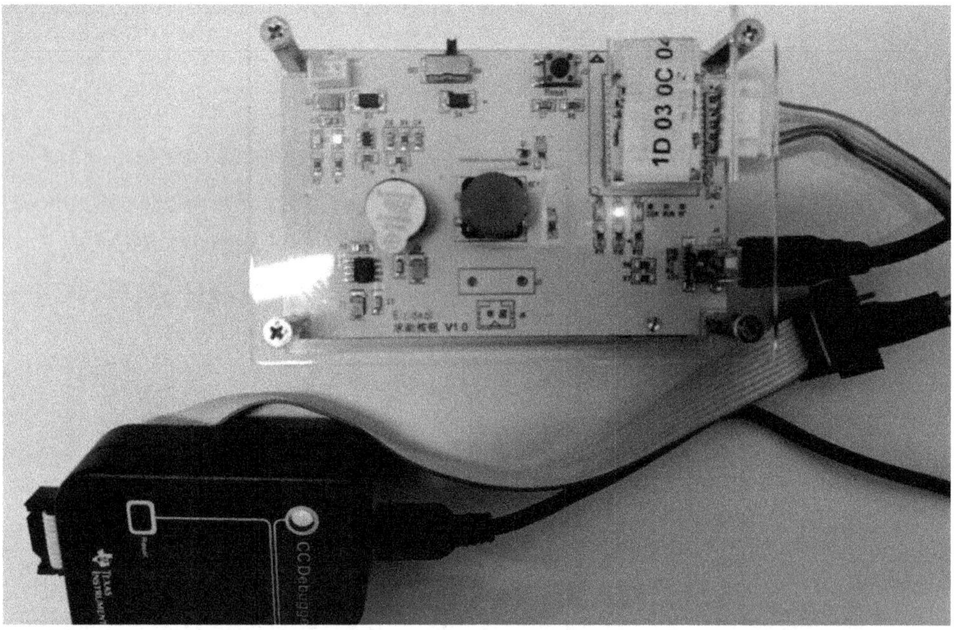

图 5-6　烧录成功效果图

拓展训练

1. 训练描述

以上实验利用 CC2530 板子自带的求助按钮、蜂鸣器和一个 LED 指示灯通过按键中断控制 LED 灯和蜂鸣器以实现声光报警的功能，拓展训练可以通过按键控制 3 个 LED 亮灭情况的不同，展示不同的声光效果。

2. 训练要求

(1) 使用 P1_0、P1_1、P0_7 口的 3 个引脚控制 3 个 LED。

(2) 按下按键，一个 LED 亮起，同时蜂鸣器响起；再按下按键，蜂鸣器仍然响起，同时增加一个亮起的 LED。第 3 次按下按键，蜂鸣器仍然响起，再增加一个亮起的 LED，此时共有 3 个 LED 亮起。第 4 次按下按键，关闭蜂鸣器和所有 LED。

项目总结

项目完成后认真填写表 5-13，记录整个项目的完成步骤及完成效果。

表 5-13　项 目 报 告 表

<table>
<tr><td>课程
名称</td><td></td><td>项目
名称</td><td colspan="3"></td></tr>
<tr><td>班级</td><td></td><td>姓名</td><td></td><td>学号</td><td></td></tr>
<tr><td>组长</td><td></td><td>小组
成员</td><td colspan="3"></td></tr>
<tr><td>项目
报告</td><td colspan="5">(报告必须包含以下几点：一、项目目的；二、项目计划；三、项目实施过程；四、项目总结；五、体会，可附页)
<table>
<tr><td>日期</td><td colspan="2">年　月　日</td></tr>
<tr><td rowspan="3">项目
成员
签名</td><td></td><td></td></tr>
<tr><td></td><td></td></tr>
<tr><td></td><td></td></tr>
</table></td></tr>
</table>

项目评价

根据项目完成情况，由学生自评、项目组互评、教师评分给予综合评判。学生也可参考评分细节重点掌握相关环节需要达到的能力要求。考核评价表如表 5-14 所示。

表 5-14 考核评价表

评价要素		分值	学生自评(30%)	项目组互评(20%)	教师评分(50%)	各项总分	合计
能力考核	接线正确	10					
	驱动安装正确	10					
	完成代码	10					
	完成按键触发中断功能	10					
	完成拓展训练	10					
	项目报告	20					
素质考核	学习态度	5					
	工作态度	10					
	合作交流	5					
	出勤	10					
学生自评签名：		项目组互评签名：			教师签名：		

项目六

定时器 1 控制 LED 闪烁

项目导入

嵌入式开发应用中经常使用定时器，本项目主要是学习 CC2530 定时器的使用方法。CC2530 内置了多个定时器，包括通用定时器、看门狗定时器和实时时钟定时器等。通用定时器用于生成精确的定时器中断事件，看门狗定时器用于检测系统是否被卡住，实时时钟定时器则提供了一个可编程的实时时钟。这些定时器可帮助开发者实现各种定时功能，如周期性任务、超时检测、时序控制等。

定时器中断原理

定时器内部有一个寄存器，一旦开始计数，这个寄存器的值每经过一个机器周期便会自动加 1。我们可以把机器周期理解为定时器的计数周期。就像我们的钟表，每经过一秒，数字自动加 1，而这个定时器就是每过一个机器周期的时间数字自动加 1。还有一个特别注意的地方，就是钟表是加到 60 后，秒就自动变成 0 了，这种情况在单片机或计算机中我们称之为溢出。假如是 16 位的定时器，也就是 2 个字节，最大值就是 65 535，那么加到 65 535 后，再加 1 就算溢出，如果有其他位数的话，道理是一样的，对于 CC2530 单片机来说，溢出后，这个值会直接变成 0。从某一个初始值开始，经过确定的时间后溢出，这个过程就是定时。

本项目将使用定时器控制 LED 闪烁。

项目要求

通电后，LED 每隔 1 秒闪烁一次。

(1) 了解 CC2530 单片机定时器的相关寄存器配置；

(2) 使用定时器 1 控制 LED 以 1 秒为周期的亮灭。

项目分析

本项目使用的定时器 1 是一个独立的 16 位定时器，支持典型的定时/计数功能，比如输入捕获、输出比较和 PWM(脉冲宽度调制)功能。该定时器有 5 个独立的捕获/比较通道，每个通道使用一个 I/O 引脚。项目三的流水灯实验是通过软件延时实现的，本项目则使用定时器控制 LED 的亮灭，以实现定时亮灯的场景模拟。我们可以通过编写 CC2530 单片机程序，使用内部定时器/计数器控制 CC2530 的 LED 周期性闪烁。

项目目标

(1) 掌握 CC2530 单片机定时器 1 的工作原理。
(2) 掌握 CC2530 单片机定时器 1 的使用方法。
(3) 掌握使用 CC2530 单片机定时器 1 控制 LED 的亮灭。

如何通过定时器中断控制 LED 亮灭

知识储备

要完成这个项目的设计，我们必须熟悉 CC2530 定时器的原理以及如何配置相应的寄存器，使 CC2530 芯片的 I/O 引脚实现作为输入/输出端口的应用。将 I/O 引脚作为输入端口可实现按键状态的读取，此时引脚可以配置为上拉、下拉或三态三种操作模式的其中一种。当 I/O 引脚配置为输入端口时，CC2530 芯片通过读取相应的寄存器来获得 I/O 引脚的输入状态。I/O 作为输入也可以通过设置边缘触发或电平触发为 CC2530 芯片产生中断。由此我们可以理解为，CC2530 芯片的 I/O 引脚可实现双向并带有三态控制的输入和输出缓冲功能。

一、定时器 1 的功能和工作模式

定时器 1 是一个 16 位计数器，其功能如下：
(1) 5 个捕获/比较通道；
(2) 上升沿、下降沿或任何边沿的输入捕获；
(3) 设置、清除或切换输出比较模式；
(4) 自由运行、模或正计数/倒计数三种模式操作；
(5) 可被 1、8、32 或 128 整除的时钟分频器；
(6) 在每个捕获/比较和最终计数上生成中断请求；
(7) DMA 触发功能。

定时器 1 有三种工作模式：自由运行模式、模模式、正计数/倒计数模式，由 T1CTL 寄存器的 2 个 MODE 位(标记为 T1CTL.MODE)进行设置，如表 6-1～表 6-3 所示。

表 6-1　T1CTL (0xE4)：定时器 1 的控制和状态

位	名称	复位	R/W	描　述
7～4	—	00000	R0	保留
3，2	DIV[1:0]	00	R/W	分频器划分值。 00：标记频率/1；01：标记频率/8； 10：标记频率/32；11：标记频率/128
1，0	MODE[1:0]	00	R/W	选择定时器 1 工作模式。 00：暂停运行； 01：自由运行，　从 0x0000 到 0xFFFF 反复计数； 10：模，从 0x0000 到 T1CC0 反复计数； 11：正计数/倒计数，　从 0x0000 到 T1CC0 再从 T1CC0 倒计数到 0x0000 反复计数

表 6-2　T1CNTH (0xE3)：定时器 1 的计数器高位

位	名称	复位	R/W	描　　述
7～0	CNT[15:8]	0x00	R	定时器 1 计数器高 8 位

表 6-3　T1CNTL (0xE2)：定时器 1 的计数器低位

位	名称	复位	R/W	描　　述
7～0	CNT[7:0]	0x00	R/W	定时器 1 计数器低 8 位

CC2530 由寄存器位 CLKCON 设置系统时钟频率，一般系统时钟采用 32 MHz。定时器 1 的工作频率由 T1CTL.DIV 设置的分频器值进一步分频，分频器值可以是 1、8、32 或 128。因此当 32 MHz 晶振用作系统时钟源时，定时器 1 可以使用的最低时钟频率是 1953.125 Hz，最高是 32 MHz。

在自由运行操作模式下，计数器 T1CNT 从 0x0000 开始， 每个活动时钟边沿自动增加 1。当计数器达到 0xFFFF 时溢出，定时时间到的标志位 IRCON.T1IF 置 1。计数器 T1CNT 重新载入 0x0000，继续递增它的值。如果设置了开启定时器 1 的中断屏蔽位 IEN1.T1EN，将产生一个中断请求。自由运行操作模式下计数器的工作过程如图 6-1 所示。

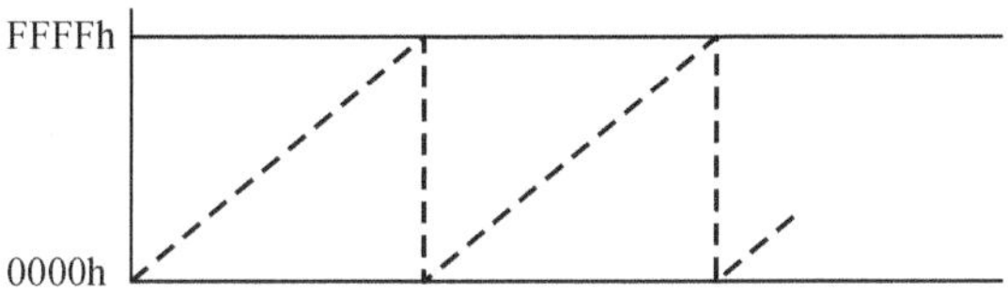

图 6-1　自由运行模式下计数器的工作过程

当定时器 1 运行在模模式时，16 位计数器 T1CNT 从 0x0000 开始，每个活动时钟边沿增加 1。当计数器达到 T1CC0 时溢出，定时时间到的标志位 IRCON.T1IF 置 1。计数器 T1CNT 重新载入 0x0000，继续递增它的值。如果设置了开启了定时器 1 的中断屏蔽位 IEN1.T1EN，将产生一个中断请求。模模式可以用于周期不是 0xFFFF 的应用程序。例如，我们准备每周期定时 5000 个时钟，5000 转换成十六进制数为 1388，0x13 赋值给 T1CC0H，0x88 赋值给 T1CC0L，当定时时间到 5000 个时钟时，中断标志位 IRCON.T1IF 自动置 1。T1CC0H 和 T1CC0L 寄存器的描述如表 6-4 和表 6-5 所示。

表 6-4　T1CC0H (0xDB)：定时器 1 通道 0 捕获/比较值高位

位	名称	复位	R/W	描　　述
7～0	T1CC0[15:8]	0x00	R/W	定时器 1 通道 0 捕获/比较值，高 8 位字节

表 6-5　T1CC0L (0xDA)：定时器 1 通道 0 捕获/比较值低位

位	名称	复位	R/W	描　　述
7～0	T1CC0[7:0]	0x00	R/W	定时器 1 通道 0 捕获/比较值，低 8 位字节

模模式下计数器的工作过程如图 6-2 所示。

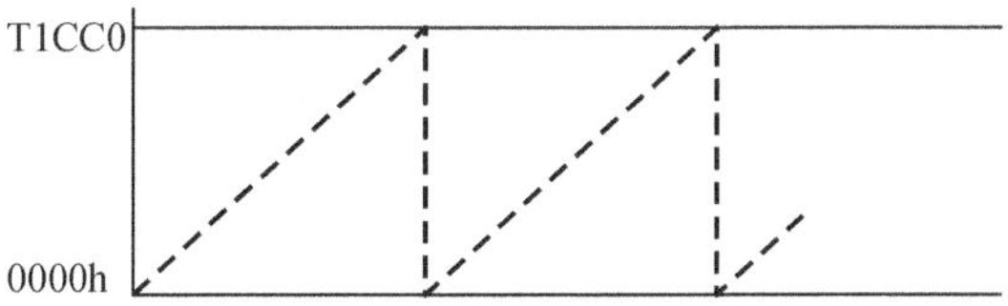

图 6-2　模模式下计数器的工作过程

在正计数/倒计数模式下，计数器反复从 0x0000 开始，正计数直至达到 T1CC0H、T1CC0L 保存的值时，计数器将倒计数直到 0x0000，周而复始。在正计数/倒计数模式下，当计数器 T1CNT 与 T1CC0 设置的数值相同时，定时时间到的标志位 IRCON.T1IF 置 1。如果设置了开启定时器 1 的中断屏蔽位 IEN1.T1EN，将产生一个中断请求。正计数/倒计数模式下计数器的工作过程如图 6-3 所示。

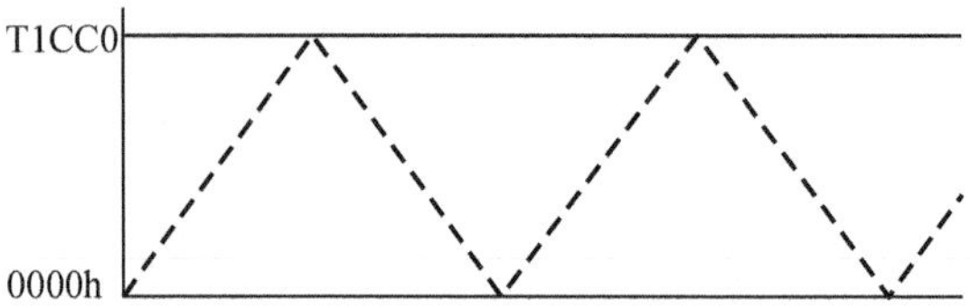

图 6-3　正计数/倒计数模式下计数器的工作过程

二、定时器 1 的通道模式控制

定时器 1 共有 5 个输入捕获和输出比较通道，通道模式选择可通过寄存器 T1CCTL0～T1CCTL4 进行设置。表 6-6 以 T1CCTL1 为例进行描述，其他 4 个与之基本相同。

表 6-6　T1CCTL1 (0xE6)：定时器 1 通道 1 捕获/比较控制

位	名称	复位	R/W	描　述
7	RFIRQ	0	R/W	在设置时，使用 RF 中断捕获，而不是常规捕获输入
6	IM	1	R/W	通道 1 中断屏蔽，设置时使能中断请求
5～3	CMP[2:0]	000	R/W	通道 0 比较模式选择。 000：计数器与 T1CC1 比较，相等时输出置 1； 001：计数器与 T1CC1 比较，相等时输出置 0； 010：计数器与 T1CC1 比较，相等时翻转； 011：比较相等时输出置 1，计数器回到 0 时输出置 0； 100：比较相等时输出置 0，计数器回到 0 时输出置 1； 101：等于 T1CC0 时输出置 0，等于 T1CC1 时输出置 1； 110：等于 T1CC0 时输出置 1，等于 T1CC1 时输出置 0； 111：初始化输出引脚，CMP[2:0]不变
2	MODE	0	R/W	定时器 1 通道 0 捕获或比较模式选择。 0：捕获模式；1：比较模式
1，0	CAP[1:0]	00	R/W	通道 0 捕获模式选择。 00：未捕获；　01：上升沿捕获； 10：下降沿捕获；　11：所有沿捕获

1. 捕获模式

捕获模式用于检测相关 I/O 引脚有无脉冲输入。如果一个通道配置为输入捕获通道，那么和该通道相关的 I/O 引脚必须被配置为输入。在启动定时器 1 之后，输入引脚的一个上升沿、下降沿或任何边沿都将触发一个捕获，即把 16 位计数器内容捕获到相关的捕获寄存器中。因此定时器 1 可以捕获一个外部事件发生的时间。注意：在定时器 1 使用输入/输出引脚之前，所需的 I/O 引脚必须配置为定时器 1 的外设引脚。捕获的脉冲数放置到寄存器 T1CCn(n 表示 0～4)中。例如，我们把 T1CCTL0.MODE 置“0”，T1CCTL0.CAP 置“10”(下降沿捕获)，当 I/O 引脚有一个下降沿输入时计数器 T1CC0 自动加 1。

2. 比较模式

比较模式用于将计数器值与事先设定的 T1CC0～T1CC4 值进行比较。在输出比较模式下，与输出比较通道相关的 I/O 引脚设置为输出。在定时器 1 启动之后，将比较计数器 T1CNT 和通道比较寄存器 T1CCn 的内容。如果比较寄存器等于计数器的内容，则输出引脚根据比较模式下 T1CCTLn.CMP 的设置进行置 1、置 0 或切换。当比较计数器 T1CNT 和寄存器 T1CCn 的数值相等时，中断标志寄存器 IRCON.T1IF 置 1。图 6-4 为计数器在比较模式下的计数过程。

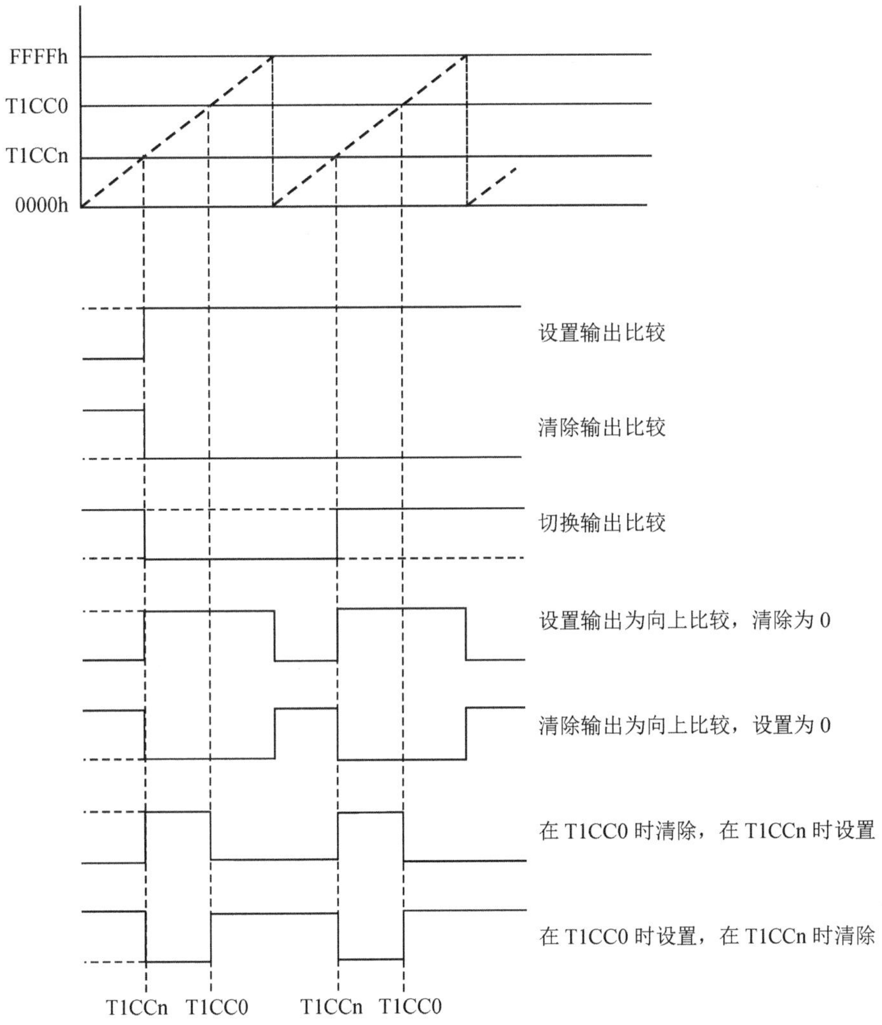

图 6-4　比较模式下的计数过程

PWM 输出信号可以通过定时器 1 在自由运行模式下，通道 1 和 2 在输出比较模式 5 或 6 下生成(由 T1CCTLn.CMP 位定义，其中 n 是 1 或 2)。PWM 信号的周期通过设置 T1CC0 确定，通道输出的占空比由 T1CCn 确定，其中 n 代表 PWM 通道 1 或 2。PWM 输出信号还可以使用图 6-4 所示的输出比较模式 3 和 4，或通过使用模模式生成。对于简单的 PWM 信号，最好使用输出比较模式 4 和 5 来生成。

3. I/O 引脚

表 6-7 为外设 I/O 的引脚映射。

表 6-7 外设 I/O 引脚映射

外设功能	P0								P1								P2				
	7	6	5	4	3	2	1	0	7	6	5	4	3	2	1	0	4	3	2	1	0
ADC	A7	A6	A5	A4	A3	A2	A1	A0													
USART0 SPI			C	SS	M0	MI															
											M0	MI	C	S							
USART0 UART			RT	CT	TX	RX															
											TX	RX	RT	CT							
USART1 SPI			M1	M0	C	SS															
									M1	M0	C	SS									
USART1 UART			RX	TX	RT	CT															
									RX	TX	RT	CT									
TIMER1		4	3	2	1	0															
	3	4												0	1	2					
TIMER3												1	0								
									1	0											
TIMER4															1	0					
																		1			0
32 kHz XOSC																Q1	Q2				

从表 6-7 可以看出，定时器 1 对应的引脚为 P0_2 到 P0_6，例如通道 1 对应引脚 P0_3，捕获模式下采集 P0_3 的输入信号，比较模式下从 P0_3 输出信号。如果上述引脚被占用，

定时器 1 还有一组备用引脚，可以通过寄存器 PERCFG 设置定时器 1，采用备用位置 2，此时通道 1 对应引脚 P1_1，如表 6-8 所示。

表 6-8　PERCFG (0xF1)：外设控制

位	名称	复位	R/W	描　述
7	—	0	R0	没有使用
6	T1CFG	0	R/W	定时器 1 的 I/O 位置。 0：备用位置 1；1：备用位置 2
5	T3CFG	0	R/W	定时器 3 的 I/O 位置。 0：备用位置 1；1：备用位置 2
4	T4CFG	0	R/W	定时器 4 的 I/O 位置。 0：备用位置 1；1：备用位置 2
3，2	—	00	R0	没有使用
1	U1CFG	0	R/W	USART1 的 I/O 位置。 0：备用位置 1；1：备用位置 2
0	U0CFG	0	R/W	USART0 的 I/O 位置。 0：备用位置 1；1：备用位置 2

三、定时器 1 的状态和中断标志寄存器

定时器 1 的状态和中断标志寄存器分别如表 6-9 和表 6-10 所示。

表 6-9　T1STAT (0xAF)：定时器 1 状态

位	名称	复位	R/W	描　述
7，6	—	00	R0	保留
5	OVFIF	0	R/W0	定时器 1 计数器溢出中断标志。当计数器在自由运行或模模式下达到最终计数值时置 1，当在正计数/倒计数模式下达到 0 时倒计数。写 1 没有影响
4	CH4IF	0	R/W0	定时器 1 通道 4 中断标志。当通道 4 中断条件发生时置 1。写 1 没有影响
3	CH3IF	0	R/W0	定时器 1 通道 3 中断标志。当通道 3 中断条件发生时置 1。写 1 没有影响
2	CH2IF	0	R/W0	定时器 1 通道 2 中断标志。当通道 2 中断条件发生时置 1。写 1 没有影响
1	CH1IF	0	R/W0	定时器 1 通道 1 中断标志。当通道 1 中断条件发生时置 1。写 1 没有影响
0	CH0IF	0	R/W0	定时器 0 通道 0 中断标志。当通道 0 中断条件发生时置 1。写 1 没有影响

表 6-10 IRCON(0xC0)：中断标志 4

位	名称	复位	R/W	描 述
7	STIF	0	R/W	睡眠定时器中断标志。 0：无中断未处理；1：中断未处理
6	—	0	R/W	必须写为 0。写入 1 总是使能中断源
5	P0IF	0	R/W	端口 0 中断标志。 0：无中断未处理；1：中断未处理
4	T4IF	0	R/W H0	定时器 4 中断标志。 当定时器 4 中断发生时设为 1，并且当 CPU 指向中断向量服务例程时清除
3	T3IF	0	R/W H0	定时器 3 中断标志。 当定时器 3 中断发生时设为 1，并且当 CPU 指向中断向量服务例程时清除
2	T2IF	0	R/W H0	定时器 2 中断标志。 当定时器 2 中断发生时设为 1，并且当 CPU 指向中断服务例程时清除
1	T1IF	0	R/W H0	定时器 1 中断标志。 当定时器 1 中断发生时设为 1，并且当 CPU 指向中断服务例程时清除
0	DMAIF	0	R/W	DMA 完成中断标志。 0：无中断未处理；1：中断未处理

项目实施

一、设备和资源准备

项目实施前必须先准备好相应的设备和资源，见表 6-11。

表 6-11 设备和资源清单

序号	设备/资源名称	数量	单位	是否准备到位(√)
1	CC2530 模块	1	个	
2	CC Debugger 仿真器(带下载线)	1	个	
3	Mini USB 供电线或 5 号电池	1	根/个	

二、实验模块原理图

本项目使用的硬件外设为 CC2530 单片机的定时器外设和 LED 控制电路，其中 LED 电路原理图如图 6-5 所示。

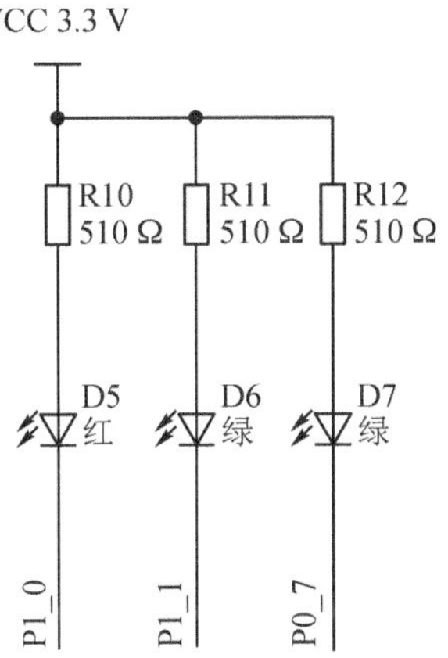

图 6-5　LED 原理图

三、实施过程

1. 连接设备

将 CC Debugger 仿真器的接口与 CC2530 实验模块(实验模块使用“求助按钮 V1.0”)相连，仿真器另一端用 USB 数据线连接到 PC 上，如图 6-6 所示。

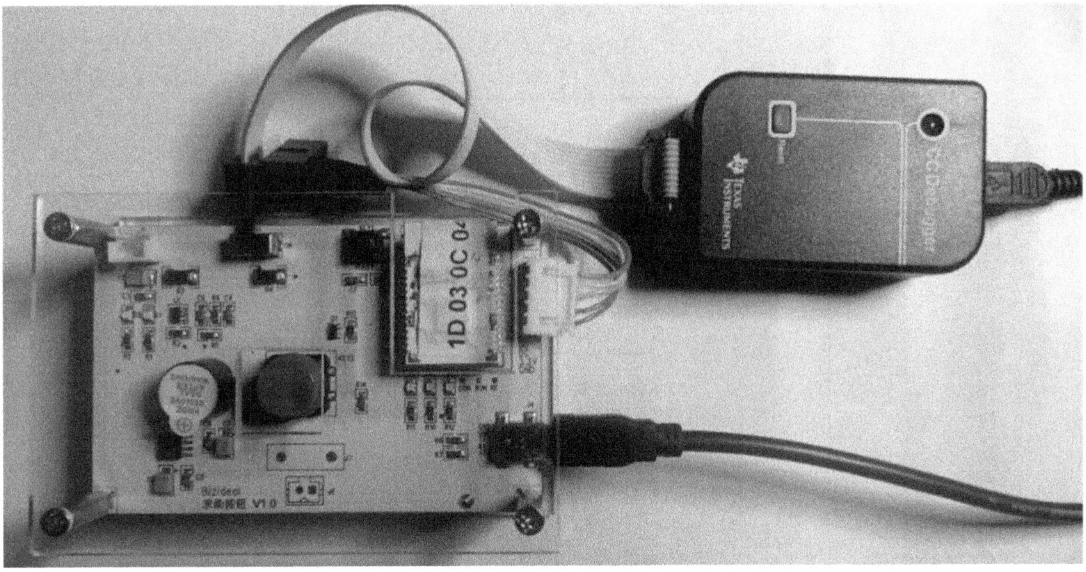

图 6-6　实验接线图

2. 设计程序

1) 分析程序设计思路

CC2530 的定时器在查询方式下需要配置寄存器 T1CTL；溢出标志 IRCON 用于查询。CC2530 在没有配置工作时钟时默认为 2 分频，即系统的工作时钟为 16 MHz。所以定时器 1 配置为 128 分频、自由运行模式、从 0x0000 到 0xFFFF 反复计数。

所以，根据 T1CTL、T1STAT 的定义，控制字应为

T1CTL=0x0d;//128 分频；自由运行，从 0x0000 到 0xFFFF 反复计数；

【注意】CC2530 在不配置工作时钟时默认为 2 分频，即 32 MHz/2 = 16 MHz，所以，执行一次计数的时间为 t = 1/(16 MHz/128)，而我们又设置定时器 1 从 0x0000 到 0xFFFF 反复计数，所以定时器 1 要计算 0xFFFF(即 65 536)次才会溢出。也就是说，每次溢出需要的时间为 $T = \frac{1}{16\ \text{MHz}/128} \times 65\ 536 \approx 0.5\ \text{s}$。

2) 创建工程

打开 IAR 新建一个 C Project 工程(具体步骤请参照项目二)。

3) 设计程序流程图

程序流程图如图 6-7 所示。

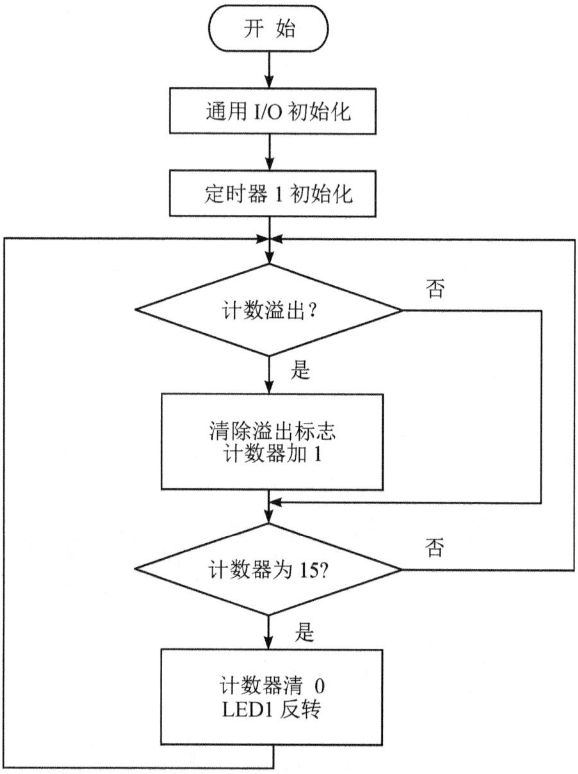

图 6-7 程序流程图

4) 编写代码

完整的程序源代码见课程资源，主要功能代码如下。

(1) 引用相应头文件：

```
#include <ioCC2530.h>
```

(2) 对 I/O 口进行初始化：

```
函数名称：IO_Init
功能：完成 I/O 口初始化
void IO_Init(void)
{
```

```
  P1DIR |= 0x01;        //P1_0 定义为输出，对应 LED1
  P1DIR |= 0x04;        //P1_2 定义为输出，对应蜂鸣器
  LED1 = 0;             //初始状态，没有按下求助按钮，熄灭 LED
  Beeper = 0;           //关闭蜂鸣器
}
```

(3) 对定时器进行初始化：

```
函数名称：InitT1
功能：完成定时器 1 的初始化
void InitT1(void)
{
  T1CTL = 0x05;     //时钟 8 分频；自由运行模式(0x0000->0xffff)
}
```

(4) 初始化主函数并启动定时器 1 计数，通过循环查询计数溢出：

```
函数名称：main
功能：判断定时器 1 的计数是否溢出，再决定是否让 LED 的状态翻转
void main(void)
{
  IO_Init ();                 //初始化 LED，控制 I/O 口
  InitT1();                   //初始化定时器 1
  while(1)                    //查询溢出
  {
    if(IRCON > 0)             //判断溢出，从 0x0000 到 0xFFFF 一个周期
    {
      IRCON = 0;              //清溢出标志
      counter ++;
    }
    if(counter == 15)         //中断计数 15 个计数周期，约 0.25 s
    {
      counter =0;
      LED1 = !LED1;
    }
  }
}
```

5) 编译运行

点击工具栏中的“Compile”编译按钮 ，保存工作空间，当下方信息框提示“0 error(s) ”时，说明代码正确，再点击“Download and Debug”按钮 就可以把生成的 Hex 文件烧写进 CC2530 中，如图 6-8 所示。

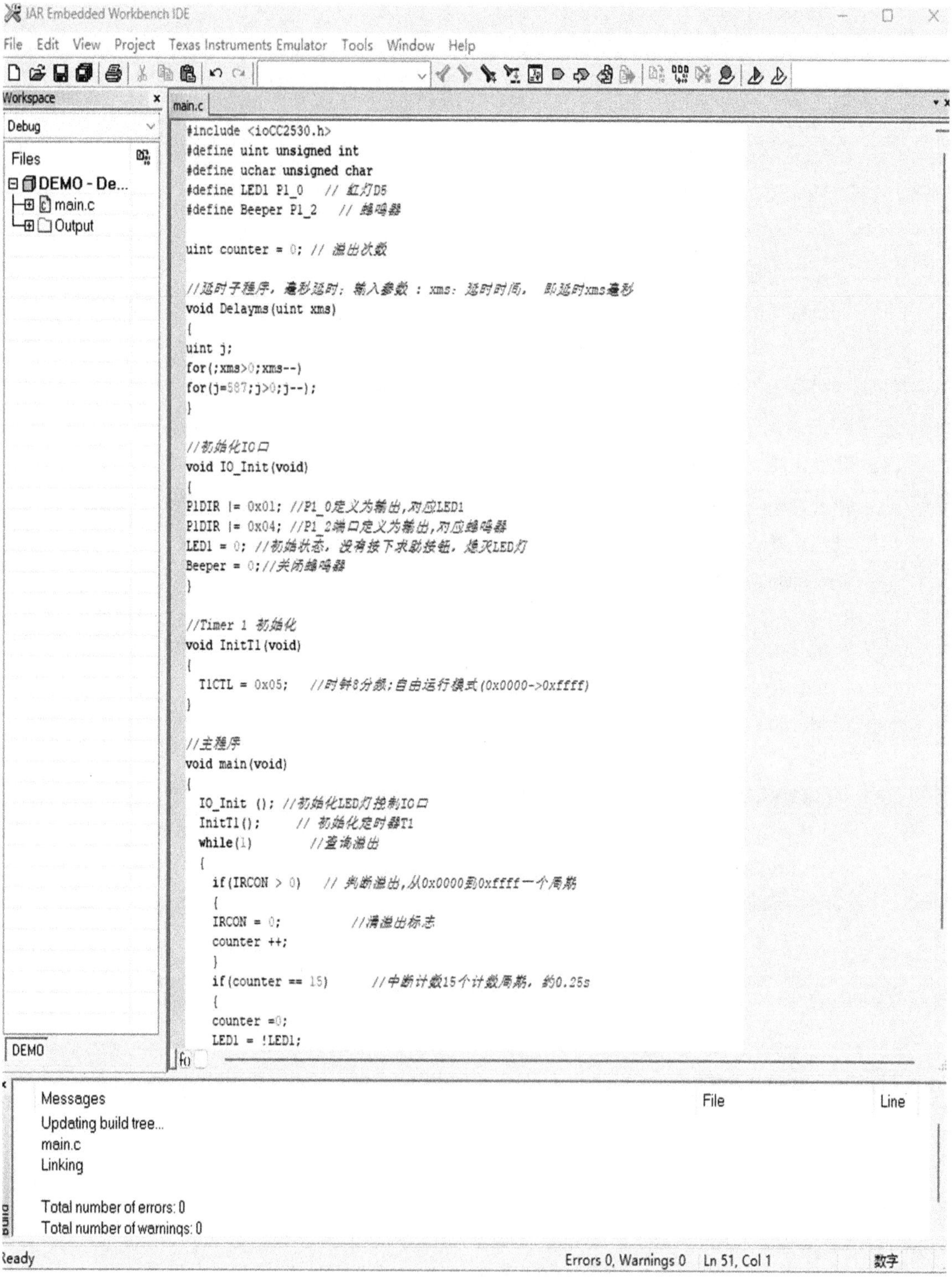

图 6-8　IAR 的 LED 流水灯编译界面

项目成果

按下仿真器或者CC2530实验模块上的Reset复位键，可以看到CC2530板上的LED(D5)每隔 1 秒闪烁一次的效果，则说明项目运行成功，其效果如图 6-9 所示。如果未看到 LED 闪烁效果，就说明程序的编写有误，需要检查 CC Debugger 仿真器接线、仿真器驱动安装是否正常或更换 CC2530 实验模块。

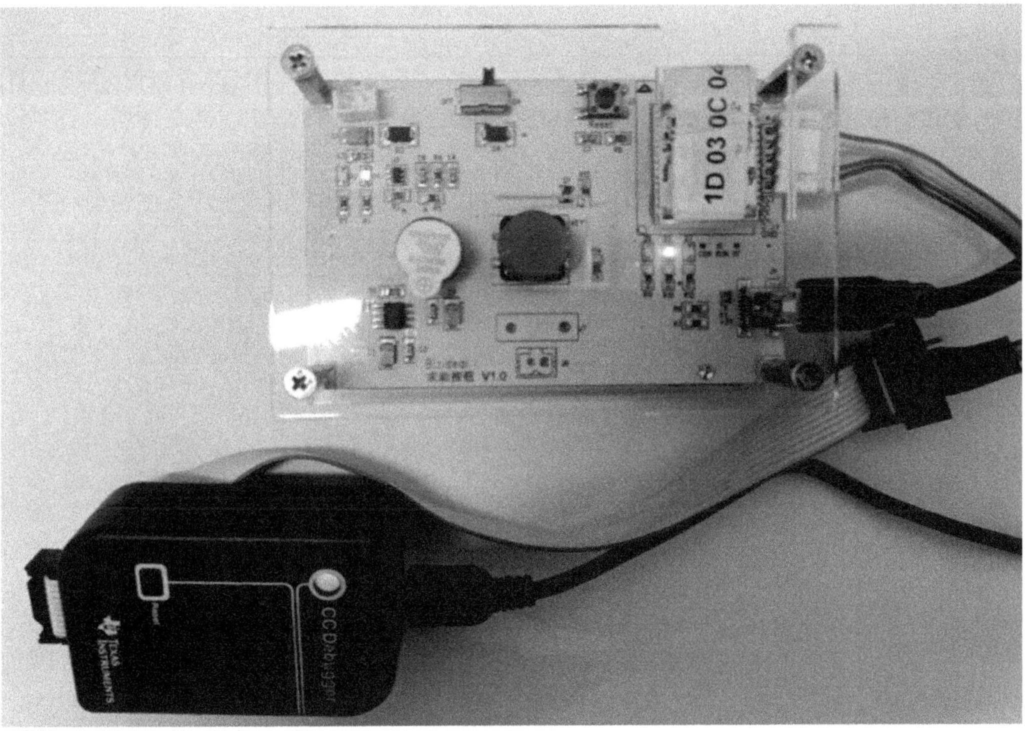

图 6-9　烧录成功效果图

拓展训练

1. 训练描述

以上实验利用 CC2530 板上的定时器功能和 LED 指示灯实现了定时器 1 控制 LED 闪烁的功能，拓展训练可以通过定时器控制 LED 实现流水灯功能。

2. 训练要求

(1) 使用 P1_0、P1_1、P0_7 端口的 3 个引脚控制 3 个 LED。

(2) 使用定时器 1 实现 3 个 LED 流水灯从左到右再从右到左的往复流动亮灭效果。

项目总结

项目完成后认真填写表 6-12，记录整个项目的完成步骤及完成效果。

表 6-12 项目报告表

<table>
<tr><td>课程名称</td><td></td><td>项目名称</td><td colspan="3"></td></tr>
<tr><td>班级</td><td></td><td>姓名</td><td></td><td>学号</td><td></td></tr>
<tr><td>组长</td><td></td><td>小组成员</td><td colspan="3"></td></tr>
<tr><td>项目报告</td><td colspan="5">(报告必须包含以下几点：一、项目目的；二、项目计划；三、项目实施过程；四、项目总结；五、体会，可附页)</td></tr>
</table>

<table>
<tr><td>日期</td><td colspan="2">年 月 日</td></tr>
<tr><td rowspan="3">项目成员签名</td><td></td><td></td></tr>
<tr><td></td><td></td></tr>
<tr><td></td><td></td></tr>
</table>

项目评价

根据项目完成情况，由学生自评、项目组互评、教师评分给予综合评判。学生也可参考评分细节重点掌握相关环节需要达到的能力要求。考核评价表如表 6-13 所示。

表 6-13　考核评价表

<table>
<tr><th colspan="2">评价要素</th><th>分值</th><th>学生自评
(30%)</th><th>项目组互评
(20%)</th><th>教师评分
(50%)</th><th>各项总分</th><th>合计</th></tr>
<tr><td rowspan="6">能力
考核</td><td>接线正确</td><td>10</td><td></td><td></td><td></td><td></td><td rowspan="6"></td></tr>
<tr><td>驱动安装正确</td><td>10</td><td></td><td></td><td></td><td></td></tr>
<tr><td>完成代码</td><td>10</td><td></td><td></td><td></td><td></td></tr>
<tr><td>定时器 1 控制
LED 正常</td><td>10</td><td></td><td></td><td></td><td></td></tr>
<tr><td>完成拓展训练</td><td>10</td><td></td><td></td><td></td><td></td></tr>
<tr><td>项目报告</td><td>20</td><td></td><td></td><td></td><td></td></tr>
<tr><td rowspan="4">素质
考核</td><td>学习态度</td><td>5</td><td></td><td></td><td></td><td></td><td rowspan="4"></td></tr>
<tr><td>工作态度</td><td>10</td><td></td><td></td><td></td><td></td></tr>
<tr><td>合作交流</td><td>5</td><td></td><td></td><td></td><td></td></tr>
<tr><td>出勤</td><td>10</td><td></td><td></td><td></td><td></td></tr>
<tr><td colspan="3">学生自评签名：</td><td colspan="3">项目组互评签名：</td><td colspan="2">教师签名：</td></tr>
</table>

项目七

串口发送数据

项目导入

单片机的串口发送功能广泛应用于许多领域，如通信、控制、数据采集等。在实际使用中，需要根据具体的应用场景和要求选择合适的串口通信参数和发送方式，以实现高效、稳定的数据传输。CC2530 单片机的串口通信是通过 CC2530 的串口模块与计算机进行数据传输的，可以实现远程控制、数据采集、数据显示等功能。

例如，在电子秤应用中，电子秤里的单片机与计算机连接并进行串口通信，从而将电子秤测量的重量数据传输到计算机中，进行数据处理和存储。

串口发送原理

又例如，在温度控制器应用中，单片机串口获取温度传感器采集的数据，在对数据进行分析处理后，通过反馈控制电热器的工作状态，从而实现温度控制器的功能。

项目要求

接收计算机发来的数据，再将接收到的数据发回给计算机显示出来。

(1) 掌握 CC2530 的 UART 控制寄存器的配置方法；

(2) 使用 UART 串行口发送数据。

项目分析

单片机串口发送数据是指使用单片机内置的串行通信模块，通过串口将数据发送出去。串口发送数据的过程一般包括以下步骤：

(1) 设置串口通信参数，包括通信波特率、数据位数、校验位、停止位等。

(2) 编写发送函数。在发送函数中，需要将要发送的数据写入串口发送缓冲区或 FIFO 缓冲区，等待发送器将数据发送出去。

(3) 启动串口发送器。在单片机中，串口发送器一般是通过中断方式实现的，发送函数执行后，会向发送器发出启动信号。

(4) 等待发送完成。在数据发送完毕之前，一般需要等待发送器的发送完成中断或空闲中断，表示数据已经全部发送出去。

(5) 返回发送结果。发送函数可以根据发送结果返回相应的状态码，例如发送成功或失败等。

项目目标

(1) 了解 CC2530 串口的功能。

(2) 掌握 CC2530 串口的数据发送。

如何发送串口数据

知识储备

UART(Universal Asynchronous Receiver/Transmitter，通用异步收发器)串行通信是单片机最常用的一种通信技术，通常用于单片机和计算机之间以及单片机和单片机之间的通信。

CC2530 单片机的串口通信就是它与其他设备进行信息的传输与交换。因此串口通信技术还与传感器、存储芯片、外围控制芯片等技术紧密结合，从而成为整个单片机系统的“神经中枢”。如果没有通信，单片机所实现的功能将仅仅局限于单片机本身，无法通过其他设备获得各种有用信息，也无法将单片机本身的输出告诉其他设备。如果单片机通信没处理好，它和外围器件的合作程度就会受到限制，最终整个系统无法完成强大的功能，由此可见单片机通信技术的重要性。

一、串行通信

串行通信分为同步通信和异步通信两种。同步通信中，所有设备使用同一个时钟，以数据块为单位传送数据，每个数据块包括同步字符、数据块和校验字符。同步字符位于数据块的开头，用于确认数据字符的开始；接收时，接收设备连续不断地对传输线采样，并把接收到的字符与双方约定的同步字符进行比较，只有比较成功后才会把后面接收到的字符加以存储。

同步通信的优点是数据传输速率高，缺点是要求发送时钟和接收时钟保持严格同步。在数据传送开始时先用同步字符来指示，同时传送时钟信号来实现发送端和接收端同步，即检测到规定的同步字符后，连续按顺序传送数据。这种传送方式对硬件结构的要求较高。

异步通信中，每个设备都有自己的时钟信号，通信中双方的时钟频率应保持一致。异步通信以字符为单位进行数据传送，每个字符均按照固定的格式传送，又被称为帧，即异步串行通信一次传送一帧。

每帧数据由起始位(低电平)、数据位、奇偶校验位(可选)、停止位(高电平)组成。帧的格式如图 7-1 所示。

起始位：发送端通过发送起始位而开始一帧数据的传送。起始位使数据线处于逻辑 0，用来表示一帧数据的开始。

数据位：起始位之后就开始传送数据位。在数据位中，低位在前，高位在后。数据的位数可以是 5、6、7 或 8。

奇偶校验位：是可选项，双方根据约定用来对传送数据的正确性进行检查，可选用奇校验、偶校验和无校验位。

停止位：在奇偶检验位之后，停止位使数据线处于逻辑 1，用以标志一个数据帧的结

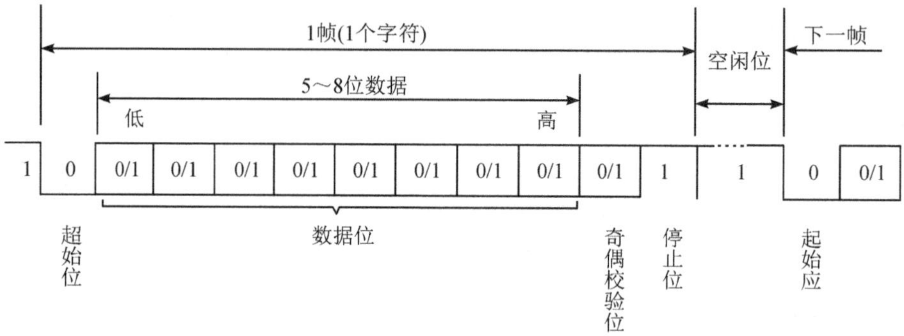

图 7-1　异步通信帧的格式

束。停止位逻辑值 1 的保持时间可以是 1、1.5 或 2 位，通信双方根据需要确定。

空闲位：在一帧数据的停止位之后，线路处于空闲状态，可以是很多位，线路上对应的逻辑值是 1，表示一帧数据结束，下一帧数据还没有到来。

二、CC2530 的串行通信接口

CC2530 有两个串行通信接口 USART 0 和 USART 1，它们能够分别运行于异步串行通信(UART)模式或者同步串行通信(SPI)模式。在 UART 模式中，接口使用 2 线 RXD、TXD 或者含有 RXD、TXD、RTS、CTS 的 4 线通信。CC2530 的 UART 接口具有下列特点：

(1) 支持 8 位或 9 位负载数据；

(2) 支持奇校验、偶校验或无奇偶校验；

(3) 配置起始位和停止位电平；

(4) 配置优先传送 LSB 或 MSB；

(5) 提供独立收发中断功能；

(6) 支持独立收发 DMA 触发功能；

(7) 能检测出奇偶校验和帧校验的错误状态。

三、CC2530 的控制寄存器

UART 操作由 USART 控制和状态寄存器 UxCSR 以及 UART 控制寄存器 UxUCR 来控制，这里的 x 是 USART 的编号，其数值为 0 或 1。U0CSR 寄存器如表 7-1 所示。当 UxCSR.MODE 设置为 1 时，就选择了 UART 模式。

表 7-1　U0CSR (0x86)：USART 0 控制和状态

位	名称	复位	R/W	描　　述
7	MODE	0	R/W	USART 模式选择。 0：SPI 模式；1：UART 模式
6	RE	0	R/W	UART 接收器使能。 0：禁用接收器；1：接收器使能
5	SLAVE	0	R/W	SPI 主或者从模式选择。 0：SPI 主模式；1：SPI 从模式

续表

位	名称	复位	R/W	描　述
4	FE	0	R/W0	UART 帧错误状态。 0：无帧错误检测；1：字节收到不正确停止位
3	ERR	0	R/W0	UART 奇偶错误状态。 0：奇偶校验无错误；1：收到字节奇偶出错
2	RX_BYTE	0	R/W0	接收字节状态。 0：没有收到字节；1：收到字节
1	TX_BYTE	0	R/W0	发送字节状态。 0：字节没有被传送；1：写到数据缓存寄存器的最后字节传送完成
0	ACTIVE	0	R	USART 传送/接收主动状态。 0：USART 空闲；1：正在发送或者接收数据

U0UCR 寄存器如表 7-2 所示。

表 7-2　U0UCR (0xC4)：USART 0 UART 控制

位	名称	复位	R/W	描　述
7	FLUSH	0	R0/W1	清除单元。当置 1 时，立即停止当前操作并且返回空闲状态
6	FLOW	0	R/W	UART 硬件流使能。 0：流控制禁止；1：流控制使能
5	D9	0	R/W	UART 奇偶校验选择。 0：奇校验；1：偶校验
4	BIT9	0	R/W	UART 发送数据位数。 0：发送 8 位数据；1：发送 8 位数据
3	PARITY	0	R/W	UART 奇偶校验使能。 0：禁用奇偶校验；1：奇偶校验使能
2	SPB	0	R/W	UART 停止位的位数。 0：1 位停止位；1：2 位停止位
1	STOP	1	R/W	UART 停止位的电平。 0：停止位低电平；1：停止位高电平
0	START	0	R/W	UART 起始位电平。 0：起始位低电平；1：起始位高电平

异步串行通信中通常每次发送 8 位数据、1 个停止位，无奇偶校验，且不使用硬件流控制，因此 UxUCR 选择默认设置即可。

PERCFG 寄存器如表 7-3 所示。

表 7-3　PERCFG (0xF1)：外设控制

位	名称	复位	R/W	描　　述
7	—	0	R0	没有使用
6	T1CFG	0	R/W	定时器 1 的 I/O 位置。 0：位置 1；1：备用位置 2
5	T3CFG	0	R/W	定时器 3 的 I/O 位置。 0：位置 1；1：备用位置 2
4	T4CFG	0	R/W	定时器 4 的 I/O 位置。 0：位置 1；1：备用位置 2
3，2	—	00	R0	没有使用
1	U1CFG	0	R/W	USART 1 的 I/O 位置。 0：位置 1；1：备用位置 2
0	U0CFG	0	R/W	USART 0 的 I/O 位置。 0：位置 1；1：备用位置 2

P2DIR 寄存器如表 7-4 所示。

表 7-4　P2DIR (0xFF)：端口 2 方向和端口 0 外设优先级控制

位	名称	复位	R/W	描　　述
7，6	PRIP0[1:0]	00	R/W	端口 0 外设优先级控制。当 PERCFG 给一些外设分配相同引脚时，这些位将确定优先级。 详细优先级列表如下： 00： 第 1 优先级：USART 0 第 2 优先级：USART 1 第 3 优先级：定时器 1 01： 第 1 优先级：USART 1 第 2 优先级：USART 0 第 3 优先级：定时器 1 10： 第 1 优先级：定时器 1 通道 0-1 第 2 优先级：USART 1 第 3 优先级：USART 0 第 4 优先级：定时器 1 通道 2-3 11： 第 1 优先级：定时器 1 通道 2-3 第 2 优先级：USART 0 第 3 优先级：USART 1 第 4 优先级：定时器 1 通道 0-1
5	—	0	R0	不使用
4:0	DIRP2_[4:0]	0 0000	R/W	P2.4 到 P2.0 的 I/O 方向。 0：输入；1：输出

四、CC2530 的波特率设置

CC2530 的波特率是通过寄存器 UxBAUD.BAUD_M、UxGCR.BAUD_E 设置的。设置参数如表 7-5～表 7-7 所示。

表 7-5　32 MHz 系统时钟常用的波特率设置

波特率/(b/s)	UxBAUD.BAUD_M	UxGCR.BAUD_E	误差%
2400	59	6	0.14
4800	59	7	0.14
9600	59	8	0.14
14 400	216	8	0.03
19 200	59	9	0.14
28 800	216	9	0.03
38 400	59	10	0.14
57 600	216	10	0.03
76 800	59	11	0.14
115 200	216	11	0.03
230 400	216	12	0.0

表 7-6　U0GCR (0xC5)：USART 0 通用控制

位	名称	复位	R/W	描　述
7	CPOL	0	R/W	SPI 的时钟极性。 0：负时钟极性；1：正时钟极性
6	CPHA	0	R/W	SPI 时钟相位
5	ORDER	0	R/W	传送位顺序。 0：LSB 先传送；1：MSB 先传送
4:0	BAUD_E[4:0]	00000	R/W	波特率指数值。BAUD_E 和 BAUD_M 决定了 UART 的波特率和 SPI 的主 SCK 时钟频率

表 7-7　U0BAUD (0xC2)：USART 0 波特率控制

位	名称	复位	R/W	描　述
7～0	BAUD_M[7:0]	0x00	R/W	波特率小数部分的值。BAUD_E 和 BAUD_M 决定了 UART 的波特率和 SPI 的主 SCK 时钟频率

五、UART 的发送和接收

当 USART 收/发数据缓冲器 UxDBUF 写入数据时，UART 启动发送功能。该数据被发送到输出引脚 TXDx。寄存器 UxDBUF 是双缓冲器，工作于半双工模式，即发送时不能接收，接收时不能发送。

当数据传送开始时，UxCSR.ACTIVE 位设置为 1；而当数据传送结束时，UxCSR.ACTIVE

位清 0，xCSR.TX_BYTE 位设置为 1。当寄存器 UxDBUF，准备接收新的发送数据时，就产生了一个中断请求。该中断在传送开始之后立刻发生，因此，当数据正在发送时，新的数据能够装入数据缓冲器。

UART 接收数据时，会在输入引脚 RXDx 中寻找有效起始位，并且设置 UxCSR.ACTIVE 位为 1。当检测出有效起始位时，收到的数据就传入接收寄存器，UxCSR.RX_BYTE 位设置为 1。该操作完成时产生接收中断，同时 UxCSR.ACTIVE 位置 0。接收到的数据存放在寄存器 UxDBUF 中，当 UxDBUF 读出数据时，UxCSR.RX_BYTE 位由硬件清 0。

项目实施

一、设备和资源准备

项目实施前必须先准备好相应的设备和资源，见表 7-8。

表 7-8　设备和资源清单

序号	设备/资源名称	数量	单位	是否准备到位(√)
1	CC2530 模块	1	个	
2	CC Debugger 仿真器(带下载线)	1	个	
3	Mini USB 供电线(该线配套有 USB 转 TTL 模块)	1	根	

二、实验模块原理图

使用 CC2530 单片机和 PC 进行串行通信前，需要了解常用的串行通信接口。串行通信接口标准常见的有 RS232、RS422 和 RS485 等。CC2530 单片机的串口接口电平是 TTL 电平，它跟 PC 端的数据通信是通过 PC 的 USB 接口完成的，因此 USB 和 TTL 两种信号电平需要进行转换。而配套的 Mini_USB 线已经带有 USB 转 TTL 模块，将该线一端接 PC 的 USB 端口，另一端接 CC2530 开发板模块，则同时完成了供电和串口数据通信功能。CC2530 开发板模块的串口数据接口如图 7-2 所示。

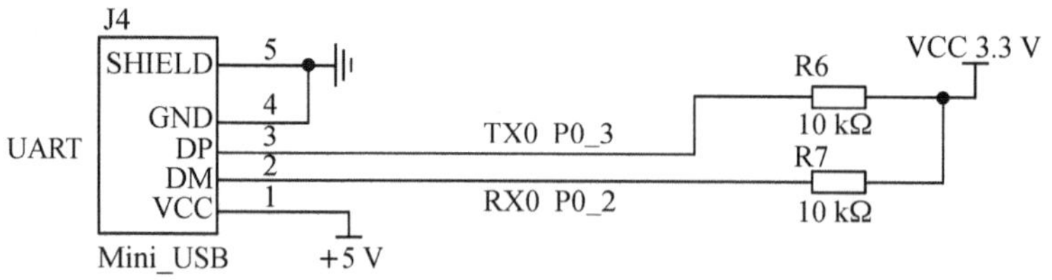

图 7-2　串口数据接口图

三、实施过程

1. 连接设备

将 CC Debugger 仿真器的接口与 CC2530 实验模块(实验模块使用“求助按钮 V1.0”)相连，仿真器另一端用 USB 数据线连接到 PC 上。注意，配套的 Mini_ USB 线接到 PC 的

USB 接口，既充当供电接口，又实现了 USB 转 TTL 功能。

电路原理图上 USB 转 TTL 连接线的 RX 接 CC2530 的 P0_3，USB 转 TTL 连接线的 TX 接 CC2530 的 P0_2，在设备管理器下就可以看到其占用了一个 PC 的 COM 端口，如图 7-3 所示。

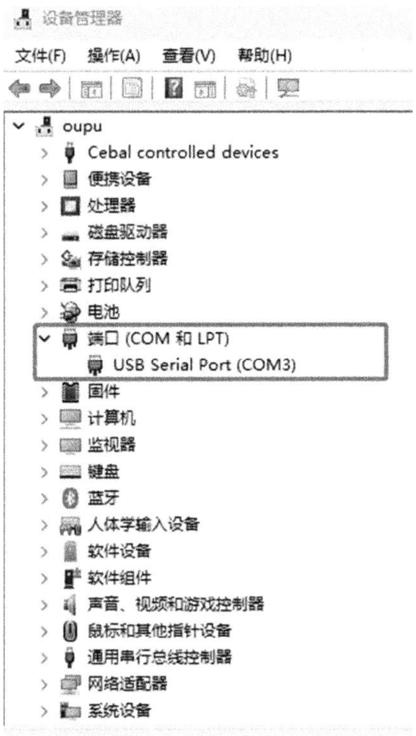

图 7-3　PC 端查看 COM 端口

2. 设计程序

1) 设计程序流程图

程序流程图如图 7-4 所示。

2) 创建工程

打开 IAR，新建一个 C Project 工程(具体步骤请参照项目二)。

3) 编写代码

完整的程序源代码见课程资源，主要功能代码如下。

(1) 引用相应头文件：

```
#include <ioCC2530.h>
#include <string.h>
```

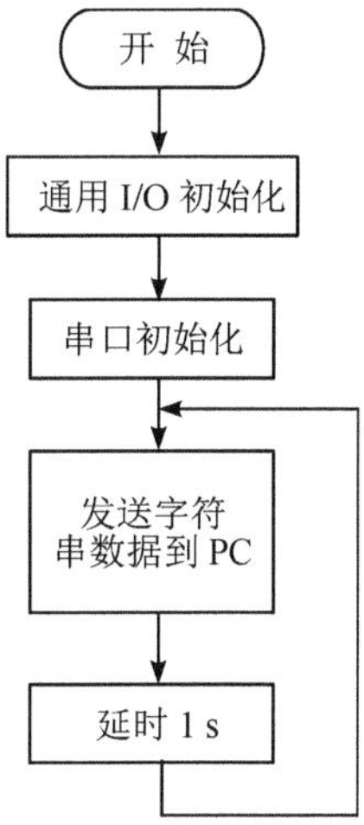

图 7-4　程序流程图

(2) 对 I/O 口进行初始化：

```
函数名称：IO_Init
功能：完成 I/O 口初始化
void IO_Init(void)
{
```

```
    P1DIR |= 0x04;              //P1_2 端口定义为输出，对应蜂鸣器
    Beeper = 0;                 //关闭蜂鸣器
}
```

(3) 对串口进行初始化：

```
函数名称：InitUart
功能：完成串口初始化
void InitUart(void)
{
    PERCFG = 0x00;              //设置 USART0 的 I/O 位置为位置 1(即使用 p0 口)
    P0SEL = 0x0c;               //P0_2，P0_3 用作串口(外设功能)
    P2DIR &= ~0XC0;             //P0 优先作为 UART0
    U0CSR |= 0x80;              //设置 USART0 为异步通信 UART 模式
    U0GCR |= 11;                //波特率设为 115 200
    U0BAUD |= 216;
    UTX0IF = 0;                 //UART0 TX 中断标志位初始值置 0
}
```

(4) 通过串口发送函数：

```
函数名称：UartSendString
功能：完成串口数据发送
void UartSendString(char *Data, int len)
{
    uint i;

    for(i=0; i<len; i++)
    {
        U0DBUF = *Data++;
        while(UTX0IF == 0);
        UTX0IF = 0;
    }
}
```

(5) 主函数通过 1 s 延时，定时发送内容固定的字符串：

```
函数名称：main
功能：定时发送字符串
void main(void)
{
    IO_Init();                          //关闭蜂鸣器

    CLKCONCMD &= ~0x40;         //设置系统时钟源为 32 MHz 晶振
```

```
        while(CLKCONSTA & 0x40);                  //等待晶振稳定为 32 MHz
        CLKCONCMD &= ~0x47;                       //设置系统主时钟频率为 32 MHz
        InitUart();                               //设置串口相关寄存器
        while(1)
        {
    UartSendString(TxData, strlen(TxData));       //串口发送数据
    //strlen 是包含在 string.h 文件中测试数组长度的函数
            Delayms(1000);                        //延时 1 s
        }
    }
```

4) 编译运行

点击工具栏中的"Compile"编译按钮，保存工作空间，当下方信息框提示"0 error(s)"时，说明代码正确，再点击"Download and Debug"按钮就可以把生成的 Hex 文件烧写进 CC2530 中，如图 7-5 所示。

图 7-5　IAR 的串口发送数据编译界面

5) 设置波特率

打开串口调试助手，设置波特率为 115 200。

项目成果

按下仿真器或 CC2530 实验模块上的 Reset 复位键，在串口调试助手中可以接收到 CC2530 不断发送的数据，如图 7-6 所示。

图 7-6　烧录成功效果图

拓展训练

1. 训练描述

以上实验利用 CC2530 开发板上的串口模块发送字符串数据“Hello Zigbee!”到 PC 的串口调试助手，波特率为 115 200。拓展训练可以使用不同的波特率发送不同的内容。

2. 训练要求

(1) 使用波特率 9600 发送字符串数据“Hello Zigbee!”。

(2) 使用波特率 4800 发送字符串数据“UART sending words!”。

项目总结

项目完成后认真填写表 7-9，记录整个项目的完成步骤及完成效果。

表7-9　项目报告表

<table>
<tr><td>课程名称</td><td></td><td>项目名称</td><td colspan="3"></td></tr>
<tr><td>班级</td><td></td><td>姓名</td><td></td><td>学号</td><td></td></tr>
<tr><td>组长</td><td></td><td>小组成员</td><td colspan="3"></td></tr>
<tr><td>项目报告</td><td colspan="5">(报告必须包含以下几点：一、项目目的；二、项目计划；三、项目实施过程；四、项目总结；五、体会，可附页)
<table><tr><td>日期</td><td colspan="2">年　月　日</td></tr><tr><td rowspan="3">项目成员签名</td><td></td><td></td></tr><tr><td></td><td></td></tr><tr><td></td><td></td></tr></table></td></tr>
</table>

项目评价

根据项目完成情况，由学生自评、项目组互评、教师评分给予综合评判。学生也可参考评分细节重点掌握相关环节需要达到的能力要求。考核评价表如表 7-10 所示。

表 7-10　考核评价表

评价要素		分值	学生自评(30%)	项目组互评(20%)	教师评分(50%)	各项总分	合计
能力考核	接线正确	10					
	驱动安装正确	10					
	完成代码	10					
	串口发送数据正常	10					
	完成拓展训练	10					
	项目报告	20					
素质考核	学习态度	5					
	工作态度	10					
	合作交流	5					
	出勤	10					
学生自评签名：		项目组互评签名：			教师签名：		

项目八

串口接收数据控制 LED

项目导入

通过项目七的学习，我们熟悉了使用 CC2530 串口发送数据的方法。本项目在熟悉串口用法的基础上，介绍应用 CC2530 串口的接收中断功能。

串口接收原理

串口接收中断可以应用于许多实际场景，例如在物联网智慧工业的项目应用中，数据采集部分的应用需要从外围设备中采集大量数据，如传感器信号、AI 算法处理结果等。在这些情况下，使用串口接收中断可以有效地实现数据的异步接收和处理，提高数据采集的效率。

在物联网智慧工业应用的控制外设上，许多外设设备也可以通过串口进行控制，如电机调速、LED 亮灭控制、OLED 或液晶屏显示等。在这些情况下，使用串口接收中断功能可以实现对外设变化的及时响应，从而实现实时控制或监控。

本项目通过串口接收到的特定数据指令来控制 LED 灯的开关状态。

项目要求

使用 PC 的串口助手发送指令，单片机收到数据后，改变两个 LED 的亮灭状态。

(1) 了解 CC2530 单片机的串口接收中断功能；

(2) 学会使用串口中断接收数据并控制两个 LED 的亮灭状态。

项目分析

串口接收数据有查询法和中断法两种。查询法就是使串口一直处于等待的状态，查看串口上是不是有数据，它主要是查看 URXOIF 的值，若是 1，表示串口上有数据并且串口上的数据已经接收完毕，则单片机可以进行下一步的操作，若数据接收完毕，就开始对接收的数据进行相应的操作。这种方法稳定性较高，但需要单片机等待数据发送完成。

另外一种方法是中断法，这种方法是运用串口的中断服务程序(ISR)来完成的。如果串口上有值，就会调用相应的中断向量，中断向量则把程序指针指到相应的 ISR。对接收数据的操作在 ISR 中进行，ISR 完成之后，程序指针会跳回中断前的地方，继续进行刚才被中断的工作。这种做法，单片机不需要闲置等待，因此使用效率高。

本项目利用串口接收中断来控制两个 LED 的亮灭形态。

项目目标

(1) 通过实验掌握 CC2530 芯片串口配置与使用方法。

(2) 根据 UART 接收到的数据完成单片机控制任务。

如何接收串口数据

知识储备

串口接收中断是一种高效而实用的编程方法，可以应用于许多需要异步数据接收和处理的场景中。单片机的两个 USART 口具有同样的功能，可设置单独的 I/O 引脚，当硬件设计电路确定下来，再进行程序设计时，需要根据硬件电路来设置 USART 的 I/O 引脚。在 UART 模式中，可以使用双线连接方式(含有引脚 RXD、TXD)或者四线连接方式(含有引脚 PXD、TXD、RTS 和 CTS)，其中 RTS 和 CTS 引脚用于硬件流量控制。

一、UART 中断寄存器设置

每个 USART 都有两个中断：RX 完成中断(URXx)和 TX 完成中断(UTXx)。数据传输开始时会触发 TX 中断，同时数据缓冲区被卸载。

USART 的中断使能位在寄存器 IEN0 和寄存器 IEN2 中，如表 8-1 和表 8-2 所示；中断标志位在寄存器 TCON 和寄存器 IRCON2 中。

表 8-1　IEN0 (0xA8)：中断使能 0

位	名称	复位	R/W	描　述
7	EA	0	R/W	总中断设置。 0：禁止所有中断；1：打开总中断
6	—	0	R0	不使用，读出来是 0
5	STIE	0	R/W	睡眠定时器中断使能。 0：中断禁止；1：中断使能
4	ENCIE	0	R/W	AES 加密/解密中断使能。 0：中断禁止；1：中断使能
3	URX1IE	0	R/W	USART 1 RX 中断使能。 0：中断禁止；1：中断使能
2	URX0IE	0	R/W	USART0 RX 中断使能。 0：中断禁止；1：中断使能
1	ADCIE	0	R/W	ADC 中断使能。 0：中断禁止；1：中断使能
0	RFERRIE	0	R/W	RFTX/RX FIFO 中断使能。 0：中断禁止；1：中断使能

表 8-2　IEN2(0x9A)：中断使能 2

位	名称	复位	R/W	描　述
7，6	—	00	R0	没有使用，读出来是 0
5	WDTIE	0	R/W	看门狗定时器中断使能。 0：中断禁止；1：中断使能
4	P1IE	0	R/W	端口 1 中断使能。 0：中断禁止；1：中断使能
3	UTX1IE	0	R/W	USART1 TX 中断使能。 0：中断禁止；1：中断使能
2	UTX0IE	0	R/W	USART0 TX 中断使能。 0：中断禁止；1：中断使能
1	P2IE	0	R/W	端口 2 中断使能。 0：中断禁止；1：中断使能
0	RFIE	0	R/W	RF 一般中断使能。 0：中断禁止；1：中断使能

例如我们准备使用 UART0 接收中断，要做以下工作：

(1) 开启总中断，IEN0.EA 置 1。

(2) 开启 UART0 接收中断，IEN0.URX0IE 置 1。

二、UART 中断处理

CC2530 的发送和接收中断标志寄存器分别为 TCON.URX0IF、TCON.URXlIF、IRCON2.UTX0IF、IRCON2.UTX1I。寄存器 TCON 和寄存器 IRCON2 如表 8-3 和表 8-4 所示。

表 8-3　TCON (0x88)：中断标志

位	名称	复位	R/W	描　述
7	URX1IF	0	R/WH0	USART1 RX 中断标志。 0：无中断未决；1：中断未决
6	—	0	R/W	没有使用
5	ADCIF	0	R/WH0	ADC 中断标志。 0：无中断未决；1：中断未决
4	—	0	R/W	没有使用
3	URX0IF	0	R/WH0	USART0 RX 中断标志。 0：无中断未决；1：中断未决
2	IT1	1	R/W	保留
1	RFERRIF	0	R/WH0	RF TX/RXFIFO 中断标志。 0：无中断未决；1：中断未决
0	IT0	1	R/W	保留

表 8-4 IRCON2 (0xE8)：中断标志

位	名称	复位	R/W	描 述
7～5	—	000	R/W	没有使用
4	WDTIF	0	R/W	看门狗定时器中断标志。 0：无中断未决；1：中断未决
3	P1IF	0	R/W	端口 1 中断标志。 0：无中断未决；1：中断未决
2	UTX1IF	0	R/W	USART1 TX 中断标志。 0：无中断未决；1：中断未决
1	UTX0IF	0	R/W	USART0 TX 中断标志。 0：无中断未决；1：中断未决
0	P2IF	0	R/W	端口 2 中断标志。 0：无中断未决；1：中断未决

三、项目中用到的 SFR

项目中用到的 SFR 寄存器如表 8-5～表 8-8 所示。

表 8-5 IRCON2 (0xE8)：中断标志 5

位	名称	复位	R/W	描 述
7～5	—	000	R/W	没有使用
4	WDTIF	0	R/W	看门狗定时器中断标志。 0：无中断请求；1：中断请求未处理
3	P1IF	0	R/W	端口 1 中断标志。 0：无中断请求；1：中断请求未处理
2	UTX1IF	0	R/W	USART1 TX 中断标志。 0：无中断请求；1：中断请求未处理
1	UTX0IF	0	R/W	USART1 TX 中断标志。 0：无中断请求；1：中断请求未处理
0	P2IF	0	R/W	端口 2 中断标志。 0：无中断请求；1：中断请求未处理

表 8-6 P0IFG (0x89)：端口 0 中断状态标志

位	名称	复位	R/W	描 述
7～0	P0IF[7:0]	0x00	R/W0	端口 0：7～0 位中断状态标志。 当端口发生中断请求未处理时，其相应的标志位置 1

表 8-7　P1IFG (0x8A)：端口 1 中断状态标志

位	名称	复位	R/W	描　　述
7～0	P1IF[7:0]	0x00	R/W0	端口 1：7～0 位中断状态标志。 当端口发生中断请求未处理时，其相应的标志位置 1

表 8-8　P2IFG (0x8B)：端口 2 中断状态标志

位	名称	复位	R/W	描　　述
7，6	—	00	R0	未使用
5	DPIF	0	R/W0	USB D+中断状态标志。 当 D+线发生中断请求未处理时，其相应的标志位置 1
4～0	P2IF[4:0]	00000	R/W0	端口 2：4～0 位中断状态标志。 当端口发生中断请求未处理时，其相应的标志位置 1

当中断条件发生时，P0～P2 中断标志寄存器 P0IFG、P1IFG 或 P2IFG 中相应的中断状态标志位将置 1。例如 P1_2 引脚触发了中断，则 P1IFG 中的数值会变为 00000100。不管引脚是否设置了它的中断使能位，中断状态标志位都会被置 1。

项目实施

一、设备和资源准备

项目实施前必须先准备好相应的设备和资源，见表 8-9。

表 8-9　设备和资源清单

序号	设备/资源名称	数量	单位	是否准备到位(√)
1	CC2530 模块	1	个	
2	CC Debugger 仿真器(带下载线)	1	个	
3	Mini_USB 供电线(配有 USB 转 TTL 模块)	1	根	

二、实验模块原理图

本项目完成了串口数据接收并分析接收到的数据，根据数据对 CC2530 板上的两个 LED 进行不同的亮灭控制。串口接口和 LED 电路如图 8-1 所示。

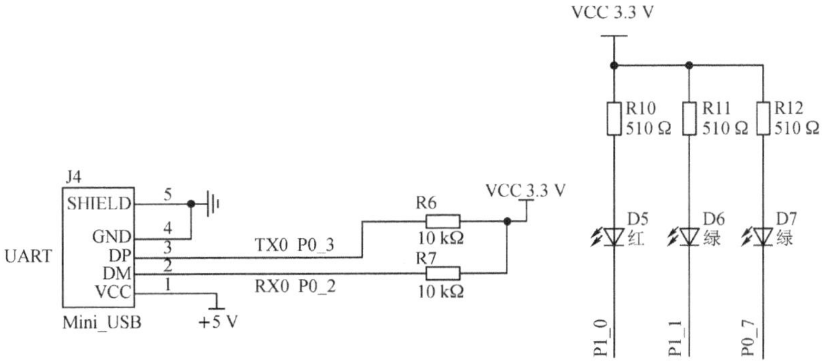

图 8-1　串口接口和 LED 电路

三、实施过程

1. 连接设备

将 CC Debugger 仿真器的接口与 CC2530 实验模块(实验模块使用“求助按钮 V1.0”)相连，仿真器另一端用 USB 数据线连接到 PC 上。

2. 设计程序

1) 创建工程

打开 IAR，新建一个 C Project 工程(具体步骤请参照项目二)。

2) 设计程序流程图

程序流程图如图 8-2 所示。

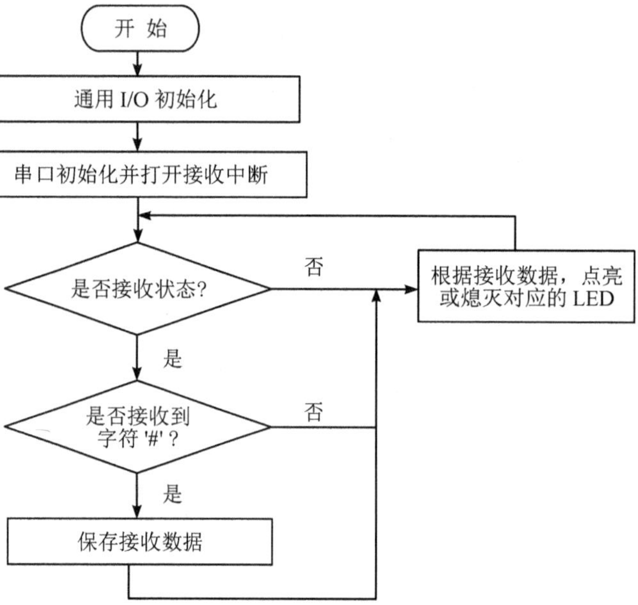

图 8-2 程序流程图

3) 编写代码

完整的程序源代码见课程资源，主要功能代码如下。

(1) 引用相应头文件：

```
#include <ioCC2530.h>
#include <string.h>
```

(2) 对 I/O 口进行初始化：

```
函数名称：IO_Init
功能：完成 I/O 口初始化
void IO_Init(void)
{
    P1DIR |= 0x03;    //P1_0, P1_1 端口，定义为输出，对应 LED1、LED2
    P1DIR |= 0x04;    //P1_2 端口定义为输出，对应蜂鸣器
```

```
    LED1 = 1;   //初始状态，熄灭 LED1
    LED2 = 1;   //初始状态，熄灭 LED2
    Beeper = 0;  //关闭蜂鸣器
}
```

(3) 对串口进行初始化：

```
函数名称：InitUart
功能：完成串口初始化，并打开串口中断
void InitUart(void)
{
    PERCFG = 0x00;        //设置 USART0 的 I/O 位置为位置 1(即使用 P0 口)
    P0SEL = 0x0c;         //P0_2,P0_3 用作串口(外设功能)
    P2DIR &= ~0XC0;       //P0 优先作为 UART0
    U0CSR |= 0x80;        //设置 USART0 为异步通信 UART 模式
    U0GCR |= 11;          //波特率设为 115 200
    U0BAUD |= 216;
    UTX0IF = 0;           //UART0 TX 中断标志位初始值置 0

    U0CSR |= 0X40;        //UART0 允许接收
    IEN0 |= 0x84;         //开总中断，接收中断
}
```

(4) 通过串口发送函数：

```
函数名称：UartSendString
功能：串口发送字符串
void UartSendString(char *Data, int len)
{
    uint i;

    for(i=0; i<len; i++)
    {
        U0DBUF = *Data++;
        while(UTX0IF == 0);
        UTX0IF = 0;
    }
}
```

(5) 串口中断处理程序：

```
函数名称：UART0_ISR
功能：串口中断，程序自动跳至并执行此函数
#pragma vector = URX0_VECTOR
```

```
__interrupt void UART0_ISR(void)
{
  URX0IF = 0;              //中断标志位清 0
  temp = U0DBUF;           //将接收到的字符保存到变量 temp 中
}
```

(6) 主函数判断串口处于发送或接收状态，分析接收到的数据并点亮相应的 LED：

```
函数名称：main
功能：串口中断接收数据，根据数据内容点亮相应的 LED
void main(void)
{
  CLKCONCMD &= ~0x40;            //设置系统时钟源为 32 MHz 晶振
  while(CLKCONSTA & 0x40);       //等待晶振稳定
  CLKCONCMD &= ~0x47;            //设置系统主时钟频率为 32 MHz
  uchar i;
  IO_Init();
  InitUart();

  while (1)
  {
    if (RXTXflag == 1)           //接收状态
    {
      if (temp != 0)
      {
        if ((temp != '#') && (datanumber < 3)) //判断是否收到字符 '#'
          Recdata[datanumber++] = temp;
        else   RXTXflag = 3;     //进入控制 LED 的程序
        if (datanumber == 3) RXTXflag = 3;
        temp = 0;
      }
    }

    if (RXTXflag == 3)
    {
      if(Recdata[0] == 'R' ||Recdata[0] == 'r' )
        LED1 = ~(Recdata[1] == '1');           //按 Recdata[1]值设置红灯
      if(Recdata[0] == 'G' || Recdata[0] == 'g' )
        LED2 = ~(Recdata[1] == '1');           //按 Recdata[1]值设置绿灯
      if(Recdata[0] == 'A' || Recdata[0] == 'a' )
```

```
            LED2 = LED1 = ~(Recdata[1] == '1');          //按 Recdata[1]值设置两灯

        RXTXflag = 1; //回到接收状态
        for (i = 0; i < 3; i++) Recdata[i] = ' ';        //接收字符的数组 Recdata 清 0
        datanumber = 0; //归 0
      }
    }
  }
```

4) 编译运行

点击工具栏中的“Compile”编译按钮，保存工作空间，当下方信息框提示“0 error(s)”时，说明代码正确，再点击“Download and Debug”按钮就可以把生成的 Hex 文件烧写进 CC2530 中，如图 8-3 所示。

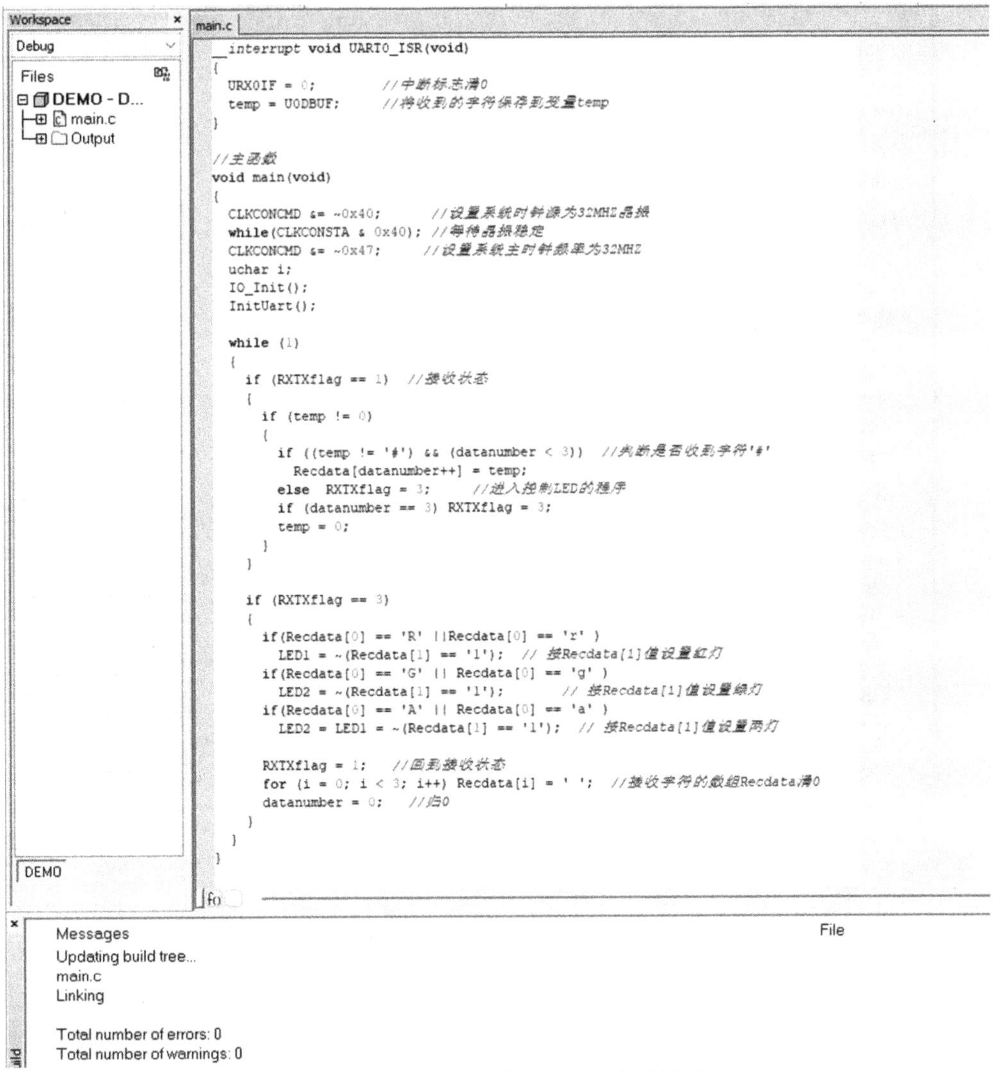

图 8-3　IAR 的串口控制 LED 编译界面

项目成果

按下仿真器或者 CC2530 模块上的 Reset 复位键，打开串口调试助手，设置波特率为 115 200，在串口调试助手下方输入：'R1#'，点击“发送”，此时会看到电路板上的 LED(D5)被点亮，如图 8-4 所示。

命令解释：

r1#或 R1# ：点亮 D5
r0#或 R0# ：熄灭 D5
g1#或 G1# ：点亮 D6
g0#或 G0# ：熄灭 D6
a1#或 A1# ：点亮 D5、D6
a0#或 A0# ：熄灭 D5、D6

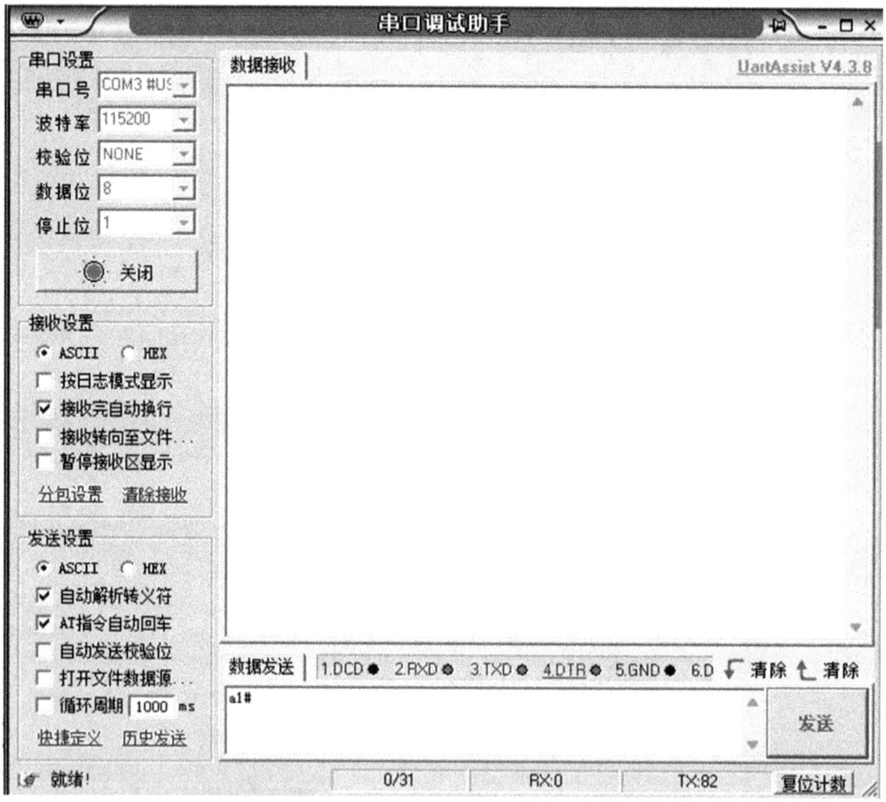

图 8-4　PC 串口助手发送点灯命令

拓展训练

1. 训练描述

以上实验利用 PC 的串口助手向 CC2530 板上的串口模块发送开关 LED 的命令，波特率为 115 200。拓展训练可以使用不同的波特率来达到相同的控制 LED 效果，也可以增加新的命令来控制另一个 LED(D7)的亮灭。

2. 训练要求

(1) 更改程序，使用波特率 9600，发送不同命令分别控制 D5、D6 的亮灭。

(2) 在第(1)项要求的基础上，更改程序，增加对 D7 亮灭的控制。

项目总结

项目完成后认真填写表 8-10，记录整个项目的完成步骤及完成效果。

表 8-10　项 目 报 告 表

<table>
<tr><td>课程
名称</td><td></td><td>项目
名称</td><td colspan="3"></td></tr>
<tr><td>班级</td><td></td><td>姓名</td><td></td><td>学号</td><td></td></tr>
<tr><td>组长</td><td></td><td>小组
成员</td><td colspan="3"></td></tr>
<tr><td rowspan="5">项目
报告</td><td colspan="5">(报告必须包含以下几点：一、项目目的；二、项目计划；三、项目实施过程；四、项目总结；五、体会，可附页)</td></tr>
<tr><td colspan="2" rowspan="4"></td><td>日期</td><td colspan="2">年　月　日</td></tr>
<tr><td rowspan="3">项目
成员
签名</td><td></td><td></td></tr>
<tr><td></td><td></td></tr>
<tr><td></td><td></td></tr>
</table>

项目评价

根据项目完成情况，由学生自评、项目组互评、教师评分给予综合评判。学生也可参考评分细节重点掌握相关环节需要达到的能力要求。考核评价表如表 8-11 所示。

表 8-11 考核评价表

评价要素		分值	学生自评(30%)	项目组互评(20%)	教师评分(50%)	各项总分	合计
能力考核	接线正确	10					
	驱动安装正确	10					
	完成代码	10					
	串口接收数据控制 LED 正常	10					
	完成拓展训练	10					
	项目报告	20					
素质考核	学习态度	5					
	工作态度	10					
	合作交流	5					
	出勤	10					
学生自评签名：		项目组互评签名：			教师签名：		

项目九

CC2530 的睡眠定时器

项目导入

在现代化物联网智慧农业生产中，数据采集变得越来越关键。由于 CC2530 优良的低功耗特性，因而常被用于数据采集系统。例如，将 CC2530 搭配传感器并使用电池供电，再将传感器数据传输到云端进行分析和决策制定，便构成了一个物联网智慧农业系统。该系统上传的各种数据可以用于记录气候变化、土壤含水量、植株发育等信息，以协助管理农业生产。由于使用电池供电，节能成了系统设计的重点环节。CC2530 内置的睡眠定时器，可实现多种节能方案。睡眠定时器的作用是让芯片在运行一段时间后进入睡眠状态，以节省功耗。本项目介绍了 CC2530 的睡眠定时器的应用。

项目要求

通电后 LED 指示灯提示 CC2530 单片机即将进入睡眠，随后单片机立即睡眠，睡眠 5 s 后单片机唤醒，并重复以上过程。

(1) 了解 CC2530 单片机的睡眠定时器功能；

(2) 编程实现睡眠定时器的定时唤醒功能。

项目分析

睡眠定时器用于设置系统进入和退出低功耗睡眠模式之间的周期，睡眠定时器的主要功能包括：运行在 32 kHz 时钟频率的 24 位定时器计数器；具有中断和 DMA 触发器功能的 24 位比较器；24 位的捕获功能。本项目利用睡眠定时器的定时计数功能，设计一个睡眠唤醒实验，并且重复“睡眠—唤醒—睡眠”这一过程。

项目目标

(1) 掌握 CC2530 的睡眠定时寄存器的配置方法。

(2) 学会使用 CC2530 睡眠模式实现节能的方法。

知识储备

CC2530 有 5 种电源模式：主动模式、空闲模式、PM1 模式、PM2 模式和 PM3 模式。

主动模式为完全功能模式。此模式下，稳压器的数字内核开启，16 MHz RC 振荡器和 32 MHz 晶体振荡器至少一个运行，32 kHz RC 振荡器和 16 MHz RC 振荡器也有一个正在运行。

空闲模式下，除了 CPU 内核停止运行，其他和主动模式一样。

PM1 模型下，稳压器的数字部分开启，32 MHz 晶体振荡器和 16 MHz RC 振荡器都不运行，32 kHz RC 振荡器或 32 kHz 晶体振荡器运行；复位、外部中断或睡眠定时器过期时系统将转到主动模式。

PM2 模式下，稳压器的数字内核关闭，32 MHz 晶体振荡器和 16 MHz RC 振荡器都不运行，32 kHz RC 振荡器或 32 kHz 晶体振荡器运行；复位、外部中断或睡眠定时器到期时系统将转到主动模式。

PM3 模式下，稳压器的数字内核关闭，所有的振荡器都不运行，复位或外部中断时系统将转到主动模式。

五种电源模式之间的转换关系如图 9-1 所示。

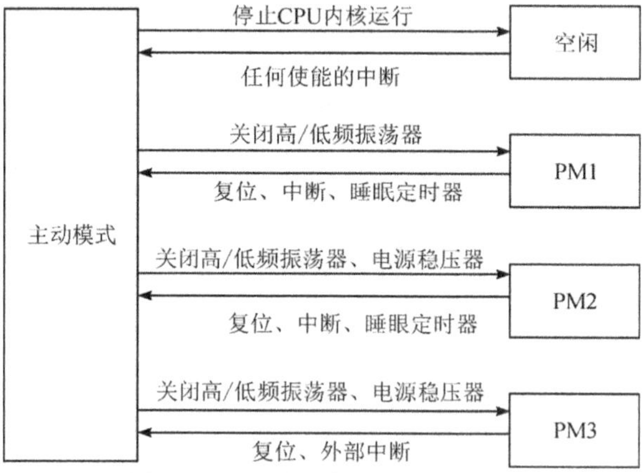

图 9-1　五种电源模式的转换关系

一、睡眠定时器

CC2530 一般由电池供电，节能是其一个非常重要的功能。睡眠定时器用来设置系统进入和退出低功耗睡眠模式之间的周期。睡眠定时器还用于进入低功耗睡眠模式时，保持定时器 2 的定时。睡眠定时器的主要特征如下：

(1) 24 位定时器正计数器，运行于 32 kHz 时钟；

(2) 24 位具有中断和 DMA 触发的比较器；

(3) 24 位捕获功能。

睡眠定时器是一个运行于 32 kHz 时钟(RC 或晶体振荡器)的 24 位定时器。定时器在复位后立即启动并连续运行不间断。定时器的当前值可以从 SFR 寄存器 ST2、ST1、ST0 中读取，如表 9-1～表 9-3 所示。

表 9-1　ST2 (0x97)：睡眠定时器 2

位	名称	复位	R/W	描　述
7～0	ST2[7:0]	0x00	R/W	睡眠定时器计数/比较值。在读取时，该寄存器返回睡眠定时器的高位[23:16]。在读/写寄存器 ST0 时该值是锁定的

表 9-2　ST1 (0x96)：睡眠定时器 1

位	名称	复位	R/W	描　　述
7～0	ST1[7:0]	0x00	R/W	睡眠定时器计数/比较值。在读取时，该寄存器返回睡眠定时计数的中间位[15:8]。在读/写寄存器 ST0 时该值是锁定的

表 9-3　ST0 (0x95)：睡眠定时器 0

位	名称	复位	R/W	描　　述
7～0	ST0[7:0]	0x00	R/W	睡眠定时器计数/比较值。在读取时，该寄存器返回睡眠定时计数的低位[7:0]

二、睡眠定时比较值的设置

当定时器值等于 24 位比较值时发生一次定时器比较。通过写寄存器 ST2、ST1、ST0 来设置比较值。当发生一次定时器比较时，中断标志 STIF 起作用。当睡眠定时器加载状态寄存器中 STLOAD.LDRDY 为 1 时写 ST0 会启动加载新的比较值，即将最新的比较值写入 ST2、ST1 和 ST0 寄存器。加载新的比较值的过程中，STLOAD.LDRDY 为 0，在 STLOAD.LDRDY 返回 1 之前软件不能启动新的加载值。读取 ST0 就是捕获 24 位计数器的当前值。因此，在读取 ST1 和 ST2 之前必须先读取 ST0 寄存器，以捕获正确的睡眠定时器计数值。当发生定时器比较时，中断标志 STIF 被置位。每次系统时钟检测到 32 kHz 的一个上升沿时，就对当前定时器值进行更新，如表 9-4 所示。

表 9-4　STLOAD (0xAD)：睡眠定时器加载状态

位	名称	复位	R/W	描　　述
7～1	—	0000 000	R0	保留
0	LDRDY	1	R	加载准备好。当睡眠定时器正在加载 24 位比较值时，该位是 0，此时不能启动新的加载；当睡眠定时器可以加载一个新的比较值时，该位为 1

三、睡眠定时器中断设置与中断标志

睡眠定时器中断的中断使能位是 IEN0.STIE，中断标志是 IRCON.STIF，如表 9-5 和表 9-6 所示。

表 9-5　IEN0 (0xA8)：中断使能 0

位	名称	复位	R/W	描　　述
7	EA	0	R/W	禁用所有中断。 0：无中断被确认； 1：通过设置对应的使能位将每个中断源分别使能和禁止
6	—	0	R0	不使用，读出来是 0

续表

位	名称	复位	R/W	描　述
5	STIE	0	R/W	睡眠定时器中断使能。 0：中断禁止；1：中断使能
4	ENCIE	0	R/W	AES 加密/解密中断使能。 0：中断禁止；1：中断使能
3	URX1IE	0	R/W	USART1 RX 中断使能。 0：中断禁止；1：中断使能
2	URX0IE	0	R/W	USART0 RX 中断使能。 0：中断禁止；1：中断使能
1	ADCIE	0	R/W	ADC 中断使能。 0：中断禁止；1：中断使能
0	RFERRIE	0	R/W	RF TX/RX FIFO 中断使能。 0：中断禁止；1：中断使能

表 9-6　IRCON (0xC0)：中断标志 4

位	名称	复位	R/W	描　述
7	STIF	0	R/W	睡眠定时器中断标志。 0：无中断未处理；1：中断未处理
6	—	0	R/W	必须写为 0。写入 1 总是使能中断源
5	P0IF	0	R/W	端口 0 中断标志。 0：无中断未处理；1：中断未处理
4	T4IF	0	R/W H0	定时器 4 中断标志。 当定时器 4 中断发生时设为 1 并且当 CPU 指向中断向量服务例程时清除
3	T3IF	0	R/W H0	定时器 3 中断标志。 当定时器 3 中断发生时设为 1 并且当 CPU 指向中断向量服务例程时清除
2	T2IF	0	R/W H0	定时器 2 中断标志。 当定时器 2 中断发生时设为 1 并且当 CPU 指向中断向量服务例程时清除
1	T1IF	0	R/W H0	定时器 1 中断标志。 当定时器 1 中断发生时设为 1 并且当 CPU 指向中断向量服务例程时清除
0	DMAIF	0	R/W	DMA 完成中断标志。 0：无中断未处理；1：中断未处理

四、供电模式控制

系统供电主要有4种模式：主动/空闲模式、PM1、PM2、PM3。这4种模式下启用的设备各有不同，如表9-7所示。

表9-7　系统供电的4种模式

供电模式	高频振荡器	低频振荡器	稳压器(数字)
配置	A：32 MHz XOSC B：16 MHz RCOSC	C：32 kHz XOSC D：32 kHz RCOSC	
主动/空闲模式	A 或 B	C 或 D	ON
PM1	无	C 或 D	ON
PM2	无	C 或 D	OFF
PM3	无	无	OFF

可以通过设置PCON和SLEEPCMD两个寄存器来选择系统的供电方式以达到节能的目的，如表9-8和表9-9所示。

表9-8　PCON (0x87)：供电模式控制

位	名称	复位	R/W	描　述
7～1	—	0000 000	R/W	未使用。总是写作 0000 000
0	IDLE	0	R0/W H0	供电模式控制。写1到该位，强制设备进入睡眠模式。所有的中断发生将清除这个位，设备将重新进入主动模式

表9-9　SLEEPCMD (0xBE)：睡眠模式控制

位	名称	复位	R/W	描　述
7	OSC32K_CALDIS	0	R/W	禁用32 kHz RC振荡器校准。 0：使能32 kHz RC振荡器校准； 1：禁用32 kHz RC振荡器校准
6，3	—	000 0	R0	保留
2	—	1	R/W	保留。总是写作1
1，0	MODE[1:0]	00	R/W	供电模式设置。 00：主动/空闲模式； 01：供电模式1； 10：供电模式2； 11：供电模式3

1. 主动和空闲模式

主动模式是完全功能的运行模式，CPU、外设和RF收发器都在运行，数字稳压器是开启的。主动模式用于一般操作。在主动模式下(SLEEPCMD.MODE = 0x00)通过使能

PCON.IDLE 位，CPU 内核就停止运行，进入空闲模式。所有其他外设将正常工作，且 CPU 内核将被任何使能的中断唤醒(从空闲模式转换到主动模式)。

2. PM1 模式

在 PM1 模式下，高频振荡器(32 MHz XOSC 和 16 MHz RCOSC)是掉电的，稳压器和使能的 32 kHz 振荡器是开启的。当进入 PM1 模式后，运行一个掉电序列。由于 PM1 模式使用的上电/掉电序列速度较快，等待唤醒事件的预期时间相对较短(小于 3 ms)，因此使用 PM1 模式。

3. PM2 模式

PM2 具有较低的功耗。在 PM2 模式下的上电复位时刻，外部中断、所选的 32 kHz 振荡器和睡眠定时器都在运行，I/O 引脚保留在进入 PM2 模式之前设置的 I/O 模式和输出值，所有其他内部电路是掉电的，稳压器也是关闭的。当进入 PM2 模式后，运行一个掉电序列。

当使用睡眠定时器作为唤醒事件并结合外部中断时，一般会进入 PM2 模式。相比较 PM1 模式，当睡眠时间超过 3 ms 时，一般选择 PM2 模式。比起使用 PM1 模式，使用较少的睡眠时间不会降低系统功耗。

4. PM3 模式

PM3 模式用于获得最低功耗的运行模式。在 PM3 模式下，稳压器供电的所有内部电路都关闭(基本上是所有的数字模块，除了中断探测和 POR 电平传感)，内部稳压器和所有振荡器也都关闭。

复位和外部 I/O 中断是 PM3 模式下仅有的运行的功能。 I/O 引脚保留进入 PM3 模式之前设置的 I/O 模式和输出值。复位条件或使能的外部 I/O 中断事件将唤醒设备，使其进入主动模式(外部中断从它进入 PM3 模式的地方开始，而复位返回到程序执行的开始)。RAM 和寄存器的内容在这个模式下可以部分保留。PM3 模式使用和 PM2 模式相同的上电/掉电序列。当等待外部事件时，使用 PM3 模式可获得超低功耗。当睡眠时间超过 3 ms 时应使用 PM3 模式。

当系统运行在除 PM3 模式之外的所有功耗模式下，睡眠定时器都会运行。因此，在 PM3 模式下，睡眠定时器的值不保存。在 PM1 和 PM2 模式下，睡眠定时器比较事件用于唤醒设备并返回主动运行模式。复位之后比较值的默认值为 0xFFFFFF。

注意，在进入 PM2 模式时，若电源电压下降到低于 2 V，则睡眠定时器的间隔时间可能会受到影响。

项目实施

一、设备和资源准备

项目实施前必须先准备好相应的设备和资源，见表 9-10。

表 9-10　设备和资源清单

序号	设备/资源名称	数量	单位	是否准备到位(√)
1	CC2530 模块	1	个	
2	CC Debugger 仿真器(带下载线)	1	个	
3	Mini_USB 供电线或 5 号电池	1	根/个	

二、实验模块原理图

睡眠定时器是 CC2530 单片机的内置模块，任意选择带 CC2530 单片机的开发板模块均可完成睡眠定时器实验。由于实验过程中需要使用 LED 灯将单片机睡眠和唤醒时的状态区分出来，因此选择带 LED 电路的实验模块。LED 电路如图 9-2 所示。

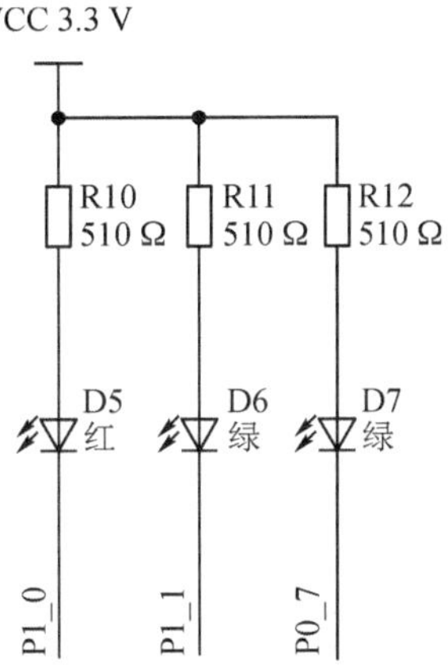

图 9-2　LED 电路图

三、实施过程

1. 连接设备

将 CC Debugger 仿真器的接口与 CC2530 实验模块(实验模块使用“求助按钮 V1.0”)相连，仿真器另一端用 USB 数据线连接到 PC 上，如图 9-3 所示。

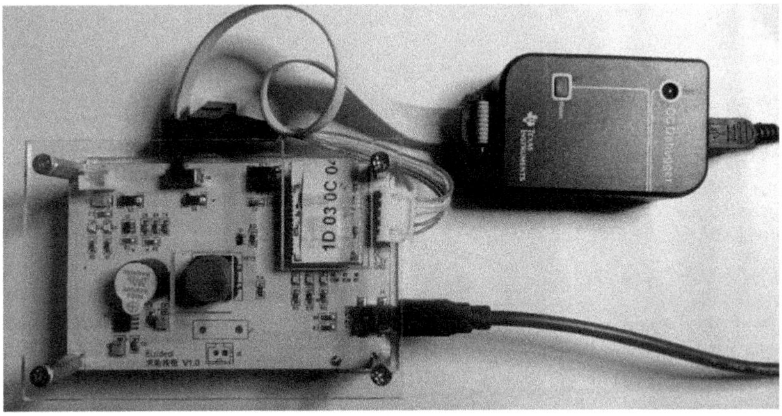

图 9-3　实验接线图

2. 设计程序

1) 创建工程

打开 IAR，新建一个 C Project 工程(具体步骤请参照项目二)。

2) 设计程序流程图

程序流程图如图 9-4 所示。

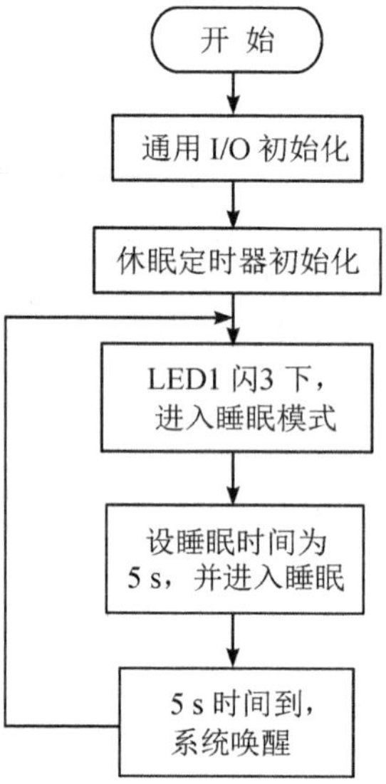

图 9-4　程序流程图

3) 编写代码

完整的程序源代码见课程资源，主要功能代码如下。

(1) 引用相应头文件：

```
#include <ioCC2530.h>
```

(2) 对 I/O 口进行初始化：

```
函数名称：IO_Init
功能：完成 I/O 口初始化
void IO_Init(void)
{
  P1DIR |= 0x01;        //P1_0 定义为输出，对应 LED1
  P1DIR |= 0x04;        //P1_2 定义为输出，对应蜂鸣器
  LED1 = 1;             //初始状态，熄灭 LED 灯
  Beeper = 0;           //关闭蜂鸣器
}
```

(3) 设置系统工作模式：

```
函数名称：SysPowerMode
功能：根据传递的 mode 值，设置系统进入正常工作模式或睡眠模式
```

```
void SysPowerMode(uchar mode)
{
    if(mode < 4)
    {
        SLEEPCMD |= mode;    //设置系统睡眠模式
        PCON = 0x01;         //进入睡眠模式，通过中断唤醒
    }
    else
        PCON = 0x00;         //通过中断唤醒系统
}
```

(4) 中断处理函数：

```
函数名称：void ST_ISR
功能：中断后回到正常模式
#pragma vector = ST_VECTOR
__interrupt void ST_ISR(void)
{
    STIF = 0;              //清 0 标志位
    SysPowerMode(4);       //进入正常工作模式
}
```

(5) 初始化休眠定时器：

```
函数名称：InitSleepTimer
功能：初始化休眠定时器，设定后经过指定时间自行唤醒
void InitSleepTimer(void)
{
    ST2 = 0x00;
    ST1 = 0x00;
    ST0 = 0x00;
    EA = 1;        //开中断
    STIE = 1;    //睡眠定时器中断使能 0：中断禁止      1：中断使能
    STIF = 0;    //睡眠定时器中断标志 0：无中断未决    1：中断未决
}
```

(6) 设置睡眠时间：

```
函数名称：Set_ST_Period
功能：利用睡眠定时器设置睡眠时间
void Set_ST_Period(uint sec)
{
    ulong sleepTimer = 0;
```

```
    sleepTimer |= ST0;                    //读取睡眠定时器当前值
    sleepTimer |= (ulong)ST1 << 8;
    sleepTimer |= (ulong)ST2 << 16;
    //睡眠定时器当前值 + 设定的睡眠时间
    sleepTimer += ((ulong)sec * (ulong)32768); //睡眠定时器运行在 32 kHz 时钟频率
    ST2 = (uchar)(sleepTimer >> 16);
    ST1 = (uchar)(sleepTimer >> 8);
    ST0 = (uchar) sleepTimer;
}
```

(7) 主函数通过睡眠定时器让程序进入睡眠模式和恢复正常模式：

```
函数名称：main
功能：正常模式工作 3 s 后进入睡眠模式，睡眠 5 s 后回到正常模式，循环往复
void main(void)
{
  uchar i=0;
  IO_Init();                 //初始化 LED 控制 I/O 口
  InitSleepTimer();          //初始化休眠定时器
  while(1)
  {
    for (i=0; i<6; i++)      //LED1 闪烁 3 次之后进入睡眠模式
    {
      LED1 = ~LED1;
      Delayms(500);
    }
    Set_ST_Period(5);        //设置睡眠时间，睡眠 5 s 后唤醒系统
    SysPowerMode(2);         //重新进入睡眠模式 PM2
  }
}
```

4) 编译运行

点击工具栏中的“Compile”编译按钮 ，保存工作空间，当下方信息框提示“0 error(s)”时，说明代码正确，再点击“Download and Debug”按钮 就可以把生成的 Hex 文件烧写进 CC2530 中，如图 9-5 所示。

项目成果

按下仿真器或者 CC2530 实验模块上的 Reset 复位键，启动之后，红灯闪烁 3 次进入睡眠状态。CPU 睡眠 5 s 后睡眠定时器触发中断，回到主动模式。红灯闪烁 3 次后再次进入睡眠状态，周而复始。

图 9-5　IAR 的睡眠定时器编译界面

拓展训练

1. 训练描述

以上实验利用 CC2530 板上自带的睡眠定时器完成了单片机的睡眠唤醒功能，睡眠时间为 5 s。拓展训练可更改睡眠时间，延长至 10 s 或缩减至 3 s 后，唤醒单片机。

2. 训练要求

(1) 更改睡眠定时器的睡眠时间，唤醒单片机的睡眠定时时间为 10 s。

(2) 更改睡眠定时器的睡眠时间，唤醒单片机的睡眠定时时间为 3 s。

项目总结

项目完成后认真填写表 9-11，记录整个项目的完成步骤及完成效果。

表 9-11 项目报告表

<table>
<tr><td>课程名称</td><td></td><td>项目名称</td><td colspan="3"></td></tr>
<tr><td>班级</td><td></td><td>姓名</td><td></td><td>学号</td><td></td></tr>
<tr><td>组长</td><td></td><td>小组成员</td><td colspan="3"></td></tr>
<tr><td>项目报告</td><td colspan="5">(报告必须包含以下几点：一、项目目的；二、项目计划；三、项目实施过程；四、项目总结；五、体会，可附页)

<table><tr><td>日期</td><td colspan="2">年 月 日</td></tr><tr><td rowspan="3">项目成员签名</td><td></td><td></td></tr><tr><td></td><td></td></tr><tr><td></td><td></td></tr></table></td></tr>
</table>

项目评价

根据项目完成情况，由学生自评、项目组互评、教师评分给予综合评判。学生也可参考评分细节重点掌握相关环节需要达到的能力要求。考核评价表如表 9-12 所示。

表 9-12　考核评价表

评价要素		分值	学生自评(30%)	项目组互评(20%)	教师评分(50%)	各项总分	合计
能力考核	接线正确	10					
	驱动安装正确	10					
	完成代码	10					
	完成 CC2530 的睡眠定时器实验	10					
	完成拓展训练	10					
	项目报告	20					
素质考核	学习态度	5					
	工作态度	10					
	合作交流	5					
	出勤	10					
学生自评签名：		项目组互评签名：			教师签名：		

项目十

看门狗的应用

项目导入

单片机的看门狗(Watch Dog Timer，WDT)是一种硬件定时器，用于检测系统是否处于假死状态，其作用非常重要。

在温度控制系统中，如果异常发生，可能会导致系统遇到停机或其他严重问题。这时通过使用看门狗可以避免这些问题的出现。当系统正常工作时，程序会定时重置看门狗。如果程序在某些原因下停止运行，看门狗会自动重置系统并重新启动。这将确保系统在异常情况下可以安全地退出，并在恢复正常运行之前进行必要的维护。

在无人机控制器中，可以通过使用看门狗来确保无人机在遥控器连接断开时协商停止工作，以防止无人机凌空失控。同样，在一个遥控器控制的大型机器人上，使用看门狗来确保机器人在失去控制信号时停止和旋转，保留其当前位置。

在安防应用中，警报系统可以使用看门狗来检测是否失去电源或发生任何异常情况。如果某些异常情况发生，则看门狗可以向警报系统管理员发送通知，并启动一个后备电源以确保系统可以在紧急情况下继续运行。

在医疗设备中故障的出现可能让患者或操作者面临生命威胁，确保设备的安全和可靠性非常重要。因而许多医疗设备都使用看门狗作为一种保护手段。例如，当心脏起搏器的系统故障时，看门狗可以自动关闭其电源，以保护脏器。同样，医学成像设备也可以在检测到任何异常时停止，并发出相应的警报。

本项目设计了一个看门狗实验，比较了有喂狗和没有喂狗两种情况下，CC2530单片机的运行情况。通过实验可以观察到，没有喂狗动作，看门狗产生溢出，从而导致单片机发生重启。

项目要求

通电后，喂狗函数正常工作时，单片机正常工作，具体表现为两个LED预期工作；将喂狗函数屏蔽掉，通过观察两个LED周期性闪烁，确认单片机正在反复重启。

(1) 熟练掌握CC2530单片机看门狗定时器的使用方法；

(2) 熟悉看门狗的特性和作用。

项目分析

在系统运行过程中，如果看门狗定时器未被重置，则会定期产生看门狗定时器中断事件，如果系统程序未及时重置看门狗定时器，系统会被认为处于假死状态，并执行看门狗定时器中断处理函数。看门狗定时器可帮助开发者提高系统的可靠性和稳定性。

开发者可通过 CC2530 的软件编程接口，配置看门狗定时器的时间间隔和中断处理函数等。在系统正常运行中，需要周期性地重置看门狗定时器，以保证系统正常运行并避免误判为假死状态。

项目目标

(1) 掌握 CC2530 看门狗定时器相关寄存器的配置。

(2) 学会 CC2530 的喂狗操作。

知识储备

CC2530 的看门狗是一种专门用于监测单片机程序运行状态的功能模块。它实际上是一个计数器，单片机上电时会给看门狗一个较大的数值，程序开始运行后，看门狗从该数值开始倒计数。如果程序运行正常，每隔一段时间 CPU 应发出指令让看门狗复位，然后看门狗重新开始倒计数，这个动作称为喂狗。如果看门狗倒计数期间没有产生喂狗动作，而是初始值一直减到 0，单片机则认为程序没有正常工作，将强制整个系统复位。

一、看门狗定时器

MCU 在使用过程中可能由于某种原因产生死机等故障，在没有监视器的情况下人们很难发现问题，看门狗就是一种常用的恢复方法。启用看门狗定时器(WDT)时，WDT 开始计数，软件设计中定时清除 WDT 的数值，当软件在一定时间间隔内不能清除 WDT 时，WDT 会自动复位系统。WDT 可用于受到电气噪声、电源故障、静电放电等影响的应用，或需要高可靠性的环境。WDT 的特性如下：

(1) 4 个可选的定时器间隔；

(2) 看门狗模式；

(3) 定时器模式；

(4) 在定时器模式下产生中断请求。

二、喂狗操作

CC2530 单片机的看门狗喂狗模式有两种，一种是软件看门狗，它可以产生 8 位定时器的溢出中断，用来模拟看门狗功能；另一种是外部看门狗，它可以把外部的看门狗的时钟源送到内部的定时器 CLK1 用来喂狗，也可以把 CLK1 的时钟源输出到外部看门狗芯片用来喂狗。本项目采用定时器软件喂狗。

WDT 可以配置为一个看门狗定时器或一个通用的定时器。WDT 模块的运行由 WDCTL 寄存器控制。看门狗定时器包括一个 15 位计数器，它的频率由 32 kHz 时钟源规定。注意用户不能获得 15 位计数器的内容。在所有供电模式下，15 位计数器的内容保留，且当重新进入主动模式时，看门狗定时器继续计数。

在系统复位之后，看门狗定时器就被禁用。要设置 WDT 为看门狗模式，必须设置 WDCTL.MODE[1:0]位为 10，然后看门狗定时器的计数器从 0 开始递增。在看门狗模式下，一旦定时器使能，就不可以禁用定时器，因此，如果 WDT 位已经运行在看门狗模式下，再向 WDCTL.MODE[1:0]写入 00 或 10 就不起作用了。

WDT 运行在一个频率为 32.768 kHz(使用 32 kHz XOSC)的看门狗定时器时钟上。这个时钟频率的超时期限等于 1.9 ms、15.625 ms、0.25 s 和 1 s，分别对应 64、512、8192 和 32 768 的计数值设置。如果计数器达到选定定时器的间隔值，看门狗定时器就为系统产生一个复位信号。如果在计数器达到选定定时器的间隔值之前执行了一个看门狗清除序列，计数器就复位到 0，并继续递增。看门狗清除的序列包括在一个看门狗时钟周期内写入 0xA 到 WDCTL.CLR[3:0]，然后写入 0x5 到同一个寄存器位。如果这个序列没有在看门狗周期结束之前执行完毕，看门狗定时器就为系统产生一个复位信号。

在看门狗模式下，WDT 使能，就不能通过写入 WDCTL.MODE[1:0]位改变这个模式，且定时器间隔值也不能改变。

在看门狗模式下，WDT 不会产生一个中断请求。

三、项目中用到的 SFR

本项目用到的 SFR 寄存器如表 10-1 所示。

表 10-1　WDCTL (0xC9)：看门狗定时器控制

位	名称	复位	R/W	描　述
7～4	CLR[3:0]	0000	R0/W	清除定时器。在 1 个看门狗时钟周期内连续写入 0x0A、0x05，定时器被清除
3，2	MODE[1:0]	00	R/W	模式选择。处于定时器模式时，设置这些位为 IDLE 将停止定时器。 00：IDLE；01：未使用； 10：看门狗模式；11：定时器模式
1，0	INT[1:0]	00	R/W	定时器时间选择(定时器工作时钟频率为 32 kHz)。 00：定时周期 × 32 768(1 s)；01：定时周期 × 8192(0.25 s)； 10：定时周期 × 512(15.625 ms)；11：定时周期 ×64(1.9 ms)

项目实施

一、设备和资源准备

项目实施前必须先准备好相应的设备和资源，见表 10-2。

表 10-2　设备和资源清单

序号	设备/资源名称	数量	单位	是否准备到位(√)
1	CC2530 模块	1	个	
2	CC Debugger 仿真器(带下载线)	1	个	
3	Mini_USB 供电线或 5 号电池	1	根/个	

二、实验模块原理图

看门狗定时器是 CC2530 单片机的内置模块，任意选择带 CC2530 单片机的开发板模块均可完成看门狗定时器实验。由于实验过程需要通过 LED 将单片机正常工作和看门狗复位时的状态区分出来，因此选择带 LED 电路的实验模块。LED 电路如图 10-1 所示。

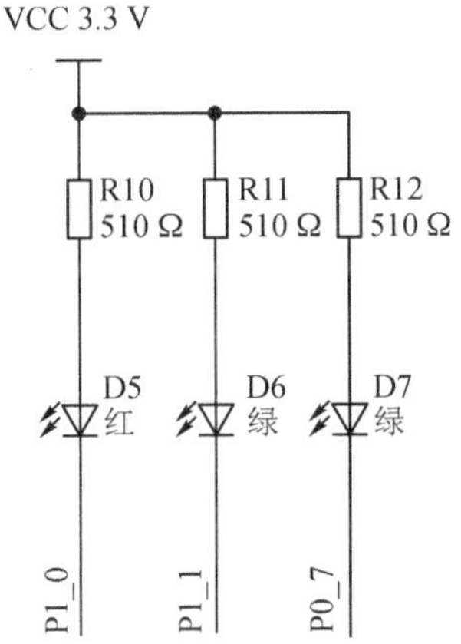

图 10-1　LED 电路图

三、实施过程

1. 连接设备

将 CC Debugger 仿真器的接口与 CC2530 实验模块(实验模块使用“求助按钮 V1.0”)相连，仿真器另一端用 USB 数据线连接到 PC 上，如图 10-2 所示。

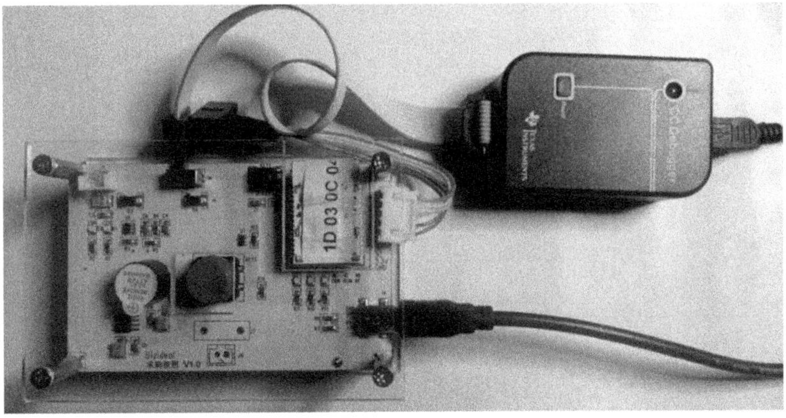

图 10-2　实验接线图

2. 设计程序

1) 创建工程

打开 IAR，新建一个 C Project 工程(具体步骤请参照项目二)。

2) 设计程序流程图

程序流程图如图 10-3 所示。

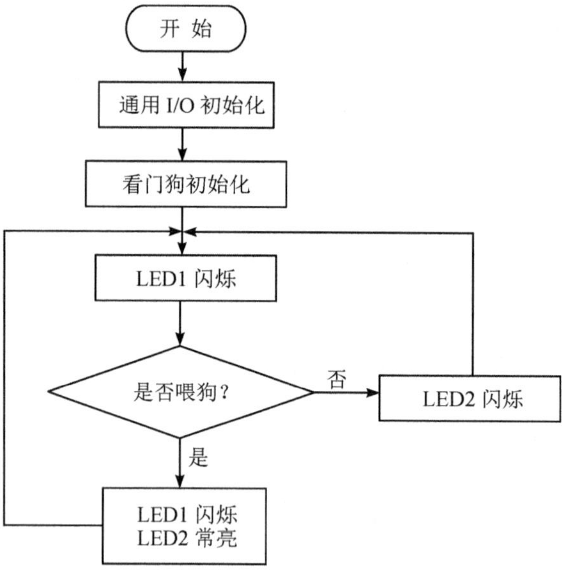

图 10-3 程序流程图

3) 编写代码

完整的程序源代码见课程资源，主要功能代码如下。

(1) 引用相应头文件：

```
#include <ioCC2530.h>
```

(2) 对 I/O 口进行初始化：

```
函数名称：IO_Init
功能：完成 I/O 口初始化
void IO_Init(void)
{
P1DIR |= 0x03;         //P1_0、P1_1 端口定义为输出，对应 LED1、LED2
P1DIR |= 0x04;         //P1_2 定义为输出，对应蜂鸣器
LED1 = 1;              //初始状态，熄灭 LED1
LED2 = 1;              //初始状态，熄灭 LED2
Beeper = 0;            //关闭蜂鸣器
}
```

(3) 对看门狗进行初始化：

```
函数名称：Init_Watchdog
功能：完成看门狗的初始化
void Init_Watchdog(void)
{
    WDCTL = 0x00;          //打开 IDLE 才能设置看门狗
    WDCTL |= 0x08;         //定时器间隔选择，间隔为 1 s
}
```

(4) 清除看门狗定时器，即进行喂狗：

```
函数名称：FeedDog
功能：清除定时器，完成喂狗动作
void FeedDog(void)
{
    WDCTL = 0xa0;        //清除定时器。当 0xA 跟随 0x5 写到这些位时，定时器被清除
    WDCTL = 0x50;
    LED2 = 0;            //系统不复位，绿灯长亮
}
```

(5) 主函数通过循环让一个 LED 灯闪烁，另一个 LED 常亮，以观察看门狗是否生效：

```
函数名称：main
功能：喂狗函数工作则程序正常运行，否则不断复位
void main(void)
{
  IO_Init ();              //初始化 LED 灯，控制 I/O 口
  Init_Watchdog();
  while(1)
  {
    LED1 = ~LED1;          //仅指示作用
    Delayms(300);
    LED2 = 0;
    FeedDog();             //喂狗系统将不再主动复位，LED1 闪烁，LED2 长亮
                           //注释 FeedDog 函数时系统不断复位，LED2 闪烁
  }}
```

4) 编译运行

点击工具栏中的“Compile”编译按钮 ，保存工作空间，当下方信息框提示“0 error(s)”时，说明代码正确，再点击“Download and Debug”按钮 就可以把生成的 Hex 文件烧写进 CC2530 中，如图 10-4 所示。

项目成果

按下仿真器或者 CC2530 实验模块上的 Reset 复位键，启动之后，D5 闪烁，D6 保持常亮，尝试将 FeetDog()注释掉，你将会看到 D5、D6 闪烁，原因是没有清除 WDT，导致 WDT 溢出，使得 CPU 重启。烧录后板卡的运行情况如图 10-5 所示。

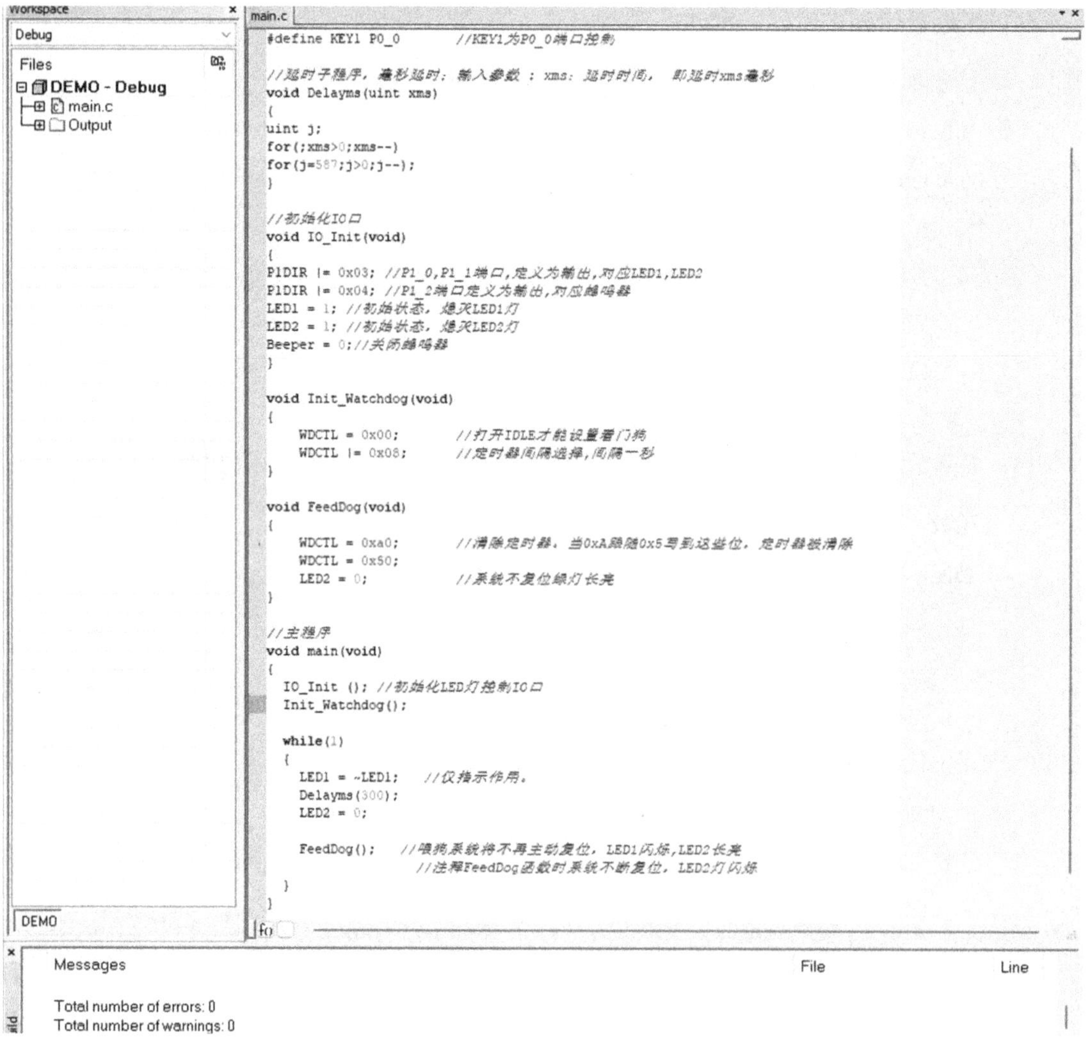

图 10-4 IAR 的看门狗应用的编译界面

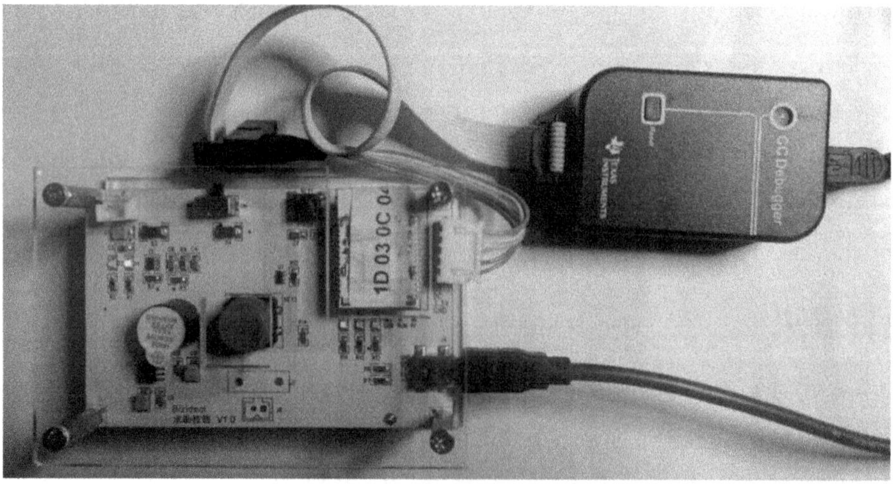

图 10-5 烧录成功效果图

拓展训练

1. 训练描述

本实验是对 CC2530 看门狗定时器的应用，喂狗函数起到重置定时器的作用，程序中看门狗定时器定时时间设置为 1 s。喂狗函数必须在 1 s 内至少执行一次，否则会因为没有喂狗动作而重启。实验通过屏蔽喂狗函数观察 CC2530 单片机因看门狗溢出而重启的效果，拓展训练可以更改为循环程序中延时超过 1 s 而导致看门狗溢出。

2. 训练要求

(1) 循环程序中，将原来的延时 300 ms 更改为延时 1500 ms，观察看门狗溢出导致单片机重启。

(2) 在(1)的基础上，初始化看门狗定时器时，将看门狗定时器的定时时间设置为 2 s，观察到看门狗溢出重启的现象消失。

项目总结

项目完成后认真填写表 10-3，记录整个项目的完成步骤及完成效果。

表 10-3　项 目 报 告 表

<table>
<tr><td>课程名称</td><td></td><td>项目名称</td><td colspan="3"></td></tr>
<tr><td>班级</td><td></td><td>姓名</td><td></td><td>学号</td><td></td></tr>
<tr><td>组长</td><td></td><td>小组成员</td><td colspan="3"></td></tr>
<tr><td>项目报告</td><td colspan="5">(报告必须包含以下几点：一、项目目的；二、项目计划；三、项目实施过程；四、项目总结；五、体会，可附页)
<table>
<tr><td>日期</td><td colspan="2">年　月　日</td></tr>
<tr><td rowspan="3">项目成员签名</td><td></td><td></td></tr>
<tr><td></td><td></td></tr>
<tr><td></td><td></td></tr>
</table></td></tr>
</table>

项目评价

根据项目完成情况，由学生自评、项目组互评、教师评分给予综合评判。学生也可参考评分细节重点掌握相关环节需要达到的能力要求。考核评价表如表 10-4 所示。

表 10-4 考核评价表

评价要素		分值	学生自评(30%)	项目组互评(20%)	教师评分(50%)	各项总分	合计
能力考核	接线正确	10					
	驱动安装正确	10					
	完成代码	10					
	完成看门狗应用	10					
	完成拓展训练	10					
	项目报告	20					
素质考核	学习态度	5					
	工作态度	10					
	合作交流	5					
	出勤	10					
学生自评签名：		项目组互评签名：			教师签名：		

项目十一

ADC 采集芯片内温度

项目导入

在某次食品安全检查中，检查人员使用温度计检测菜肴样品的温度，以确保其在安全温度范围内，目的是防止食品中毒和细菌感染的风险。如果发现食品的温度不在安全范围内，则可以采取必要的措施来恢复温度或丢弃不安全的食品。在这种情况下，温度自检可以帮助确保食品的质量和安全性。工业设计里也有同样的温度检查操作，并且往往是设备以定期自检的形式，检查设备、板卡或芯片的内部温度是否超出了范围。一旦检测到器件或设备的温度出现异常，则产生报警信息并执行处理措施。

A/D 转换原理

CC2530 是一款内置温度传感器的芯片，它的温度测量范围为-40～125℃，精度为±3.5℃。用户可以通过读取 CC2530 的 ADC 寄存器来获取芯片的温度值，并进行相应的处理和控制。本项目通过 CC2530 的 ADC 寄存器采集芯片的内部温度，模拟工业器件的自检场景。

项目要求

用 ADC 采集 CC2530 的片内温度值并通过串口发送到 PC 的串口助手进行显示。

(1) 利用 ADC 采集温度传感器(片内)温度值，并将其发送到 PC 进行显示；

(2) 了解 CC2530 的片内 ADC 功能；

(3) 学会使用 CC2530 片内温度传感器。

项目分析

将时间和幅值连续的模拟量转化为时间和幅值离散的数字量，这一过程叫作 A/D 转换，A/D 转换一般要经过采样、保持、量化、编码 4 个过程。实现 A/D 转换功能的是数/模转换器，简称为 ADC。CC2530 的 ADC 支持 14 位的模拟数字转换，其中 12 位为有效数字位；它包括一个模拟多路转换器、8 个各自可配置的 ADC 通道以及一个参考电压发生器。将片上温度传感器的输出选择作为 ADC 的输入，即可实现 CC2530 的片内温度测量。

项目目标

(1) 掌握 CC2530 的 ADC 寄存器的配置。

(2) 学会使用 CC2530 的 ADC 进行片内温度采集。

如何采集 ADC 数据

知识储备

本项目的设计有两个关键点：一是获得 CC2530 片内温度的 A/D 值；二是把 A/D 值转成温度值。本项目中，A/D 值设置为 12 位。值得注意的是，ADCL 和 ADCH 寄存器用 MSB 取值，即有效的 12 位数值在 ADCL 和 ADCH 寄存器中均靠左放置。要将这两个 8 位寄存器的数值连起来得到一个 16 位的 A/D 数据，先要在程序中首先将 ADCL 的数值右移 4 位，然后与 ADCH 的 8 位数值一起转换为 16 位，再左移 4 位后做并运算。但 CC2530 原厂给出的例程中是执行 ADCL>>2，ADCH<<6 以得到温度值，通过实验已证实这个计算方式是错误的。

因此需要考虑如何获得准确的温度数据，即 ADC 的值如何转为温度值？CC2530 芯片手册给出了 25℃时对应的 12 位 A/D 值为 1480，温度系数值为 4.5/10℃，这个 10℃也通过实验被证实手册有误，正确的应为 1℃，并且根据传感器温度系数的定义，手册中完整的温度系数应更正为 4.5 ppm/1℃，即 25℃时，A/D 值为 1480，温度每上升 1℃，A/D 值增加 4.5%。以上内容是 A/D 值转化为温度值的依据。

一、CC2530 内置 ADC 的特点

CC2530 内置的模/数转换器(ADC)主要有以下特点：

(1) 具有可选的采样率(7～12 位)。

(2) 具有 8 个独立的(单端或差分)输入通道。

(3) 参考电压可选为内部、外部单端、外部差分或 AVDD5(CC2530 的模拟量电压输入引脚)电压。

(4) 可产生中断请求。

(5) 可测量电池电压。

(6) 可测量芯片的内部温度。

二、ADC 输入端与采样率设置

P0 端口引脚上的信号可以用作 ADC 输入。在后面的描述中，这些端口引脚将被称为 AIN0～AIN7 引脚。输入引脚 AIN0～AIN7 连接到 ADC。

可以把输入配置为单端或差分输入。差分输入是 4 对输入引脚(AIN0-AIN1、AIN2-AIN3、AIN4-AIN5、AIN6-AIN7)间的电势差。注意，这些引脚不能使用负电源或者大于 VDD 的电源。

除了输入引脚 AIN0～AIN7，片上温度传感器的输出还可以选择用于温度测量的 ADC 输入。

可以选择一个对应 AVDD5/3 的电压作为 ADC 输入，这个输入可实现电池监测功能。注意，这种情况下的参考电压不能由电池电压决定。例如，AVDD5 电压不能作为参考电压。ADCCON2 (0xB5)和 ADCCON3 (0xB6)的控制寄存器如表 11-1 所示。

表 11-1　ADCCON2 (0xB5)和 ADCCON3 (0xB6)的控制寄存器

位	名称	复位	R/W	描　述
7，6	SREF[1:0]	00	R/W	参考电压选择。 00：内部参考电压；01：AIN7 引脚上的外部参考电压； 10：AVDD5 引脚；11：AIN6～AIN7 差分输入的外部参考电压
5，4	SDIV[1:0]	01	R/W	采样率设置。 00：64 采样率(7 位)；01：128 采样率(9 位)； 10：256 采样率(10 位)；11：512 采样率(12 位)
3～0	SCH[3:0]	0000	R/W	通道选择。 0000：AIN0；　0001：AIN1； 0010：AIN2；　0011：AIN3； 0100：AIN4；　0101：AIN5； 0110：AIN6；　0111：AIN7； 1000：AIN0～AIN1；1001：AIN2～AIN3； 1010：AIN4～AIN5；1011：AIN6～AIN7； 1100：GND；　1101：正电压参考； 1110：温度传感器；1111：VDD/3

ADCCON2.SDIV 设置采样率，ADCCON2.SCH 设置模拟量的输入通道，AIN0～AIN7 对应 P0_0～P0_7。ADCCON3 寄存器的参数与 ADCCON2 寄存器的完全相同，不同之处在于 ADCCON2 用于不断重复采集，ADCCON3 用于单次采集，如表 11-2 和表 11-3 所示。

表 11-2　TR0 (0x624B)：测试寄存器 0

位	名称	复位	R/W	描　述
7～1	—	0000 000	R0	保留，写作 0
0	ACTM	0	R/W	设置为 1 来连接温度传感器到 SOC_ADC

表 11-3　ATEST (0x61BD)：模拟测试控制

位号码	名称	复位	R/W	描　述
7，6	—	00	R0	保留，读作 0
5～0	ATEST_CTRL[5:0]	00 0000	R/W	控制模拟测试模式。 00 0001：使能温度传感器

三、ADC 运行模式

ADC 具有三个控制寄存器：ADCCON1、ADCCON2 和 ADCCON3，如表 11-4 所示。

表 11-4　ADCCON1 (0xB4)：ADC 控制

位	名称	复位	R/W	描　　述
7	EOC	0	R/H0	转换结束标志位。 0：转换没有完成；1：转换完成
6	ST	0		开始转换。 0：没有转换正在进行； 1：如果 ADCCON1.STSEL = 11 并且没有序列正在运行，就启动一个转换序列
5，4	STSEL[1:0]	11	R/W1	启动方式选择。 00：P2.0 引脚的外部触发； 01：立即开始转换； 10：定时器 1 通道 0 比较事件； 11：ADCCON1.ST = 1
3，2	RCTRL[1:0]	00	R/W	16 位随机数发生器控制。 00：正常运行； 01：LFSR 的时钟一次； 10：保留； 11：关闭随机数发生器

由表 11-4 可以看出，ADCCON1.EOC 位是一个状态位，当一个转换结束时该位置 1，当读取 ADCH 时清除该位。

ADCCON1.ST 位用于启动一个转换序列。当该位置 1，ADCCON1.STSEL 位为 11，且当前没有正在进行的转换时，将启动一个序列。当这个序列转换完成，该位就自动清除。

ADCCON1.STSEL 位用于选择哪个事件将启动一个新的转换序列。可以被选择的事件选项有：外部引脚 P2.0 上的上升沿，前一个序列的结束，定时器 1 通道 0 比较事件或 ADCCON1.ST 置 1。

四、ADC 转换结果

数字转换结果放置在 ADCH、ADCL 寄存器中，以 2 的补码形式表示。对于单端配置(即仅一路 ADC 采集的对地电压)，转换结果总为正。当 ADCCON1.EOC 置 1 时，表示转换完成，此时可以读出 ADCH 和 ADCL 中的数据，如表 11-5 和表 11-6 所示。

表 11-5　ADCL (0xBA)：ADC 数据低位

位	名称	复位	R/W	描　　述
7～2	ADC[5:0]	000000	R	ADC 转换结果的低位部分
1，0	—	00	R0	没有使用

表 11-6　ADCH (0xBB)：ADC 数据高位

位	名称	复位	R/W	描　　述
7～0	ADC[13:6]	0x00	R	ADC 转换结果的高位部分

ADCH 的最高位是符号位，对于单个 ADC 的电压测量，结果总为正，所以符号位总是 0，用到 bit6～bit0，计 7 位；ADCL 的低 2 位(bit0,bit1)系统保留，bit2 不用，所以用到 bit7～bit3，计 5 位。

根据表 11-1 中 SDIV[1:0]的 4 种采样率设置，对应的有效分辨率如下：

00: 64 decimation rate (7 bits ENOB)：ADCH 低 7 位。

01: 128 decimation rate (9 bits ENOB)：ADCH 低 7 位 + ADCH 高 2 位。

10: 256 decimation rate (10 bits ENOB)：ADCH 低 7 位 + ADCH 高 3 位。

11: 512 decimation rate (12 bits ENOB)：ADCH 低 7 位 + ADCL 高 5 位。

项目实施

一、设备和资源准备

项目实施前必须先准备好相应的设备和资源，见表 11-7。

表 11-7　设备和资源清单

序号	设备/资源名称	数量	单位	是否准备到位(√)
1	CC2530 模块	1	个	
2	CC Debugger 仿真器(带下载线)	1	个	
3	Mini USB 供电线或 5 号电池	1	根/个	

二、实验模块原理图

本实验使用 CC2530 的片内 ADC 外设采集芯片的内部温度，片内 ADC 的内部硬件信号连接如图 11-1 所示。

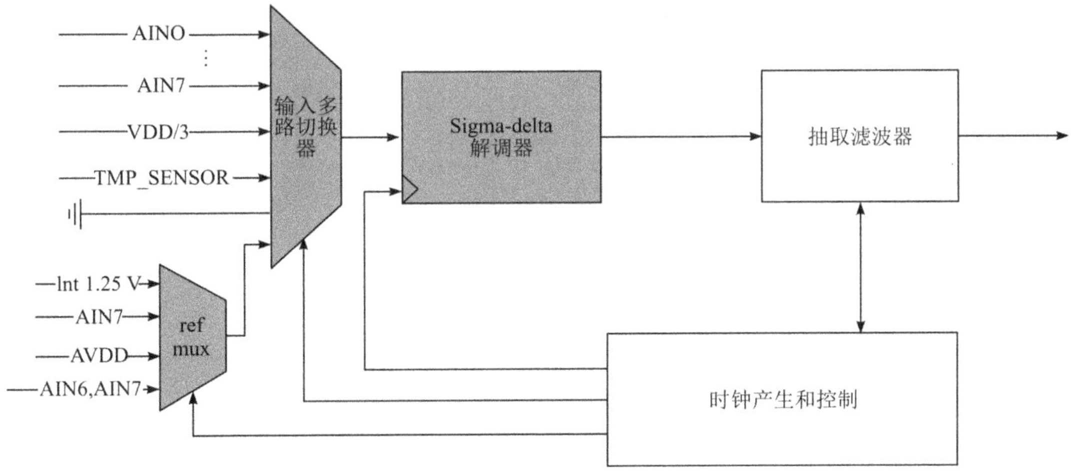

图 11-1　CC2530 片内 ADC 硬件连接图

三、实施过程

1. 连接设备

将 CC Debugger 仿真器的接口与 CC2530 实验模块(实验模块使用“求助按钮 V1.0”)相连，仿真器另一端用 USB 数据线连接到 PC 上，如图 11-2 所示。

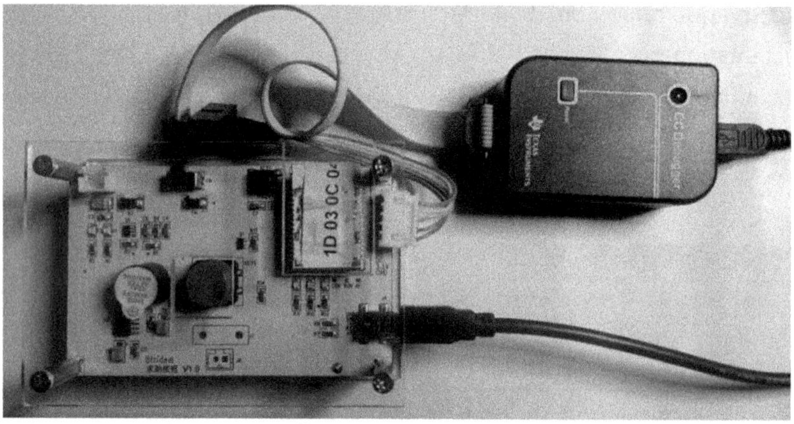

图 11-2　实验接线图

2. 设计程序

1) 创建工程

打开 IAR，新建一个 C Project 工程(具体步骤请参照项目二)。

2) 设计程序流程图

程序流程图如图 11-3 所示。

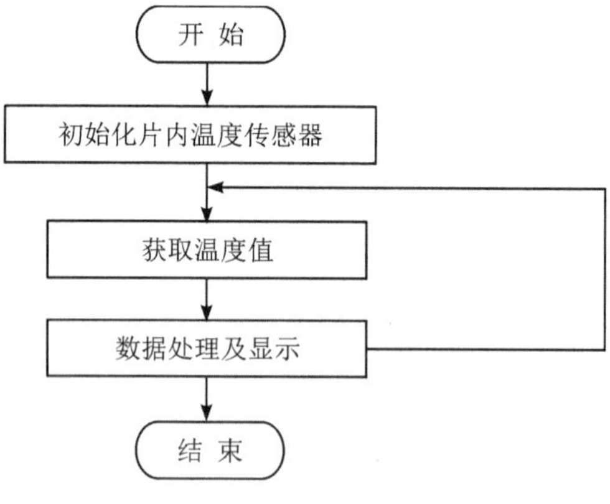

图 11-3　程序流程图

3) 编写代码

完整的程序源代码见课程资源，主要功能代码如下。

(1) 引用相应头文件：

```
#include <ioCC2530.h>
#include <stdio.h>
```

```
#include <string.h>
```

(2) 对 I/O 口进行初始化：

```
函数名称：IO_Init
功能：完成 I/O 口初始化
void IO_Init(void)
{
  P1DIR |= 0x04;        //P1_2 端口定义为输出，对应蜂鸣器
  Beeper = 0;           //关闭蜂鸣器
}
```

(3) 对串口进行初始化：

```
函数名称：InitUART
功能：完成串口初始化
void InitUART(void)
{
   PERCFG = 0x00;                    //位置 1：P0 口
   P0SEL = 0x0C;                     //P0 用作串口
   P2DIR &= ~0xC0;                   //P0 优先作为 UART0
   U0CSR |= 0x80;                    //串口设置为 UART 方式
   U0GCR |= 11;
   U0BAUD |= 216;                    //波特率设为 115 200
   UTX0IF = 1;                       //UART0 TX 中断标志位初始值置 1
   U0CSR |= 0x40;                    //允许接收
   IEN0 |= 0x84;                     //开总中断，接收中断
}
```

(4) 串口发送函数：

```
函数名称：UartSendString
功能：将特定长度的字符串发送出去
void UartSendString(char *Data, int len)
{
   uint i;
   for(i=0; i<len; i++)
   {
      U0DBUF = *Data++;
      while(UTX0IF == 0);
      UTX0IF = 0;
   }
   U0DBUF = 0x0A;                          //输出换行
   while(UTX0IF == 0);
```

```
    UTX0IF = 0;
}
```

(5) 对温度传感器进行初始化：

```
函数名称：InitTempSensor
功能：完成芯片内部自带温度传感器的初始化
void InitTempSensor(void)
{
  IEN0=IEN1=IEN2=0X00;      //关闭所有中断
  TR0=0x01;                 //设置为 1，连接温度传感器到 SOC_ADC
  ATEST=0x01;               //使能温度传感器
}
```

(6) 获取温度传感器的温度值：

```
函数名称：GetTemperature
功能：完成对温度传感器的 A/D 采样，并转换为实际温度值
float GetTemperature(void)
{
  uint   value=0;
  ADCCON3   = (0x3E);           //选 12 位采样率；对片内温度传感器采样
  ADCCON1 |= 0x30;              //选择 ADC 的启动模式为手动
  ADCCON1 |= 0x40;              //启动 A/D 转换
  while(!(ADCCON1 & 0x80)); //等待  A/D  转换完成
  value =   ADCL >> 4;          //ADCL 寄存器低 2 位无效，由于只有 12 位有效，因此 ADCL
                                寄存器低 4 位无效
  value |= (((uint)ADCH) <<4);
  return (value*0.015)+2.778;   //根据芯片手册的温度系数得到 A/D 值转化为温度值的转换公式
}
```

(7) 主函数循环采样温度数据，通过串口发送到 PC：

```
函数名称：main
功能：调用 A/D 采样函数获得温度值，将温度数据做加权平均后通过串口发送
void main(void)
{
  CLKCONCMD &= ~0x40;             //设置系统时钟源为 32 MHz 晶振
  while(CLKCONSTA & 0x40);        //等待晶振稳定
  CLKCONCMD &= ~0x47;             //设置系统主时钟频率为 32 MHz
char i;
  float AvgTemp;
  char strTemp[6];
  IO_Init();
```

```
InitUART();                          //初始化串口
InitTempSensor();                    //初始化 ADC
while(1)
{
  AvgTemp = GetTemperature();
  for (i=0; i<63; i++)
  {
    AvgTemp += GetTemperature();
    AvgTemp = AvgTemp/2;             //加权计算温度可以减少误差
  }
  memset(strTemp, 0, 6);
  sprintf(strTemp,"%.02f", AvgTemp); //将浮点数转成字符串
  UartSendString(strTemp, 5);        //通过串口发给电脑显示芯片温度
  Delayms(1000);                     //延时
} }
```

4) 编译运行

点击工具栏中的“Compile”编译按钮 ，保存工作空间，当下方信息框提示“0 error(s)”时，说明代码正确，再点击“Download and Debug”按钮 就可以把生成的 Hex 文件烧写进 CC2530 中，如图 11-4 所示。

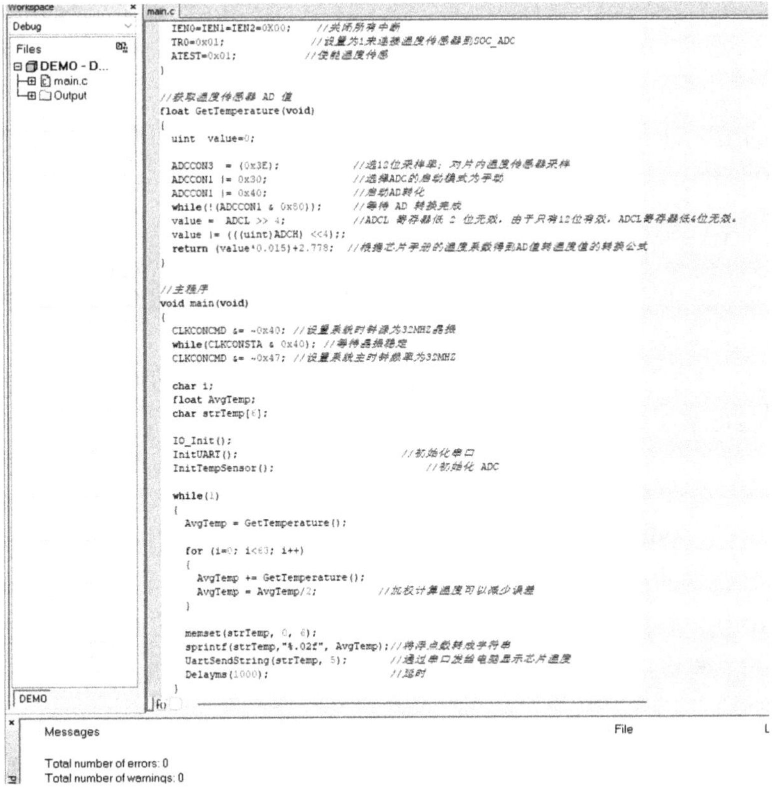

图 11-4　IAR 软件编译界面

项目成果

按下仿真器或者 CC2530 实验模块上的 Reset 复位键，打开串口调试助手，设置波特率为 115200，串口调试助手将会收到来自 CC2530 的片内温度，如图 11-5 所示。

图 11-5　串口获得 CC2530 片内温度值

拓展训练

1. 训练描述

本实验利用 CC2530 的 ADC 功能采集到片内温度值，采集数据通过 64 次采样平均后，得到准确度高且稳定的温度值(但相应地会在一定程度上牺牲获取温度数据的速度)，通过串口助手发送给 PC 每隔 1 s 显示出来。拓展训练可以更改温度采样的平均次数，从而获得更准确稳定的温度数值，或获得更快的读取温度速度。

2. 训练要求

将 64 次平均采样更改为 128 次平均采样，然后更改为 32 次平均采样。

项目总结

项目完成后认真填写表 11-8，记录整个项目的完成步骤及完成效果。

表 11-8　项 目 报 告 表

<table>
<tr><td>课程名称</td><td></td><td>项目名称</td><td colspan="3"></td></tr>
<tr><td>班级</td><td></td><td>姓名</td><td></td><td>学号</td><td></td></tr>
<tr><td>组长</td><td></td><td>小组成员</td><td colspan="3"></td></tr>
<tr><td rowspan="5">项目报告</td><td colspan="5">(报告必须包含以下几点：一、项目目的；二、项目计划；三、项目实施过程；四、项目总结；五、体会，可附页)</td></tr>
<tr><td colspan="2" rowspan="4"></td><td>日期</td><td colspan="2">年　月　日</td></tr>
<tr><td rowspan="3">项目成员签名</td><td></td><td></td></tr>
<tr><td></td><td></td></tr>
<tr><td></td><td></td></tr>
</table>

项目评价

根据项目完成情况，由学生自评、项目组互评、教师评分给予综合评判。学生也可参考评分细节重点掌握相关环节需要达到的能力要求。考核评价表如表 11-9 所示。

表 11-9 考核评价表

<table>
<tr><td colspan="2">评价要素</td><td>分值</td><td>学生自评
(30%)</td><td>项目组互评
(20%)</td><td>教师评分
(50%)</td><td>各项总分</td><td>合计</td></tr>
<tr><td rowspan="6">能力考核</td><td>接线正确</td><td>10</td><td></td><td></td><td></td><td></td><td rowspan="6"></td></tr>
<tr><td>驱动安装正确</td><td>10</td><td></td><td></td><td></td><td></td></tr>
<tr><td>完成代码</td><td>10</td><td></td><td></td><td></td><td></td></tr>
<tr><td>完成 ADC 采集芯片内温度</td><td>10</td><td></td><td></td><td></td><td></td></tr>
<tr><td>完成拓展训练</td><td>10</td><td></td><td></td><td></td><td></td></tr>
<tr><td>项目报告</td><td>20</td><td></td><td></td><td></td><td></td></tr>
<tr><td rowspan="4">素质考核</td><td>学习态度</td><td>5</td><td></td><td></td><td></td><td></td><td rowspan="4"></td></tr>
<tr><td>工作态度</td><td>10</td><td></td><td></td><td></td><td></td></tr>
<tr><td>合作交流</td><td>5</td><td></td><td></td><td></td><td></td></tr>
<tr><td>出勤</td><td>10</td><td></td><td></td><td></td><td></td></tr>
<tr><td colspan="2">学生自评签名：</td><td colspan="3">项目组互评签名：</td><td colspan="3">教师签名：</td></tr>
</table>

项目十二

温湿度采集系统设计

项目导入

顾名思义，温湿度传感器就是对温度和湿度敏感的传感器。在生活中，人所处环境的温湿度高低会直接影响到人的体温调节功能和热传导效应。人的体感适应度会影响学习、工作的效率。科技的进步，让众多对环境温湿度有特定需求的场景有了更便捷的管理方式，如通信机房、智能家居、医药行业、冷链运输、仓库、酒窖、温室大棚、孵化基地等场所都需要温湿度传感器来采集数据，进行科学高效的管理、分析和控制。

本项目将基于 CC2530 单片机和 SHT10 数字温湿度传感器(如图 12-1 所示)模拟一个智慧农场系统，采集实时温湿度数据，以监测大棚里的相关温湿度环境数据。

图 12-1　SHT10 数字温湿度传感器

项目要求

根据用户需求，通过 SHT10 数字温湿度传感器实时采集数据。

(1) 搭建开发环境。

(2) 设计温湿度数据采集程序，实现 SHT10 实时温湿度数据采集。

项目分析

本项目需要采集温湿度的实时数据，可以使用 SHT10 数字温湿度传感器和 CC2530 的串口功能来实现。采集传感器的实时数据是单片机学习中的重要知识点之一。在本项目中，我们可以通过单片机的串口功能来实时显示温湿度数据。

项目目标

(1) 掌握 SHT10 与 CC2530 的电路连接方式。
(2) 掌握 SHT10 温湿度传感器的使用方法。
(3) 掌握温湿度数据采集程序的设计方法。
(4) 学会与程序相关的 SFR 配置。

知识储备

要完成这个项目的设计，首先要了解 SHT10 与 MCU 的连接方式，然后掌握 SHT10 数据采集的原理，以及与 SHT10 数据采集相关的特殊功能寄存器的参数配置及应用开发。

一、SHT10 的特点

SHT10 数字温湿度传感器主要有以下几个特点：
(1) 响应快、抗干扰能力强；
(2) 性价比高、可靠性高、稳定性高；
(3) 采用单总线串行接口，便于 MCU 的信息采集；
(4) 代码易移植到各种开发环境中；
(5) 接口简单、响应速度快；
(6) 测湿精度±4.5%RH，测温精度±0.5℃。

二、SHT10 与 MCU 的连接方式

SHT10 的供电电压范围为 2.4～5.5 V，建议供电电压为 3.3 V。SHT10 与 MCU 连接时，在电源引脚 VDD 与 GND 之间须加一个 100 nF 的电容，用于去耦滤波，如图 12-2 所示。

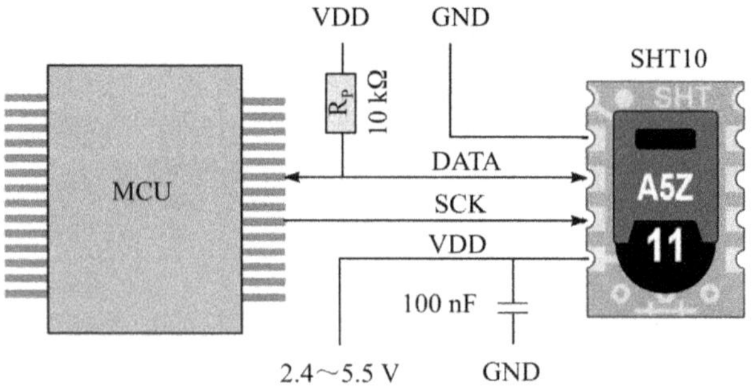

图 12-2　SHT10 与 MCU 连接示意图

三、SHT10 的数据采集

图 12-3 为 SHT10 的时序图，加粗的 DATA(串行数据)线由传感器控制，普通的 DATA 线由单片机控制。有效时间依据 SCK(串行时钟)的时序。数据读取的有效时间为前一个切换的下降沿。相应参数解释见表 12-1 中。

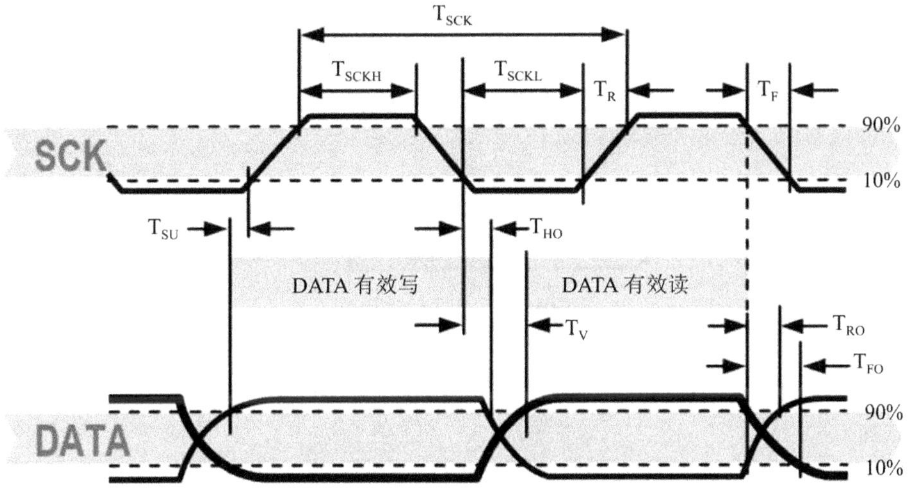

图 12-3　SHT10 的时序图

表 12-1　SHT10 I/O 信号特性

参数	参数含义	条件	最小值	典型值	最大值	单位
F_{SCK}	SCK 频率	VDD > 4.5 V	0	0.1	5	MHz
		VDD < 4.5 V	0	0.1	1	MHz
T_{SCKH}/T_{SCKL}	SCK 高/低时间		100			ns
T_R/T_F	SCK 上升/下降时间		1	200		ns
T_{FO}	DATA 下降时间	OL = 5 pF	3.5	10	20	ns
		OL = 100 pF	30	40	200	ns
T_{RO}	DATA 上升时间					ns
T_V	DATA 有效时间		200	250		ns
T_{SU}	DATA 设置时间		100	150		ns
T_{HO}	DATA 保持时间		10	15		ns

注：OL 表示输出负载。

1. 启动传感器

选择供电电压后将传感器通电，上电速率不能低于 1 V/ms。通电后传感器需要 11 ms 进入休眠状态，在此之前不允许对传感器发送任何命令。

2. 发送命令

用一组“启动传输”时序来完成数据传输的初始化，包括：当 SCK 时钟在高电平时 DATA 翻转为低电平，紧接着 SCK 变为低电平，随后 SCK 时钟在高电平时 DATA 翻转为高电平。启动传输时序参照图 12-4。

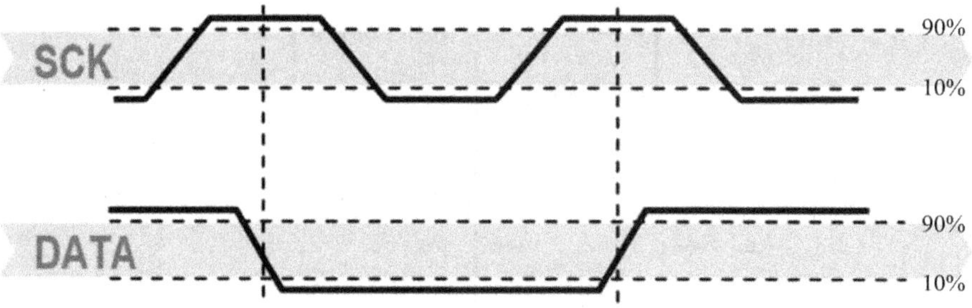

图 12-4 启动传输时序

后续命令包含 3 个地址位(目前只支持“000”)和 5 个命令位。SHT10 会以下述方式表示已正确接收到指令：在第 8 个 SCK 时钟的下降沿之后，将 DATA 下拉为低电平(ACK 位)；在第 9 个 SCK 时钟的下降沿之后，释放 DATA(恢复高电平)。具体命令集参照表 12-2。

表 12-2 SHT10 命令集

命 令	代 码
预留	0000x
温度测量	00011
湿度测量	00101
读状态寄存器	00111
写状态寄存器	00110
预留	0101x～1110x
软复位，接口复位，状态寄存器复位(恢复为默认状态，在发送下一个命令前至少等待 11 ms)	11110

3. 温湿度测量

发布一组测量命令(“00000101”表示相对湿度 RH，“00000011”表示温度 T)后，控制器要等待测量结束。这个过程需要大约 20/80/320 ms，分别对应 8/12/14 bit 测量。确切的时间取决于内部晶振速度，最多可能有−30%的变化幅度。SHT10 通过下拉 DATA 至低电平并进入空闲模式，表示测量的结束。控制器在再次触发 SCK 时钟前，必须等待“数据备妥”信号来读出数据。检测数据可以先存储起来，这样控制器可以继续执行其他任务，在需要时再读出数据。

接着传输 2 个字节的测量数据和 1 个字节的 CRC 奇偶校验(可选择读取)。外部控制器需要通过下拉 DATA 为低电平，以确认每个字节。所有的数据从最高有效位(MSB)开始传输，右值有效(例如：对于 12 bit 数据，从第 5 个 SCK 时钟起算作 MSB；而对于 8 bit 数据，首字节无意义)。

在收到 CRC 确认位之后，表明通信结束。如果不使用 CRC 校验，控制器可以在测量值 LSB 后，通过保持 ACK 高电平终止通信。在测量和通信完成后，SHT10 自动转入休眠模式。

注意：为确保自身温升小于 0.1℃，SHT1x 的激活时间应小于测量值的 10%。例如，对于 12 bit 测量，最多 1 秒 1 次。

4. 通信复位时序

如果 SHT10 通信中断，可通过下列信号时序复位：当 DATA 保持高电平时，触发 SCK 时钟 9 次或更多，见图 12-5，接着发送一个“传输启动”时序。这些时序只能复位串口，状态寄存器中的内容仍然保留。

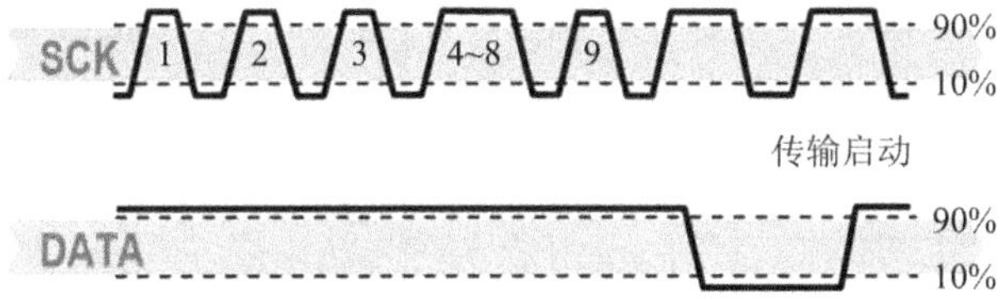

图 12-5　复位时序

四、项目中用到的 SFR

本项目中用到的 SFR 包括 P0、P0DIR、P0SEL、PERCFG、P2DIR、U0CSR、U0GCR、U0BAUD。其中：P0 用于控制 P0 口外部引脚的电平高低；P0SEL 用于设置 P0 口外部引脚是作为通用 I/O 口还是外设；P0DIR 用于设置 P0 口外部引脚的输入/输出方向；PERCFG 用于配置串口的备用位置是备用位置 1 还是备用位置 2；P2DIR 用于设置 P0 端口外设优先级控制位；U0CSR 用于设置串口的模式以及接收器的状态；U0GCR 和 U0BAUD 用于设置串口的波特率。寄存器配置请参照前面的章节。

项目实施

一、设备和资源准备

项目实施前必须先准备好相应的设备和资源，见表 12-3。

表 12-3　设备和资源清单

序号	设备/资源名称	数量	单位	是否准备到位(√)
1	CC2530 模块	1	个	
2	SmartRF04EB(或 CC-Debugger)仿真器	1	个	
3	USB 转 TTL 数据线	1	根	
4	SHT10 温湿度数据采集模块	1	个	
5	SPI 烧入线	1	根	

二、实验模块原理图

SHT10 数字温湿度模块原理图如图 12-6 所示。传感器上电后，要等待 11 ms，从“休眠”状态恢复，在此期间不发送任何指令。电源引脚 VDD 和 GND 之间须增加 1 个 100 nF 的电容，用于去耦滤波。

SCK 引脚是 MCU 与 SHT10 之间通信的同步时钟，由于接口包含了全静态逻辑，因此没有最小时钟频率。

DATA 引脚是 1 个三态门，用于 MCU 与 SHT10 之间的数据传输。DATA 的状态在串行时钟 SCK 的下降沿之后发生改变，在 SCK 的上升沿有效。在数据传输期间，当 SCK 为高电平时，DATA 数据线上必须保持稳定状态。

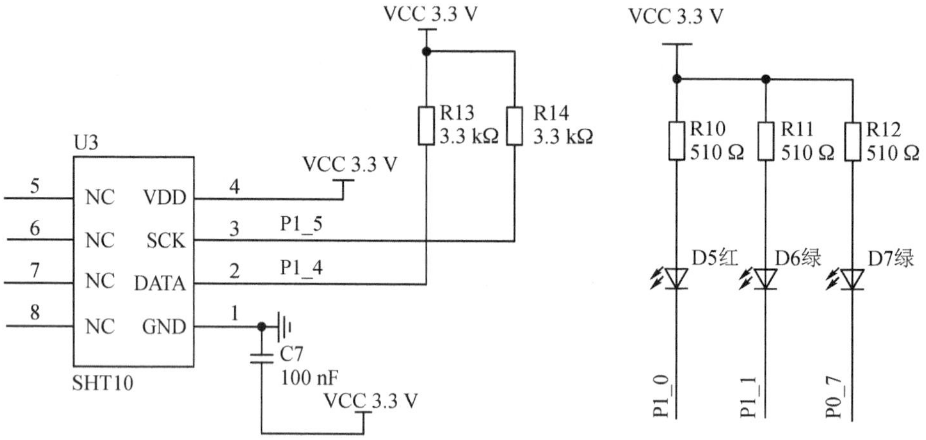

图 12-6　SHT10 模块原理图

三、实施过程

1. 连接设备

将 CC-Debugger 仿真器的 JTAG 接口与 CC2530 模块相连，仿真器另一端用 USB 数据线连接到 PC 上，如图 12-7 所示。对应接线引脚如表 12-4 所示。

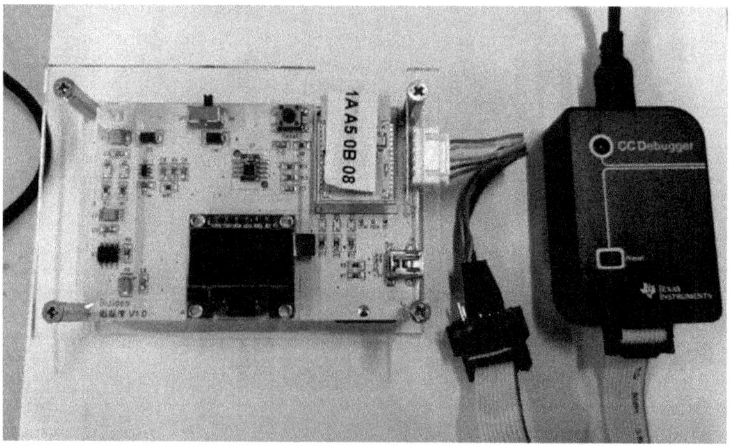

图 12-7　实验接线图

表 12-4　接线引脚一览表

CC2530 模块	USB 转 TTL 模块
TXD	RXD
RXD	TXD
GND	GND

将 USB 转 TTL 连接线一端与 CC2530 模块相连，即 USB 转 TTL 连接线的 RX 接 CC2530 的 P0_3，USB 转 TTL 连接线的 TX 接 CC2530 的 P0_2，再把两个设备的地线相连。USB 转 TTL 连接线另一端接 PC。

2. 设计程序

1) 设计程序流程图

程序流程图如图 12-8 所示。

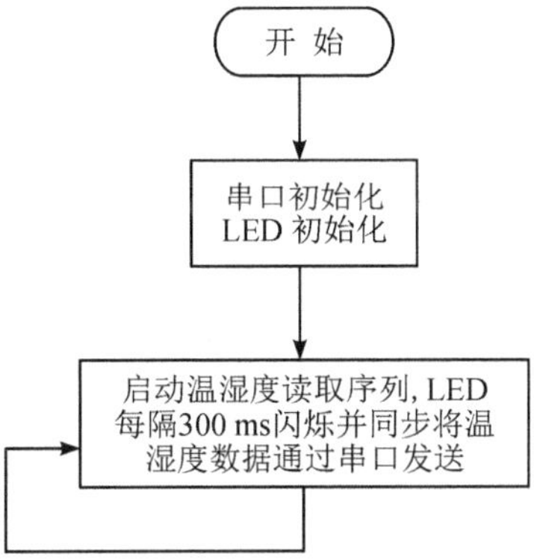

图 12-8　程序流程图

2) 创建工程

打开 IAR，新建一个 C Project 工程(具体步骤请参照项目二)。

3) 编写代码

完整的程序源代码见课程资源，主要功能代码如下。

(1) 引用相应头文件：

```
#include <ioCC2530.h>
#include <string.h>
#include <stdio.h> //函数声明
```

(2) 根据 SHT10 传感器的启动规则，定义 SHT10 的启动函数：

```
函数名称：sth10_start
功能：启动传输函数
void sth10_start(void){
    SDA=1;
    i2c_delay(I2C_L);
    SCL=0;
    i2c_delay(I2C_L);
    SCL=1;
    i2c_delay(I2C_L);
    SDA=0;
    i2c_delay(I2C_L);
    SCL=0;
    i2c_delay(I2C_L);
```

```
    SCL=1;
    i2c_delay(I2C_L);
    SDA=1;
    i2c_delay(I2C_L);
    SCL=0;
    i2c_delay(I2C_L);
}
```

(3) 启动传输函数，写入相应的字节，设置成输入模式：

```
函数名称：rd_sth10_temp_start
功能：发送读温度命令函数
void rd_sth10_temp_start(void){
    uint8 ll;
    sth10_start();
    ll=RD_TEMP;
    sth10_wr_byte(ll);
    set_sth10_in();
}
```

(4) 读取温度的高位和低位，最后通过相应的公式进行转换：

```
函数名称：rd_sth10_temp
功能：读温度函数
uint16 rd_sth10_temp(void){
    uint8 ll,hh;
    uint16 y;
     hh=sth10_rd_byte(ACK);
     ll=sth10_rd_byte(ACK);
     sth10_rd_byte(NO_ACK);//无应答，数据读取完毕，终止通信
     end_sth10();//终止通信
     y=hh*256+ll;
     return(y);
}
```

(5) 湿度的数值与上面的温度类似，不再一一列举。

(6) 根据 SHT10 传感器的特性，对温湿度传感器进行数据校准：

```
函数名称：calc_sth11
功能：温湿度数据校准函数
void calc_sth11(float p_humidity ,float p_temperature)    //修正公式参见 STH10 硬件手册
{
   const float C1=-4.0;                                   // for 12 位(湿度)修正公式
   const float C2=+0.0405;                                // 12 位(湿度)修正公式
```

```
    const float C3=-0.0000028;              // 12 位(湿度)修正公式
    const float T1=+0.01;                   // 5V 14 位(温度)修正公式
    const float T2=+0.00008;                // 5V 14 位(温度)修正公式
    float rh=p_humidity;
    float t=p_temperature;
    t_C=t*0.01 - 40;                        //补偿温度
    rh_lin=C3*rh*rh + C2*rh + C1;           //相对湿度非线性补偿

    rh_true=(t_C-25)*(T1+T2*rh)+rh_lin;     //相对湿度对于温度依赖性补偿
    if(rh_true>100)rh_true=100;             //湿度最大修正
    if(rh_true<0.1)rh_true=0.1;             //湿度最小修正
}
```

(7) 通过串口发送函数，将温湿度数据发送至串口调试助手进行查看。

项目成果

按下仿真器或者 CC2530 模块上的 Reset 复位键，打开串口调试助手，设置波特率为 115 200，串口调试助手将会收到 SHT10 采集到的环境温湿度数据。串口调试助手显示的数据如图 12-9 所示。

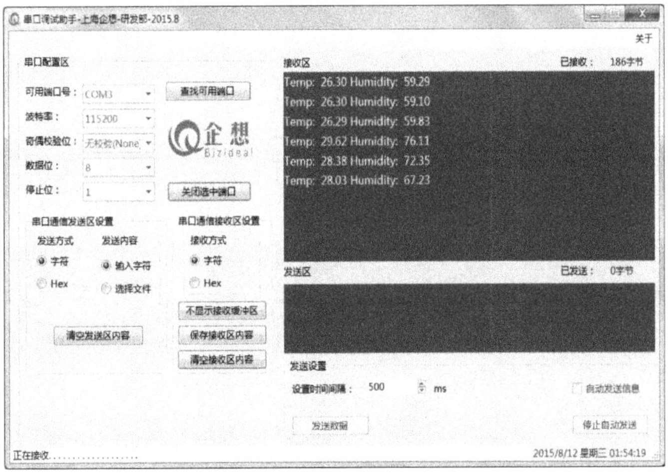

图 12-9　串口调试助手显示的数据

拓展训练

1. 训练描述

以上实验只是利用 CC2530 开发板以及 SHT10 完成了温湿度数据的实时采集，如果要完善一个温湿度控制系统，则需要用到更多的功能。

2. 训练要求

(1) 通过按键中断功能来控制是否需要实时采集数据。

(2) 增加策略，当温度和湿度超过一定范围时，在串口调试助手中会显示异常提醒语句。

(3) 温湿度数据在不同的范围时，会有相对应的指示灯提示。

项目总结

项目完成后认真填写表 12-5，记录整个项目的完成步骤及完成效果。

表 12-5　项 目 报 告 表

<table>
<tr><td>课程名称</td><td></td><td>项目名称</td><td colspan="3"></td></tr>
<tr><td>班级</td><td></td><td>姓名</td><td></td><td>学号</td><td></td></tr>
<tr><td>组长</td><td></td><td>小组成员</td><td colspan="3"></td></tr>
<tr><td rowspan="5">项目报告</td><td colspan="5">(报告必须包含以下几点：一、项目目的；二、项目计划；三、项目实施过程；四、项目总结；五、体会，可附页)</td></tr>
<tr><td colspan="3" rowspan="4"></td><td>日期</td><td>年　月　日</td></tr>
<tr><td rowspan="3">项目成员签名</td><td></td></tr>
<tr><td></td></tr>
<tr><td></td></tr>
</table>

项目评价

根据项目完成情况，由学生自评、项目组互评、教师评分给予综合评判。学生也可参考评分细节重点掌握相关环节需要达到的能力要求。考核评价表如表 12-6 所示。

表 12-6　考核评价表

评价要素		分值	学生自评(30%)	项目组互评(20%)	教师评分(50%)	各项总分	合计
能力考核	接线正确	10					
	驱动安装正确	10					
	完成代码	10					
	采集数据正常	10					
	完成拓展训练	10					
	项目报告	20					
素质考核	学习态度	5					
	工作态度	10					
	合作交流	5					
	出勤	10					
学生自评签名：		项目组互评签名：			教师签名：		

项目十三

PWM 控制 LED 的亮度

项目导入

随着物联网技术的普及和发展，LED 在智能家居领域得到了广泛的应用，市场上已经有非常多的智能灯，这些智能灯普遍具有“无级调光”功能，可以让用户具有良好的产品体验。LED 光源的亮度控制成为了智能家居的基本功能之一，那么这种“无级调光”功能是通过什么技术来实现的呢？本项目将通过脉冲宽度调制(Pulse Width Modulation，PWM)控制技术完成一个调光系统，让不同的 LED 灯显示不同状态。对比前面的项目，本项目将增加 LED 呼吸灯的效果，让 LED 的展示效果更加绚丽多彩。

项目要求

根据用户需求，通过 PWM 控制 LED 的亮度。

(1) 利用延时函数模拟简易的 PWM，实现对 LED 不同亮度的调节。

(2) 利用 CC2530 定时器 3 通过 PWM 控制 LED 的亮度。

项目分析

本项目需要使用 PWM 控制技术完成 LED 亮度的控制。为达到项目要求(1)，我们需要基于 PWM 的原理掌握 PWM 的编程思路；为达到项目要求(2)，需掌握 CC2530 定时器 3 的配置方法，并掌握使用定时器 PWM 控制 LED 的编程方法。

项目目标

(1) 掌握 PWM 的原理。

(2) 掌握 PWM 的编程思路和方法。

(3) 掌握 CC2530 定时器 3 的 PWM 配置方法。

知识储备

要完成这个项目的设计，首先要掌握 PWM 的原理，以及相关特殊功能寄存器的参数配置及应用开发。

一、PWM 技术简介

PWM 是一种模拟/数字转换技术，用于实现固定周期信号中频率或幅度的变化。它在智能照明、路灯控制和高效的能源支持等自动化领域得到了广泛应用。

PWM 的原理是将脉冲信号的占空比以及信号的周期，以模拟信号的形式输出，从而控制目标的功率。脉冲宽度指的是单位时间内信号的持续时间，一般用占空比作为衡量指标。占空比的大小决定了脉冲信号的有效幅度，从而影响着控制信号的强度。如果脉冲宽度变大，则信号的强度也会变大，反之亦然，这样可以实现控制信号的变化以及其对被控制目标的影响。PWM 控制技术以其控制简单、灵活和动态响应好的优点而成为电力电子技术广泛应用的控制方式，也是人们研究的热点。

PWM 调光具有很高的精度，适用于多种情景需求，提供了一种较为准确的控制信号。此外，它还有利于减少系统负载及能源浪费。更重要的是，PWM 调光能够提高光源的稳定性及耐久性，光源不会因为过热而烧坏，主要应用在电机调速、直流供电、开关电源提供、灯光亮度控制等领域。

PWM 通过调整脉冲占空比来调整电压、电流、功率，最终实现光亮度的调整。其基本原理是在一定的时间内用高低电平所占的不同比例来控制一个对象，比如在 1ms 内，高电平占 0.3 ms，低电平占 0.7 ms。如果用高电平去闭合一个开关，此开关再去控制一个 LED，用低电平断开这个开关，那么在 1 ms 内，这个 LED 只能通电 0.3 ms，而 0.7 ms 内是不通电的，通电时间占比为 30%。如果把高电平的时间延长到 0.7 ms，则低电平只有 0.3 ms，此时 LED 的通电时间占比就变成了 70%。LED 获得的能量变大，亮度自然就提高了。图 13-1 为 LED 在不同亮度时 PWM 对应的脉冲周期图。

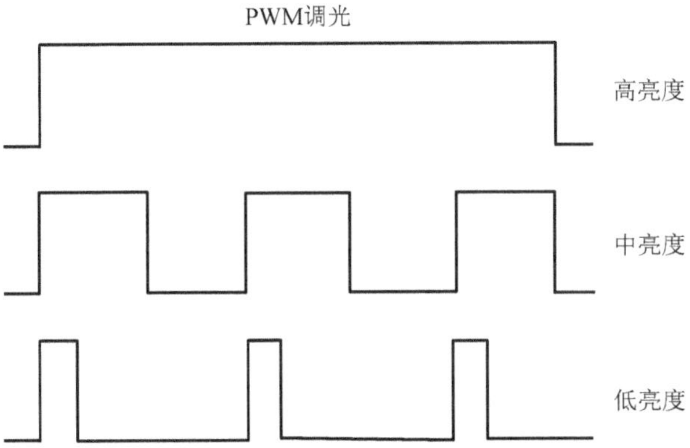

图 13-1　不同亮度时 PWM 对应的脉冲周期图

二、定时器 3 的工作原理

为达到本项目要求(2)，将使用定时器 3 的输出比较功能和计数模式中的模模式。

1. 定时器 3 的功能

(1) 具有输入捕获功能，可选择上升沿、下降沿或任何边沿进行输入捕获。

(2) 具有输出比较功能，输出可选择设置、清除或切换。

(3) 具有 2 个独立的捕获/比较通道，每个通道使用一个 I/O 引脚。

(4) 具有自由运行、倒计数、模、正/倒计数四种不同的工作模式。

(5) 具有可被1、2、4、8、16、32、64或128整除的时钟分频器，为计数器提供计数信号。

(6) 可在每个捕获/比较和最终计数上产生中断请求。

(7) 具有触发DMA功能。

定时器3通过输出比较功能也可以实现简单的PWM控制。

2. 定时器3的计数模式

(1) 自由运行模式：如果是8位定时器，则从0x00到0xff进行反复计数；如果是16位定时器，则从0x0000到0xffff进行反复计数。

(2) 倒计数模式：该模式相对于自由模式需要多配置一个峰值寄存器T3CC0，定时器开启后，计数器从T3CC0的值到0x00进行单次计数，如需循环，则从定时器中断执行程序中再次启动定时器即可。

(3) 模模式：该模式将从0x00到T3CC0的值进行循环计数。

(4) 正/倒计数模式：该模式将从0x00到T3CC0的值，再从T3CC0的值到0x00，如此循环往复计数。

3. 定时器3的输入捕获/输出比较模式

1) 输入捕获模式

当通道配置为输入捕获通道时，该通道相关的I/O引脚将为输入。定时器启动之后，输入引脚上的一个上升沿、下降沿或任何边沿都会触发一个捕获，即捕获8位计数器内容到相关的捕获寄存器中。因此，定时器能够捕获一个外部事件发生的时间。

注意：在定时器使用一个I/O引脚之前，所需的I/O引脚必须配置为定时器3外设引脚。通道输入引脚与内部系统时钟是同步的。因此，输入引脚上的脉冲的最小持续时间必须大于系统时钟周期。通道n的8位捕获寄存器的内容从寄存器T3CCn/T4CCn中读出。当发生一个捕获时，将设置相应通道的中断标志TIMIF.TxCHnIF。如果设置了相应的中断屏蔽位TxCCTLn.IM，将产生一个中断请求。

2) 输出比较模式

在输出比较模式下，与该通道相关的I/O引脚必须设置为输出。定时器启动之后，将比较计数器的内容和通道比较寄存器TxCC0n的内容。如果二者的内容相同，则根据输出比较模式TxCCTL.CMP1:0的设置，输出引脚被置1、清0或切换。对于简单PWM，最好使用输出比较模式4/5。当发生一个比较时，将设置相应通道的中断标志TIMIF.TxCHnIF。如果设置了相应的中断屏蔽位TxCCTLn.IM，将产生一个中断请求。

三、项目中用到的SFR

本项目中用到的SFR包括P1DIR、T3CNT、T3CTL、T3CCTL0、T3CC0。其中：P1DIR用于设置P1口外部引脚的输入/输出方向；T3CNT用于设置定时器3的计数器；T3CTL用于控制定时器3；T3CCTL0用于设置定时器3通道0捕获/比较控制；T3CC0用于设置定时器3通道0捕获/比较值。具体寄存器描述如表13-1～表13-5所示。

表 13-1　P1DIR(0xFE)：P1 端口方向

位	名称	复位	R/W	描　　述
7～0	DIRP1_[7:0]	0x00	R/W	P1.0 到 P1.7 的 I/O 方向。 0：输入；1：输出

表 13-2　T3CNT(0xCA)：定时器 3 的计数器

位	名称	复位	R/W	描　　述
7～0	CNT[7:0]	0x00	R	定时器计数字节。包含 8 位计数器当前值

表 13-3　T3CTL(0xCB)：定时器 3 的控制

位	名称	复位	R/W	描　　述
7～5	DIV[2:0]	0x00	R	分频器划分值。有效时钟沿来自 CLKCON.TICKSPD 的定时器时钟。 000：标记频率/1； 001：标记频率/2； 010：标记频率/4； 011：标记频率/8； 100：标记频率/16； 101：标记频率/32； 110：标记频率/64； 111：标记频率/128
4	START	0	R/W	启动定时器。正常运行时设置，暂停时清除
3	OVFIM	1	R/W0	溢出中断屏蔽。 0：中断禁止；1：中断使能
2	CLR	0	R/W1	清除计数器。写 1 将复位计数器为 0x00，并初始化相关通道所有的输出引脚。 总是读作 0
1，0	MODE[1:0]	00	R/W	定时器 3 的模式。 00：自由运行模式，从 0x00 到 0xff 进行反复计数； 01：倒计数模式，从 T3CC0 的值到 0x00 进行单次计数； 10：模模式，从 0x00 到 T3CC0 的值进行循环计数； 11：正/倒计数模式，从 0x00 到 T3CC0 的值，再从 T3CC0 的值到 0x00，如此往复计数

表 13-4 T3CCTL0(0xCC)：定时器 3 通道 0 捕获/比较控制

位	名称	复位	R/W	描 述
7	—	0	R0	未使用
6	IM	1	R/W	通道 0 中断屏蔽。 0：中断禁止；1：中断使能
5～3	CMP[2:0]	000	R/W0	通道 0 比较输出模式选择。当时钟值与在 T3CC0 中的比较值相等时，输出特定的操作。 000：在比较时输出高电平； 001：在比较时输出低电平； 010：在比较对切换输出电平； 011：在比较正计数时输出高电平，在 0 时输出低电平； 100：在比较正计数时输出低电平，在 0 时输出高电平； 101：在比较时输出高电平，在 0xff 时输出低电平； 110：在 0x00 时输出高电平，在比较时输出低电平； 111：初始化输出引脚，CMP[2:0]不变
2	MODE	0	R/W	模式。选择定时器 3 通道 0 为捕获或比较模式。 0：捕获模式；1：比较模式
1，0	CAP[1:0]	00	R/W	捕获模式选择。 00：无捕获； 01：在上升沿捕获； 10：在下降沿捕获； 11：在两个边沿都捕获

表 13-5 T3CC0(0xCE)：定时器 3 通道 0 捕获/比较值

位	名称	复位	R/W	描 述
7～0	VAL[7:0]	0x00	R/W	在输出比较功能中作为比较设定值来用

项目实施

一、设备和资源准备

项目实施前必须先准备好相应的设备和资源，见表 13-6。

表 13-6 设备和资源清单

序号	设备/资源名称	数量	单位	是否准备到位(√)
1	CC2530 模块	1	个	
2	SmartRF04EB(或 CC Debugger)仿真器	1	个	
3	SPI 烧入线	1	根	

二、实验模块原理图

图 13-2 为电路原理图，我们需要对 P1_0 接口进行操作，通过对 P1_0 输出高低电平时间的控制来改变 D5 的亮度。

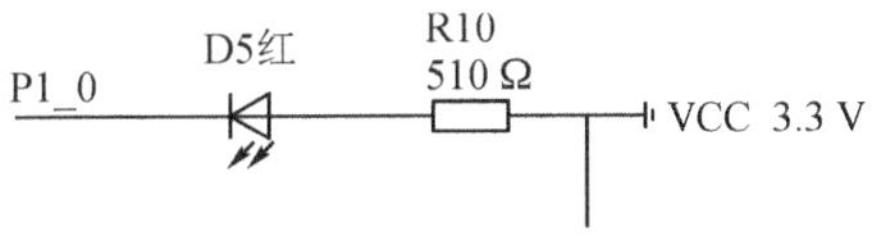

图 13-2　电路原理图

三、实施过程

1. 连接设备

将 CC-Debugger 仿真器的 JTAG 接口与 CC2530 模块相连，仿真器另一端用 USB 数据线连接到 PC 上，如图 13-3 所示。

2. 项目要求(1)的程序设计

根据项目要求(1)，我们可以通过延时函数模拟简易的 PWM，实现对 D5 不同亮度的调节。

1) 程序流程图

根据项目任务的要求，程序流程图如图 13-4 所示。

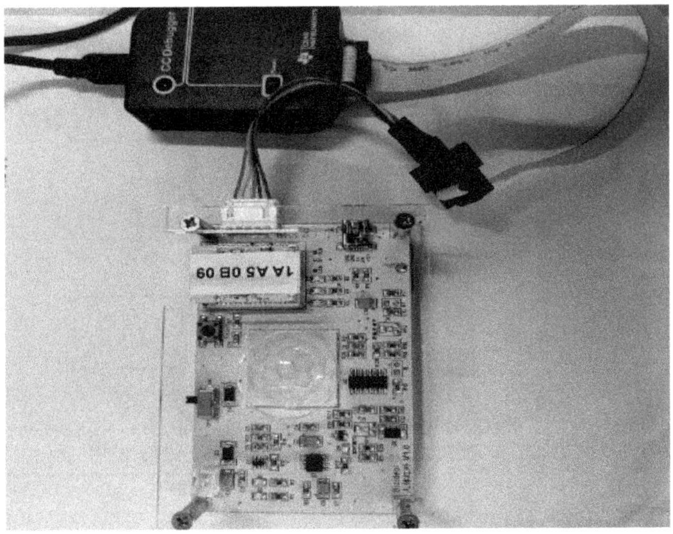

图 13-3　实验接线图

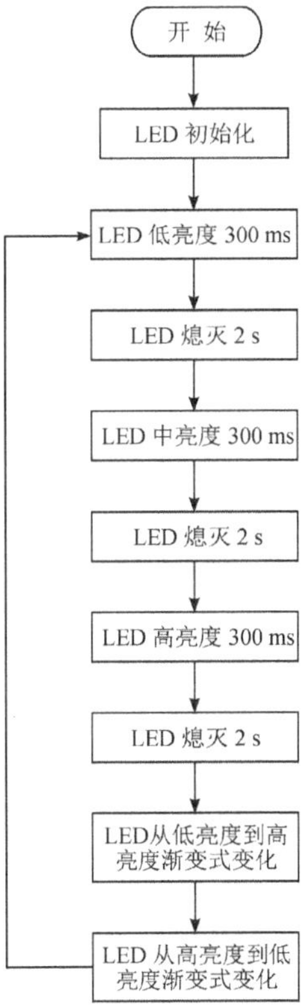

图 13-4　程序流程图

2) 编写代码

主要功能代码如下。

(1) 引用相应头文件：

```
#include <ioCC2530.h>
```

(2) 在周期内，通过控制 LED 亮灭时间的比例来实现不同亮度的效果：

```
函数名称：LedPWM
功能：实现 LED 不同亮度效果
void LedPWM(uint bright, int cycle)
{
  YLED = 1;                          //点亮 LED
  Delay(bright);                     //延时，表示 LED 亮的时间
  YLED = 0;                          //LED 熄灭
  Delay(cycle - bright);             //延时，表示 LED 熄灭的时间
}
```

(3) 实现逐渐变亮的效果：

```
for(bright=1; bright<2000; bright++)
      LedPWM(bright, 2000);
```

(4) 实现逐渐变暗的效果：

```
for(bright=2000-1; bright>0; bright--)
      LedPWM(bright, 2000);
```

通过对代码进行不同顺序的组合，可实现 LED 不同的 PWM 效果。

3. 项目要求(2)的程序设计

根据项目要求(2)，即通过 CC2530 定时器 3 实现 PWM 控制 LED 的亮度，程序设计过程如下。

1) 计算定时器时间

以 1 ms 定时器为例，晶振频率为 16 MHz，采用 128 分频。

分频后的频率：f1 = 16 MHz / 128

分频后的周期：t = 1 / f1

分频后 1 ms 所需的周期：$T=\dfrac{\dfrac{1}{t}}{1000}$

代入数据得 T = 125

这就是要设置的寄存器 T3CC0 的值。

2) 程序流程图

程序流程图如图 13-5 所示。

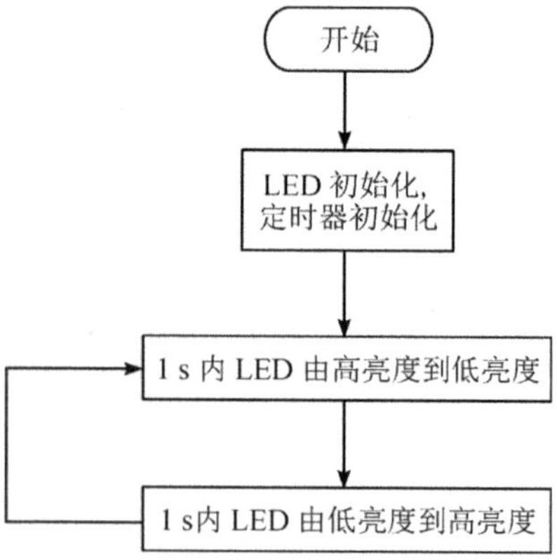

图 13-5　程序流程图

3) 编写代码

主要功能代码如下：

(1) 引用相应头文件：

```
#include "iocc2530.h"
#include "stdio.h"
```

```
#include "string.h"
```

(2) 在定时器中断函数中，通过定时器的时间设置不同的占空比，从而实现 LED 不同亮度的效果：

```
函数名称：T3_ISRs
功能：定义定时器 3 中断函数，通过定时器完成 LED 的 PWM 效果
#pragma vector = T3_VECTOR
__interrupt void T3_ISR(void)
{
  if(count > pwmT)
  {P1_0 = 0; }
  else
  {P1_0 = 1;}
  ++count;

  if(count > 1000){          //以 1000 ms 为一个周期
      if(increasingPwm)   //新的周期，新的占空比
        {pwmT += 10; }
      else
      { pwmT -= 10;}
    count = 0;

  if(pwmT >= 1050) // 当达到最暗时，设置开始变亮标志；此处略高于 1000 是为了让灭灯的
效果更加明显一些
    {increasingPwm = 0;}
  if(pwmT < 0)      // 当达到最亮时，设置开始变暗标志
    {increasingPwm = 1;}
                }
}
```

项目成果

按下仿真器或者 CC2530 模块上的 Reset 复位键，LED 会依次呈现从高亮度到低亮度、再从低亮度到高亮度反复变化的效果。仔细观察两个变化过程，可发现它们略有不同。

拓展训练

1. 训练描述

以上实验只是利用 CC2530 开发板完成了对 LED1 灯亮度的调节，如果要完善亮度调节系统，则需要用到更多的功能。

2. 训练要求

(1) 通过按键中断功能来控制 LED 不同的亮度。

(2) 增加串口功能，在不同状态下都有相应的信息提示。

项目总结

项目完成后认真填写表 13-7，记录整个项目的完成步骤及完成效果。

表 13-7　项 目 报 告 表

<table>
<tr><td>课程
名称</td><td></td><td>项目
名称</td><td colspan="3"></td></tr>
<tr><td>班级</td><td></td><td>姓名</td><td></td><td>学号</td><td></td></tr>
<tr><td>组长</td><td></td><td>小组
成员</td><td colspan="3"></td></tr>
<tr><td>项目
报告</td><td colspan="5">(报告必须包含以下几点：一、项目目的；二、项目计划；三、项目实施过程；四、项目总结；五、体会，可附页)
<table><tr><td>日期</td><td colspan="2">年　月　日</td></tr><tr><td rowspan="3">项目
成员
签名</td><td></td><td></td></tr><tr><td></td><td></td></tr><tr><td></td><td></td></tr></table></td></tr>
</table>

项目评价

根据项目完成情况，由学生自评、项目组互评、教师评分给予综合评判。学生也可参考评分细节重点掌握相关环节需要达到的能力要求。考核评价表如表 13-8 所示。

表 13-8　考核评价表

评价要素		分值	学生自评(30%)	项目组互评(20%)	教师评分(50%)	各项总分	合计
能力考核	接线正确	10					
	驱动安装正确	10					
	完成代码	10					
	呼吸灯亮度变化正常	10					
	完成拓展训练	10					
	项目报告	20					
素质考核	学习态度	5					
	工作态度	10					
	合作交流	5					
	出勤	10					
学生自评签名：		项目组互评签名：			教师签名：		

项目十四

气体浓度数据采集系统

项目导入

气体浓度数据采集系统通常需要使用气敏器件，气体传感器 MQ-5 是常见的气敏器件，它由微型 Al_2O_3 陶瓷管、SnO_2 敏感层、测量电极和加热器构成，封装好的 MQ-5 气体传感器如图 14-1 所示。

图 14-1　MQ-5 气体传感器

本项目将基于 CC2530 单片机和 MQ-5 气体传感器实现一个厨房警报系统，通过实时检测可燃气体的数据，来判断当前厨房是否处于安全状态，并根据不同数据有相应的提示。

项目要求

根据用户需求，通过 MQ-5 气体传感器实时采集数据。

(1) 搭建开发环境。

(2) 设计可燃气体浓度数据采集程序，实现 MQ-5 实时采集数据。

项目分析

本项目需要采集可燃气体浓度的实时数据，我们可以使用 MQ-5 气体传感器和 CC2530 单片机的 ADC 功能来实现项目任务。采集传感器的实时数据是单片机学习中重要的知识点之一。在本项目中，我们可以通过单片机的 ADC 以及串口功能来实时显示可燃气体浓度数据。

项目目标

(1) 掌握 MQ-5 与 CC2530 电路连接方式。

(2) 掌握 MQ-5 传感器的使用方法。
(3) 掌握可燃气体浓度数据采集程序的设计方法。
(4) 学会与程序相关的特殊功能寄存器(SFR)配置。

知识储备

我们使用的是 MQ-5 对可燃气体浓度数据进行实时采集，要完成这个项目的设计，首先要了解 MQ-5 与 MCU 的连接方式，然后掌握 MQ-5 数据采集的原理，以及与 MQ-5 数据采集相关的 SFR 的参数配置及应用开发。

一、MQ-5 可燃气体传感器的特点

MQ-5 气体传感器主要有以下特点：
(1) 在较宽的浓度范围内对可燃气体有良好的灵敏度；
(2) 对丁烷、丙烷、甲烷的灵敏度较高；
(3) 长寿命、低成本；
(4) 简单的驱动电路即可具有信号输出指示。

二、MQ-5 可燃气体传感器的采集原理

MQ-5 传感器的工作可以分为两个步骤：加热和检测。

1. 加热

MQ-5 传感器的灵敏元件需要在一定的温度下才能正常工作。因此，在 MQ-5 传感器启动时，控制电路会向灵敏元件提供电流，使其加热到一定温度。通常，MQ-5 传感器的工作温度为 200℃左右。

2. 检测

当 MQ-5 传感器的灵敏元件加热到一定温度后，它就可以开始检测目标气体了。具体过程如下：
(1) 目标气体与金属氧化物相互作用，从而改变金属氧化物的电阻值；
(2) 由于灵敏元件表面涂有多种金属氧化物，不同的目标气体会导致不同的电阻变化，因此，通过测量灵敏元件的电阻值变化，就可以确定目标气体的种类和浓度；
(3) 灵敏元件输出的信号经过信号处理电路放大和转换后，输出至控制系统或显示设备进行分析和显示。

三、项目中用到的 SFR

本项目中用到的 SFR 包括 APCFG、ADCCON3、ADCCON1、ADCL、ADCH。其中，APCFG 寄存器用于模拟外设 I/O 配置，见表 14-1，其他寄存器的配置请参照前面的章节。

表 14-1　APCFG(0xF2)：模拟外设 I/O 配置

位	名称	复位	R/W	描　述
7～0	APCFG[7:0]	0x00	R/W	模拟外设 I/O 配置。APCFG[7:0]选择 P0.7～P0.0 作为模拟 I/O。 0：模拟 I/O 禁用；1：模拟 I/O 使用

项目实施

一、设备和资源准备

项目实施前必须先准备好相应的设备和资源，见表 14-2。

表 14-2　设备和资源清单

序号	设备/资源名称	数量	单位	是否准备到位(√)
1	CC2530 模块	1	个	
2	SmartRF04EB(或 CC-Debugger)仿真器	1	个	
3	USB 转 TTL 数据线	1	根	
4	MQ-5 传感器	1	个	

二、实验模块原理图

MQ-5 气体传感器电路原理图如图 14-2 所示，封装好的气敏元件有 6 只针状管脚，其中 4 只用于信号输出，2 只用于提供加热电流。信号经 LM393 比较器以驱动状态灯。MQ-5 输出一个电压信号和一个电流信号，进行分压计算和 A/D 转换后传给 MCU。

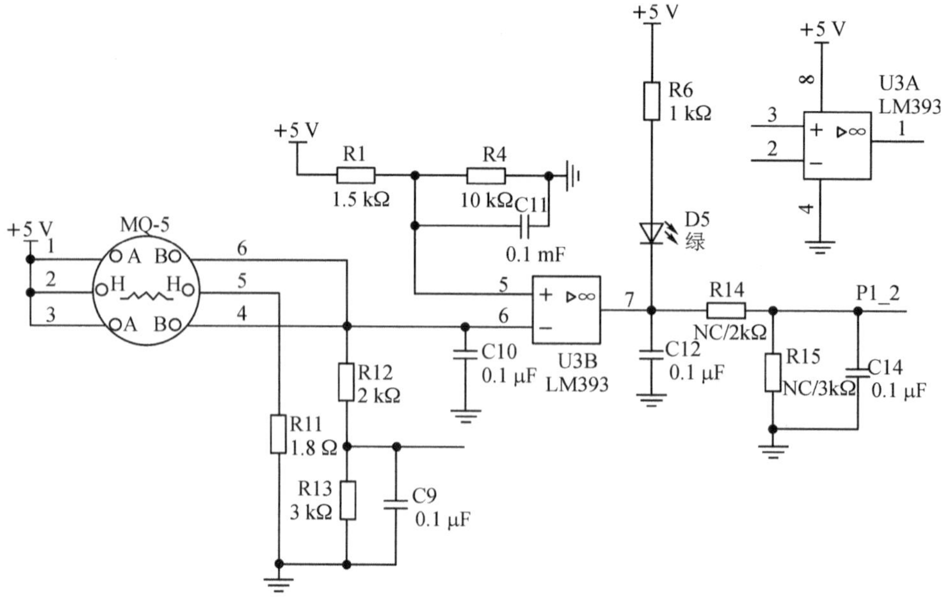

图 14-2　MQ-5 气体传感器电路原理图

三、实施过程

1. 连接设备

将 CC-Debugger 仿真器的 JTAG 接口与 CC2530 模块相连，仿真器另一端用 USB 数据线连接到 PC 上，如图 14-3 所示。接线表如表 14-3 所示。

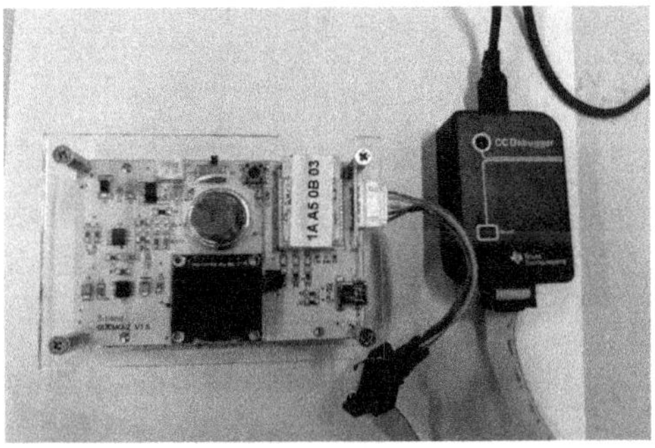

图 14-3　实验接线图

表 14-3　USB 数据线与 PC 连接关系

CC2530 模块	USB 转 TTL 模块
TXD	RXD
RXD	TXD
GND	GND

将 USB 转 TTL 连接线一端与 CC2530 模块相连，即 USB 转 TTL 连接线的 RX 接 CC2530 的 P0_3，USB 转 TTL 连接线的 TX 接 CC2530 的 P0_2，再把两个设备的地线相连。USB 转 TTL 连接线另一端接 PC。

2. 设计程序

1) 设计程序流程图

根据项目的任务要求，程序流程图如图 14-4 所示。

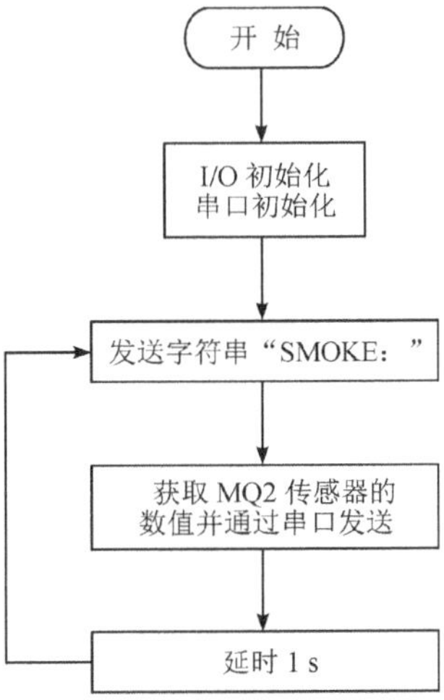

图 14-4　程序设计流程图

2) 编写代码

主要功能代码如下。

(1) 引用相应头文件：

```
#include <ioCC2530.h>
#include <stdio.h>
```

(2) 通过 ADC 功能完成 MQ-5 数据的采集：

```
函数名称：adcSampleSingle
功能：完成 MQ-5 数据的采集并返回
uint16 adcSampleSingle()
{
      uint16 value,y;
      ADCCFG |= 0x01;//P0.0 模拟 I/O 使用
      ADCIF = 0;// ADC 中断标志设为 1，当 CPU 指向中断向量例程时清除
      ADCCON3 = 0xb0;//AVDD5 引脚，512 分频率，通道 0
      while(!ADCIF);//等待中断结束

      value   = (ADCH << 8) & 0xff00;//将 ADCH 的值复制到 value 的高 8 位
      value |= ADCL;

//电压值计算的实现代码如下：
         y=value;
         y=y>>4;
         y=y&0x0fff;
         if((y&0x0800)!=0)
           {y=~y;
           y=y+1;
           y=y&0x0fff;
           value=y; }
         else
         {value=y;}
      return value;//返回 MQ5 的电压值
}
```

(3) 转换数据格式：

```
函数名称：DataHandle_f
功能：数据格式转换函数
void DataHandle_f(float data)
{
   sprintf(Ldata,"%0000.0f",data);
}
```

项目成果

按下仿真器或者 CC2530 模块上的 Reset 复位键。打开串口调试助手，设置波特率为 115200，串口调试助手将会收到 MQ-5 采集到的可燃气体浓度数据。串口助手显示数据如图 14-5 所示。

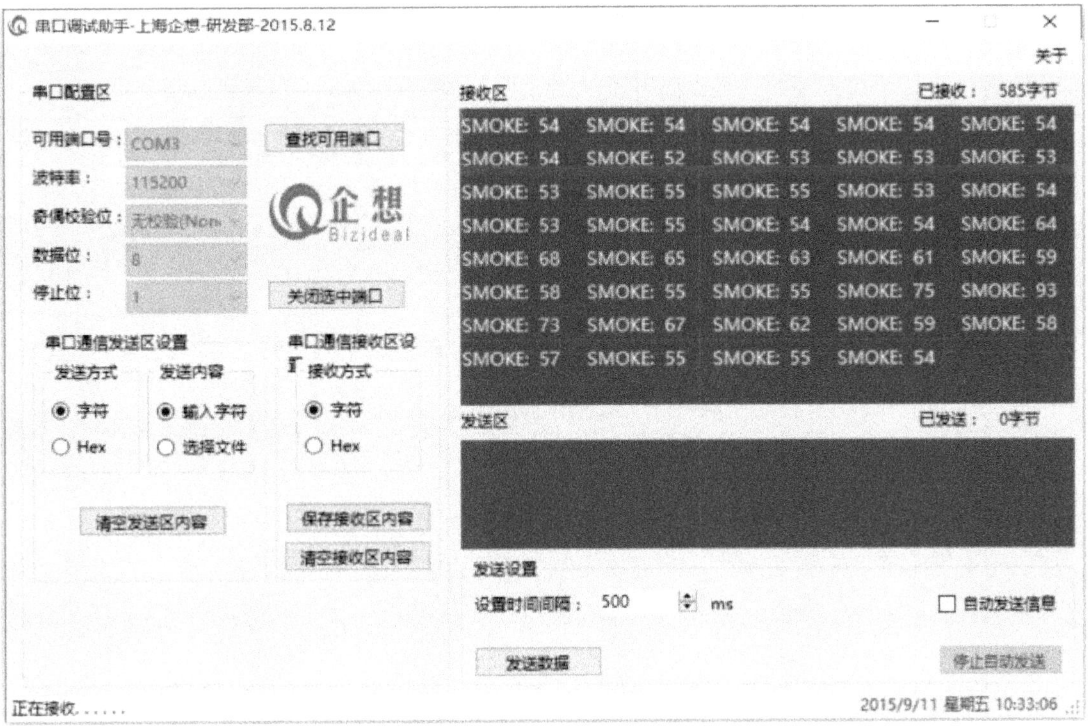

图 14-5　串口助手实时显示气体浓度数据

拓展训练

1. 训练描述

以上实验只是利用 CC2530 开发板以及 MQ-5 完成了可燃气体浓度数据的实时采集，如果要完善一个可燃气体报警系统，则需用到更多的功能。

2. 训练要求

(1) 可通过按键中断功能来控制是否需要实时采集数据。

(2) 增加策略，当可燃气体浓度超过一定范围时，在串口助手会显示异常提醒语句。

(3) 可燃气体浓度在不同的范围会有相对应的指示灯提示。

项目总结

项目完成后认真填写表 14-4，记录整个项目的完成步骤及完成效果。

表 14-4 项目报告表

<table>
<tr><td>课程
名称</td><td></td><td>项目
名称</td><td colspan="3"></td></tr>
<tr><td>班级</td><td></td><td>姓名</td><td></td><td>学号</td><td></td></tr>
<tr><td>组长</td><td></td><td>小组
成员</td><td colspan="3"></td></tr>
<tr><td>项目
报告</td><td colspan="5">(报告必须包含以下几点：一、项目目的；二、项目计划；三、项目实施过程；四、项目总结；五、体会，可附页)

<table><tr><td>日期</td><td colspan="2">年 月 日</td></tr><tr><td rowspan="3">项目
成员
签名</td><td></td><td></td></tr><tr><td></td><td></td></tr><tr><td></td><td></td></tr></table></td></tr>
</table>

项目评价

根据项目完成情况，由学生自评、项目组互评、教师评分给予综合评判。学生也可参考评分细节重点掌握相关环节需要达到的能力要求。考核评价表如表 14-5 所示。

表 14-5　考核评价表

<table>
<tr><th colspan="2">评价要素</th><th>分值</th><th>学生自评
(30%)</th><th>项目组互评
(20%)</th><th>教师评分
(50%)</th><th>各项总分</th><th>合计</th></tr>
<tr><td rowspan="6">能力考核</td><td>接线正确</td><td>10</td><td></td><td></td><td></td><td></td><td rowspan="6"></td></tr>
<tr><td>驱动安装正确</td><td>10</td><td></td><td></td><td></td><td></td></tr>
<tr><td>完成代码</td><td>10</td><td></td><td></td><td></td><td></td></tr>
<tr><td>数据采集正常</td><td>10</td><td></td><td></td><td></td><td></td></tr>
<tr><td>完成拓展训练</td><td>10</td><td></td><td></td><td></td><td></td></tr>
<tr><td>项目报告</td><td>20</td><td></td><td></td><td></td><td></td></tr>
<tr><td rowspan="4">素质考核</td><td>学习态度</td><td>5</td><td></td><td></td><td></td><td></td><td rowspan="4"></td></tr>
<tr><td>工作态度</td><td>10</td><td></td><td></td><td></td><td></td></tr>
<tr><td>合作交流</td><td>5</td><td></td><td></td><td></td><td></td></tr>
<tr><td>出勤</td><td>10</td><td></td><td></td><td></td><td></td></tr>
<tr><td colspan="2">学生自评签名：</td><td colspan="3">项目组互评签名：</td><td colspan="3">教师签名：</td></tr>
</table>

项目十五

人体感应系统

项目导入

在万物互联的时代背景下，基于热释电效应的红外人体感应技术在智能照明、智能家居、智能控制领域有着广阔的用途，再结合其他技术，将形成一种系统化的解决方案，拓宽智慧生活的想象空间，让人与物之间有更多温暖的互动。常见的被动式热释电红外传感模块如图 15-1 所示。

本项目将完成一个人体感应系统，实时检测有无人经过，并进行相应的提示。

图 15-1　被动式热释电红外传感模块

项目要求

根据用户需求，通过 BISS0001 人体感应红外传感器实时采集数据。

(1) 搭建开发环境。

(2) 实现 BISS0001 实时人体红外数据采集，数据不同，指示灯状态也不同。

项目分析

本项目需要采集人体红外传感器的实时数据，我们可以使用 BISS0001 人体感应红外传感器来实现项目任务。采集传感器的实时数据是单片机学习中的重要知识点之一。

项目目标

(1) 掌握 BISS0001 人体红外传感器的使用方法。

(2) 掌握人体红外数据采集程序的设计方法。

(3) 学会与程序相关的 SFR 配置。

知识储备

由于我们使用的是 BISS0001 对人体红外数据进行实时采集，要完成这个项目的设计，首先要了解 BISS0001 与 MCU 的连接方式，然后掌握 BISS0001 数据采集的原理，以及与

BISS0001 数据采集相关的 SFR 的参数配置及应用开发。

一、BISS0001 人体感应红外传感器的原理

热释电红外传感器是一种新型敏感元件，由高热电系数材料配以滤光镜片和阻抗匹配用场效应管组成。它能以非接触方式检测出来自人体的红外辐射，将其转化成电信号输出，并可有效抑制人体辐射波长以外的干扰。BISS0001 是一款具有较高性能的传感信号处理集成电路，它配以热释电红外传感器和少量外接元器件构成被动式的热释电红外开关。它能自动快速开启各类白炽灯、荧光灯、蜂鸣器、自动门、电风扇、烘干机和自动洗手池等装置，特别适用于企业、宾馆、商场、库房及家庭的过道、走廊等敏感区域，或用于安全区域的自动灯光、照明和报警系统。

二、BISS0001 人体感应红外传感器的特点

(1) 具有 CMOS 数模混合专用集成电路；

(2) 具有独立的高输入阻抗运算放大器，可与多种传感器匹配，进行信号预处理，双向鉴幅器可有效抑制干扰；

(3) 内设延迟时间定时器和封锁时间定时器，结构新颖，性能稳定可靠，调节范围宽，且内置参考电源；

(4) 工作电压范围 3～5 V；

(5) 采用 16 脚 DIP 封装。

三、项目中用到的 SFR

本项目中用到的 SFR 包括 P0DIR、PERCFG、P2INP，其中 P2INP 的描述见表 15-1，其他寄存器的描述请参考前面章节。

表 15-1 P2INP(0xF7)：端口 2 输入模式

位	名称	复位	R/W	描 述
7	PDUP2	0	R/W	端口 2 上拉/下拉选择。对所有端口 2 引脚设置为上拉/下拉输入。 0：上拉；1：下拉
6	PDUP1	0	R/W	端口 1 上拉/下拉选择。对所有端口 2 引脚设置为上拉/下拉输入。 0：上拉；1：下拉
5	PDUP0	0	R/W	端口 0 上拉/下拉选择。对所有端口 2 引脚设置为上拉/下拉输入。 0：上拉；1：下拉
4～0	MDP2_[4:0]	0 0000	R/W	P2.4～P2.0 的 I/O 输入模式。 0：上拉/下拉；1：三态

项目实施

一、设备和资源准备

项目实施前必须先准备好相应的设备和资源，见表 15-2。

表 15-2 设备和资源清单

序号	设备/资源名称	数量	单位	是否准备到位(√)
1	CC2530 模块	1	个	
2	SmartRF04EB(或 CC-Debugger)仿真器	1	个	
3	SPI 烧入线	1	根	
4	BISS0001 人体红外数据采集模块	1	个	

二、实验模块原理图

BISS0001 人体红外模块原理图如图 15-2 所示。

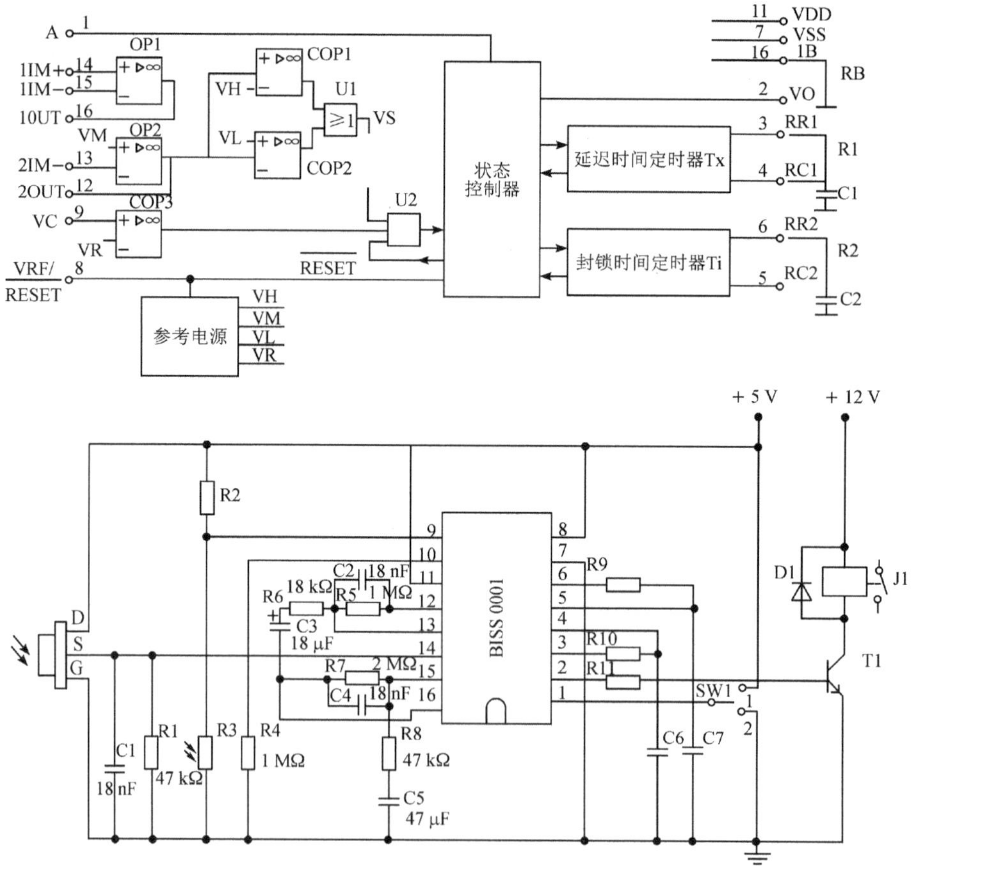

图 15-2 BISS0001 人体红外模块原理图

本项目中 BISS0001 的运算放大器 OP1 用于热释电红外传感器的前置放大。C3 和运算放大器 OP2 用于进行第二级放大。电压比较器 COP1 和 COP2 构成双向鉴幅器，输出的有效信号用来启动延迟时间定时器。BISS0001 的输出信号经晶体管 T1、驱动继电器去接通负载。R3 为光敏电阻，用来检测环境照度。当作为照明控制时，若环境较明亮，R3 的电阻值会降低，使 BISS0001 的 9 脚输入为低电平进而封锁触发信号，达到节省照明用电的目的。若应用于其他方面，则可用遮光物将 R3 罩住而不受环境影响。SW1 是工作方式选择开关，当 SW1 与 1 端连通时，红外开关处于可重复触发工作方式；当 SW1 与 2 端连通时，红外开关则处于不可重复触发工作方式。

三、实施过程

1. 连接设备

将 CC-Debugger 仿真器的 JTAG 接口与 CC2530 模块相连，仿真器另一端用 USB 数据线连接到 PC 上，如图 15-3 所示。

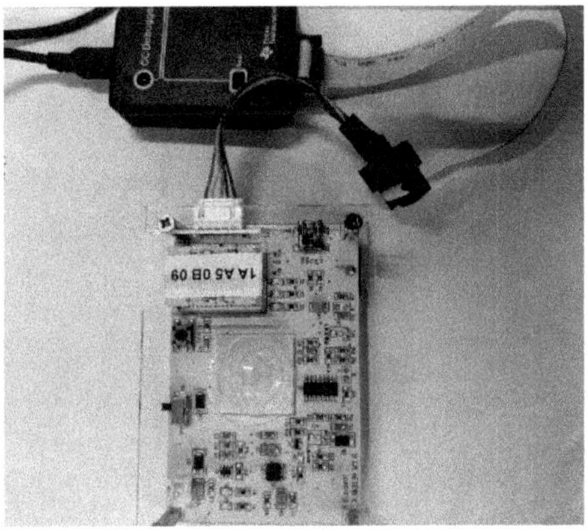

图 15-3　实验接线图

2. 设计程序

1) 设计程序流程图

根据项目要求，设计程序流程图，如图 15-4 所示。

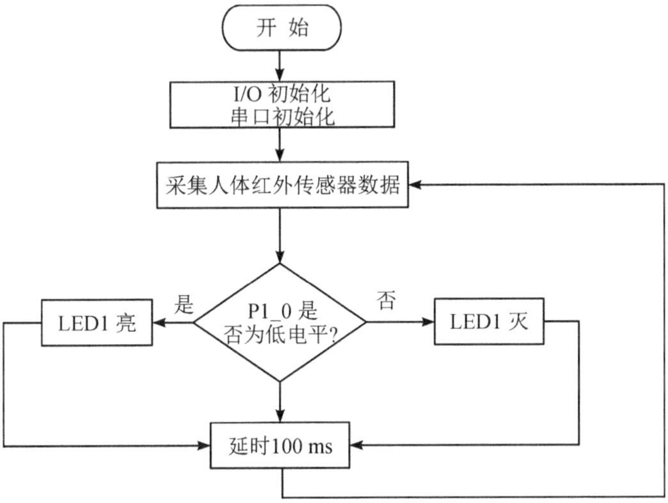

图 15-4　程序流程图

2) 编写代码

主要功能代码如下。

(1) 引用相应头文件：

```
#include <ioCC2530.h>
```

(2) 对 I/O 口进行初始化：

```
函数名称：IO_Init
功能：完成 I/O 口初始化
void IO_Init(void)
{
    P1DIR |= 0x03;          //P1_0,P1_1 端口定义为输出
    P0DIR |= 0x80;          //P0_7 端口定义为输出
    LED1 = 1;
    CLKCONCMD &= ~0x40;             //设置系统时钟源为 32 MHz 晶振
    while(CLKCONSTA & 0x40);        //等待晶振稳定为 32 MHz
    CLKCONCMD &= ~0x47;             //设置系统主时钟频率为 32 MHz
}
```

(3) 主函数通过循环判断有人和无人：

```
函数名称：main
功能：通过红外传感器对应的 P0_0 接口，判断有人和无人状态
void main ( void )
{
  IO_Init ();           //调用初始化程序
  while (1)
  {
    if(P0_0==0)
    {LED1 =1;} //判断有人经过，P0_0 端口为低电平
    else
    {LED1 = 0;} //判断无人经过，P0_0 端口为高电平
    Delayms(100);
  }
}
```

项目成果

按下仿真器或者 CC2530 模块上的 Reset 复位键，当检测到有人的时候，LED1 指示灯会亮，详情见图 15-5。当检测到无人的时候，LED1 指示灯会熄灭，详情见图 15-6。

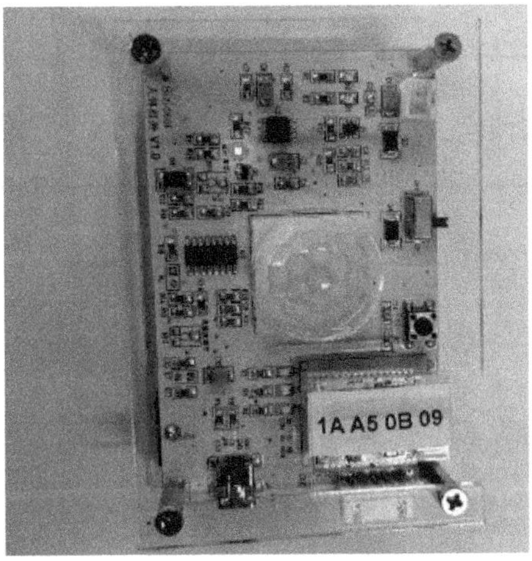

图 15-5　检测有人时状态

图 15-6　检测无人时状态

拓展训练

1. 训练描述

以上实验只是利用 CC2530 开发板以及 BISS0001 人体红外模块完成了人体红外的实时采集，如果要完善一个人体红外数据控制系统，则需用到更多的功能。

2. 训练要求

(1) 可通过按键中断功能来控制是否需要实时采集数据。

(2) 通过增加串口功能，实现不同状态下都有相应的信息提示。

(3) 当检测到有人时，还可以通过蜂鸣器起到更快的提醒作用。

项目总结

项目完成后认真填写表 15-3，记录整个项目的完成步骤及完成效果。

表 15-3 项目报告表

<table>
<tr><td>课程名称</td><td></td><td>项目名称</td><td colspan="3"></td></tr>
<tr><td>班级</td><td></td><td>姓名</td><td></td><td>学号</td><td></td></tr>
<tr><td>组长</td><td></td><td>小组成员</td><td colspan="3"></td></tr>
<tr><td rowspan="4">项目报告</td><td colspan="5">(报告必须包含以下几点：一、项目目的；二、项目计划；三、项目实施过程；四、项目总结；五、体会，可附页)</td></tr>
<tr><td colspan="3" rowspan="3"></td><td>日期</td><td>年 月 日</td></tr>
<tr><td>项目成员签名</td><td></td></tr>
<tr><td></td><td></td></tr>
</table>

项目评价

根据项目完成情况，由学生自评、项目组互评、教师评分给予综合评判。学生也可参考评分细节重点掌握相关环节需要达到的能力要求。考核评价表如表 15-4 所示。

表 15-4　考核评价表

评价要素		分值	学生自评(30%)	项目组互评(20%)	教师评分(50%)	各项总分	合计
能力考核	接线正确	10					
	驱动安装正确	10					
	完成代码	10					
	数据采集正常	10					
	完成拓展训练	10					
	项目报告	20					
素质考核	学习态度	5					
	工作态度	10					
	合作交流	5					
	出勤	10					
学生自评签名：		项目组互评签名：		教师签名：			

项目十六

RFID 读取系统

项目导入

射频识别(Radio Frequency Identification，RFID)技术是一种无线通信技术，由于其具有非接触式、高效率、高准确度等特点，被广泛应用在物流、零售、图书馆、生产制造、智能交通等领域。比如，在智能交通系统中，电子不停车收费(Electronic Toll Collection，ETC)系统就是基于 RFID 技术实现车辆的自动认证、跟踪和管控的，可以大大提高道路交通的安全性和通行效率。

本项目将模拟一个小区门卡识别系统，将其用于读取不同小区业主的门卡信息，并进行相应的提示。智能门卡其实就是一个 RFID 电子标签，识别系统采用 CLRC632 射频读/写模块，如图 16-1 所示。

图 16-1　CLRC632 射频读/写模块

项目要求

根据用户需求，通过 CC2530 读取 CLRC632 的卡号。

(1) 环境搭建开发。

(2) 设计 CLRC632 卡号读取的程序。

项目分析

本项目需要读取 CLRC632 射频读/写模块的卡号，可以使用 CLRC632 射频读/写模块和 CC2530 的串口功能来实现。在本项目中，我们可以通过单片机的串口功能来显示射频卡相应的卡号。

项目目标

(1) 掌握 CLRC632 的工作原理。

(2) 掌握 SPI 通信协议的定义和编程。

(3) 了解 CLRC632 寄存器的配置。

(4) 学会使用 CC2530 读取 CLRC632 卡号的方法。

知识储备

我们使用的是 CLRC632 射频读/写模块来读取卡号，要完成这个项目的设计，首先要了解 CLRC632 射频读/写模块，然后掌握 SPI 通信协议，以及与 CLRC632 射频读/写模块相关的特殊功能寄存器的参数配置及应用开发。

一、CLRC632 射频读/写模块

CLRC632 是 Philips 公司研发的多协议非接触式读/写芯片，该芯片支持 13.56 MHz 频段内 ISO14443 和 ISO15693 两种标准，能够识别出应用于 RFID 的各种智能卡和标签；其内部集成振荡器缓冲，连接 13.56 MHz 的石英振荡晶体，可获得低相位的抖动。CLRC632 具有与 SPI 通信协议兼容的接口、灵活的中断处理、可编程定时器等功能。CLRC632 射频读/写模块主要有以下几个特点：

(1) SPI 高达 10 Mb/s；

(2) I2C 总线接口在高速模式下的数据传输速率可达 400 kb/s，在超高速模式下则可高达 1000 kb/s；

(3) RS232 串行 UART 的数据传输速率最高可达 1228.8 kb/s，电压水平由引脚电源电压决定；

(4) 独立 I2C 总线接口用于连接安全访问模块（SAM）；

(5) 512 B 的 FIFO 缓冲器可提供最高通信性能；

(6) 灵活和高效的省电模式，包括断电模式、待机模式和低功耗卡片检测模式；

(7) 由 27.12 MHz 晶振源通过集成的 PLL 产生系统时钟，从而节省成本；

(8) 3.3～5 V 的电源；

(9) 多达 8 个可自由编程的输入/输出引脚；

(10) 与 ISO/IEC 14443A 采用读写通信模式，操作距离可达 12 cm，取决于天线的尺寸和调谐。

二、SPI 通信协议

SPI(Serial Peripheral Interface)即串行外围设备接口，是由摩托罗拉(Motorola)公司在 MC68HCxx 系列单片机上定义的基于高速全双工总线的通信协议，广泛应用于 ADC、LCD 等设备与 MCU 之间的通信。

1. SPI 物理层

SPI 通信协议可用于点对点和一主多从的工作场合。图 16-2 为 SPI 通信协议两种不同结构的连线图。

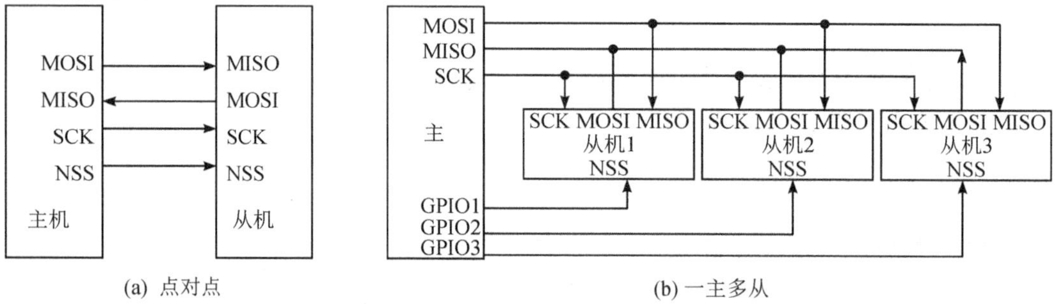

图 16-2 SPI 点对点、一主多从连线结构

SPI 通信需要使用 4 条线：3 条总线 SCK(Serial Clock)、MOSI(Master Output Slave Input)、MISO(Moster Input Slave Output)和 1 条片选线 NSS(低电平有效)。

(1) NSS(Negative Slave Select)：片选信号线，用于选中 SPI 从设备，由设备的 3 条总线并联到 SPI 主机。当某个从设备上的 NSS 引脚被拉低时，表明该从设备被主机选中，其他从设备不工作。

(2) SCK：时钟信号线，用于同步通信数据。时钟信号由通信主机产生，它决定了 SPI 的通信速率。

(3) MOSI：主机(数据)输出/从设备(数据)输入信号线，这条信号线上传输主机到从机的数据。

(4) MISO：主机(数据)输入/从设备(数据)输出信号线，这条信号线上传输从机到主机的数据。

2. 数据传输

简单来说，SPI 通信没有读和写的说法，实质上每次 SPI 通信都是在主、从设备之间交换数据。也就是说，发送一个数据必然会收到一个数据，经过 8 个 SCK 时钟完成主、从设备之间 8 位寄存器的数据交换。图 16-3 为 SPI 通信协议交换数据的过程。

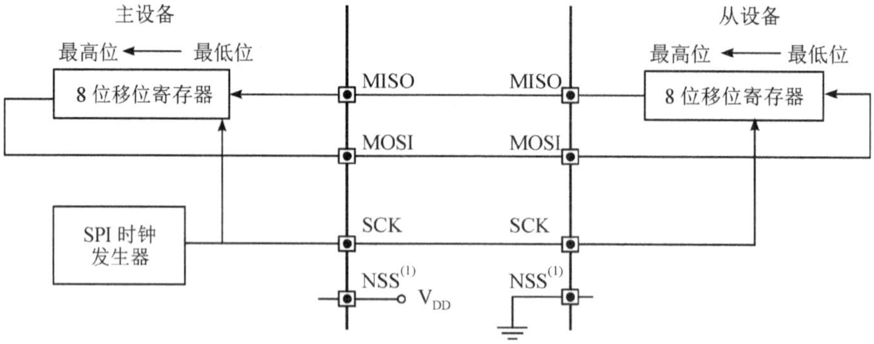

图 16-3 SPI 通信协议交换数据的过程

3. SPI 的相位和极性

1) CPOL 极性

CPOL 极性表示 SCK 时钟的空闲时刻，即发送完 8 bit 数据前后 SCK 的状态。

CPOL=0 表示 SCK 时钟空闲时刻为低电平，所以当 SCLK 有效的时候，就是高电平。

CPOL=1 表示 SCK 时钟空闲时刻为高电平，所以当 SCLK 有效的时候，就是低电平。

2) CPHA 相位

CPHA 相位对应着数据采样是在第几个边沿(edge)，是第一个边沿还是第二个边沿，0 对应着第一个边沿，1 对应着第二个边沿。

CPHA=0，表示第一个边沿：

对于 CPOL=0，SCK 时钟空闲时刻是低电平，第一个边沿就是从低变到高，所以是上升沿；对于 CPOL=1，SCK 时钟空闲时刻是高电平，第一个边沿就是从高变到低，所以是下降沿。详情见图 16-4。

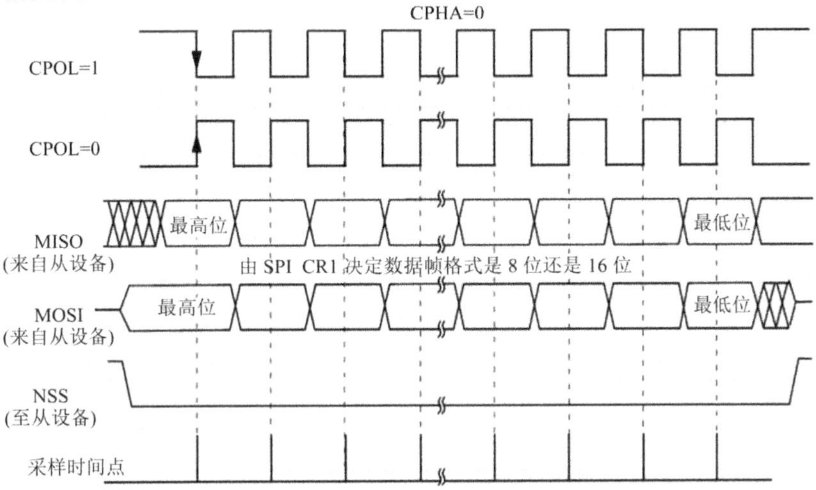

注：这里显示的是 SPI_CRI 寄存器的 LSBFIRST = 0 时的时序

图 16-4　CPHA 为 0 的相位图

CPHA=1，表示第二个边沿：

对于 CPOL=0，SCK 时钟空闲时刻是低电平，第二个边沿就是从高变到低，所以是下降沿；对于 CPOL=1，SCK 时钟空闲时刻是高电平，第一个边沿就是从低变到高，所以是上升沿；详情见图 16-5。

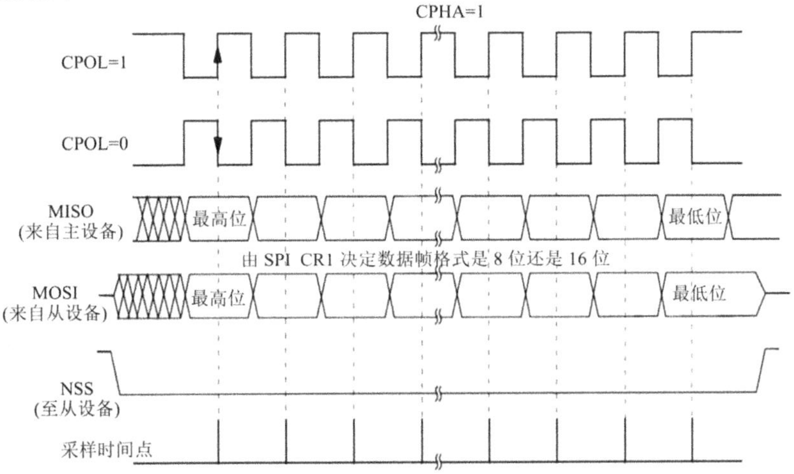

图 16-5　CPHA 为 1 的相位图

4. SPI 的极性和相位的设置

(1) SPI 从设备的极性和相位是固定的。从设备在空闲时，是高电平还是低电平，决定了 CPOL 是 0 还是 1；是在上升沿还是下降沿采样，决定了 CPHA 是 0 还是 1。

(2) SPI 从设备的极性和相位是可配置的，由软件自己设定。从设备的 SPI 控制器支持 4 种模式，此时设置为其中某种模式均可。

5. CLRC632 读写函数

在 SPI 通信中 RC522 模块用作从机。SPI 时钟 SCK 由主机产生。数据通过 MOSI 线从主机传输到从机；数据通过 MISO 线由 CLRC632 发回到主机。

MOSI 和 MISO 传输每个字节时都是高位在前。MOSI 上的数据在时钟的上升沿保持不变，在时钟的下降沿改变。MISO 也与之类似，在时钟的下降沿，MISO 上的数据由 RC522 提供，在时钟的上升沿数据保持不变，所以 CPHA=0。图 16-6 为 SPI 的时序图。

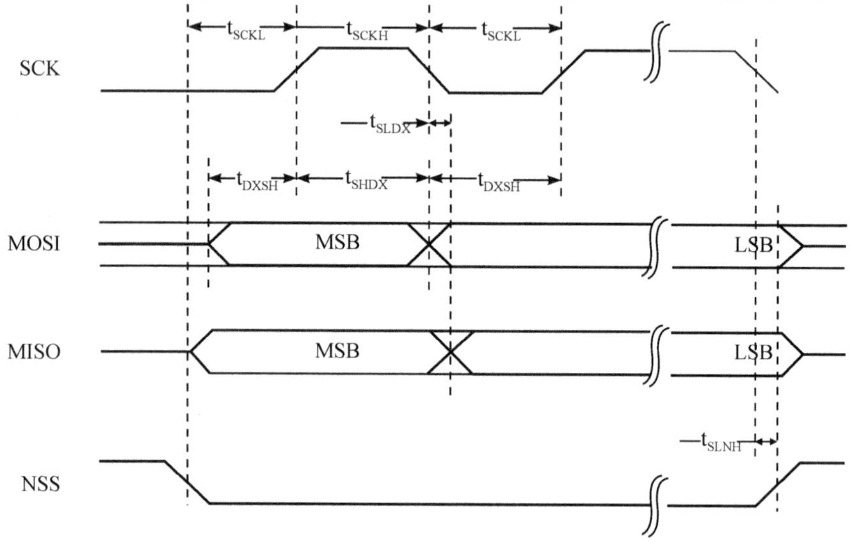

图 16-6　SPI 时序图

1) 读数据

通过兼容 SPI 的接口可能读出 n 个数据字节。发送的第一个字节定义了模式本身和地址。

地址字节按下面的格式传输：第一个字节的 MSB 位用来设置使用的模式。MSB 位为 1 时，从 CLRC632 读出数据；MSB 位为 0 时，将数据写入 CLRC632。第一个字节的位 6～位 1 定义地址，最后一位应当设置为 0。SPI 读取的字节格式如图 16-7 所示。

地址(MOSI)	位 7，MSB	位 6～位 1	位 0
字节 0	1(读) 0(写)	地址	RFU(0)

	字节 0	字节 1	字节 2	…	字节 n	字节 n+1
MOSI	地址 0	地址 1	地址 2	…	地址 n	00
MISO	X	数据 0	数据 1	…	数据 n−1	数据 n

图 16-7　SPI 读取的字节格式

读取 CLRC632 模块相应地址数据的程序设计如下：

```
uint8 Read_CLRC632_byte(uint8 addr)        //读寄存器相应地址数据
{    uint16 i;
     uint8   x;
     RFID_CS=0;
     sip_delay();
             x=addr;
     x=x<<1;
     x=x&0x7e;   //x=x&BIN8(01111110);
     x=x|0x80;
     for(i=0;i<8;i++){
       if((x&0x80)==0){
             SPI_SI=0;
       }else{
             SPI_SI=1;
       }
       sip_delay();
           SPI_SCK=1;
       sip_delay();
           SPI_SCK=0;
       x=x<<1;
     }
     x=0;
     for(i=0;i<8;i++){
       SPI_SCK=1;
       sip_delay();
       if(SPI_SO==1){
         x=x|0x01;
       }
       SPI_SCK=0;
       sip_delay();
       if(i!=7){
         x=x<<1;
       }
     }
     sip_delay();
     RFID_CS=1;
     return(x);
}
```

2) 写数据

通过兼容 SPI 的接口可以向一个地址写入多达 n 个字节的数据。发送的第一个字节定义了模式本身和地址。注意：先发送最高位(MSB)。图 16-8 为 SPI 写入的字节格式。

	字节 0	字节 2	…	字节 n	字节 n+1
MOSI	地址	数据 1	…	数据 n-1	数据 n
MISO	X	X	…	X	X

图 16-8 SPI 写入的字节格式

对 CLRC632 模块写数据的程序设计如下：

```
void Write_CLRC632_byte(uint8 addr,uint8 send)
{
        uint16 i;
        uint8   x;
        RFID_CS=0;
        sip_delay();
        x=addr;
        x=x<<1;
        x=x&0x7e;                          //x=x&BIN8(01111110);
        for(i=0;i<8;i++){
          if((x&0x80)==0){
                SPI_SI=0;
          }else{
                SPI_SI=1;
          }
          sip_delay();
              SPI_SCK=1;
          sip_delay();
              SPI_SCK=0;
          x=x<<1;
        }
        x=send;
        for(i=0;i<8;i++){
          if((x&0x80)==0){
                SPI_SI=0;
          }else{
                SPI_SI=1;
          }
          sip_delay();
              SPI_SCK=1;
          sip_delay();
              SPI_SCK=0;
          x=x<<1;
        }
        sip_delay();
        RFID_CS=1;
}
```

三、项目中用到的 SFR

本项目所使用的 CLRC632 寄存器说明如表 16-1 所示。

表 16-1 CLRC632 寄存器

地址(HEX)	寄存器名称	功 能
命令和状态		
0	RFU	保留为将来之用
1	CommandReg	启动和停止命令的执行
2	ComIEnReg	中断请求传递的使能和禁能控制位
3	DivIEnReg	中断请求传递的使能和禁能控制位
4	ComIrqReg	包含中断请求标志
5	DivIrqReg	包含中断请求标志
6	ErrorReg	错误标志，指示执行的上个命令的错误状态
7	Status1Reg	包含通信的状态标志
8	Status2Reg	包含接收器和发送器的状态标志
9	FIFODtataReg	64 字节 FIFO 缓冲区的输入和输出
A	FIFOLevelReg	指示 FIFO 中存储的字节数
B	WaterLevelReg	定义 FIFO 下溢和上溢报警的 FIFO 深度
C	ControlReg	不同的控制寄存器
D	BitFramingReg	面向位的帧的调节
E	CollReg	RF 接口上检测到的第一个位冲突的位的位置
F	RFU	保留为将来之用
命 令		
0	RFU	保留为将来之用
1	ModeReg	定义发送和接收的常用模式
2	TxModeReg	定义发送过程中的数据传输速率
3	RxModeReg	定义接收过程中的数据传输速率
4	TxControlReg	控制天线驱动器管脚 TX1 和 TX2 的逻辑特性
5	TxAutoReg	控制天线驱动器的设置
6	TxSelReg	选择天线驱动器的内部源
7	RxSelReg	选择内部的接收器设置
8	RxThresholdReg	选择位译码器的阈值
9	DemodReg	定义解调器的设置
A	RFU	保留为将来之用
B	RFU	保留为将来之用

续表

地址(HEX)	寄存器名称	功　　能
C	MifareReg	控制 ISO 14443/MIFARE 模式中 106 kb/s 的通信
D	RFU	保留为将来之用
E	RFU	保留为将来之用
F	SerialSpeedReq	选择串行 UART 接口的速率
		CFG
0	RFU	保留为将来之用
1	CRCResultReg	显示 CRC 计算的实际 MSB 和 LSB 值
2		
3	RFU	保留为将来之用
4	ModWidthReg	控制 ModWidth 的设置
5	RFU	保留为将来之用
6	RFCfgReg	配置接收器增益
7	GsNReg	选择天线驱动器管脚 TX1 和 TX2 的调制电导
8	CWGsCfgReg	选择天线驱动器管脚 TX1 和 TX2 的调制电导
9	ModGsCfgReg	选择天线驱动器管脚 TX1 和 TX2 的调制电导
A	TModeReg	定义内部定时器的设置
B	TPrescalerReg	
C	TReloadReg	描述 16 位的定时器重装值
D		
E	TcounterValueReg	显示 16 位的实际定时器值
F		
		测　　试
0	RFU	保留为将来之用
1	TestSel1Reg	常用测试信号的配置
2	TestSel2Reg	常用测试信号的配置和 PRBS 控制
3	TestPinEnReg	D1～D7 输出驱动器的使能管脚(注：仅用于串行接口)
4	TestPin ValueReg	定义 D1～D7 用作 I/O 总线时的值
5	TestBusReg	显示内部测试总线的状态
6	AutoTestReg	控制数字自测试
7	VersionReg	显示版本
8	AnalogTestReg	控制管脚 AUX1 和 AUX2
9	TestDAC1Reg	定义 TestDAC1 的测试值
A	TestDAC2Reg	定义 TestDAC2 的测试值
B	TestADCReg	显示 ADC I 和 Q 通道的实际值
C～F	RFT	保留用于产品测试

项目实施

一、设备和资源准备

项目实施前必须先准备好相应的设备和资源，见表 16-2。

表 16-2　设备和资源清单

序号	设备/资源名称	数量	单位	是否准备到位(√)
1	CC2530 模块	1	个	
2	SmartRF04EB(或 CC-Debugger)仿真器	1	个	
3	USB 转 TTL 数据线	1	根	
4	CLRC632 模块	1	个	

二、实验模块原理图

CLRC632 模块原理图如图 16-9 所示。

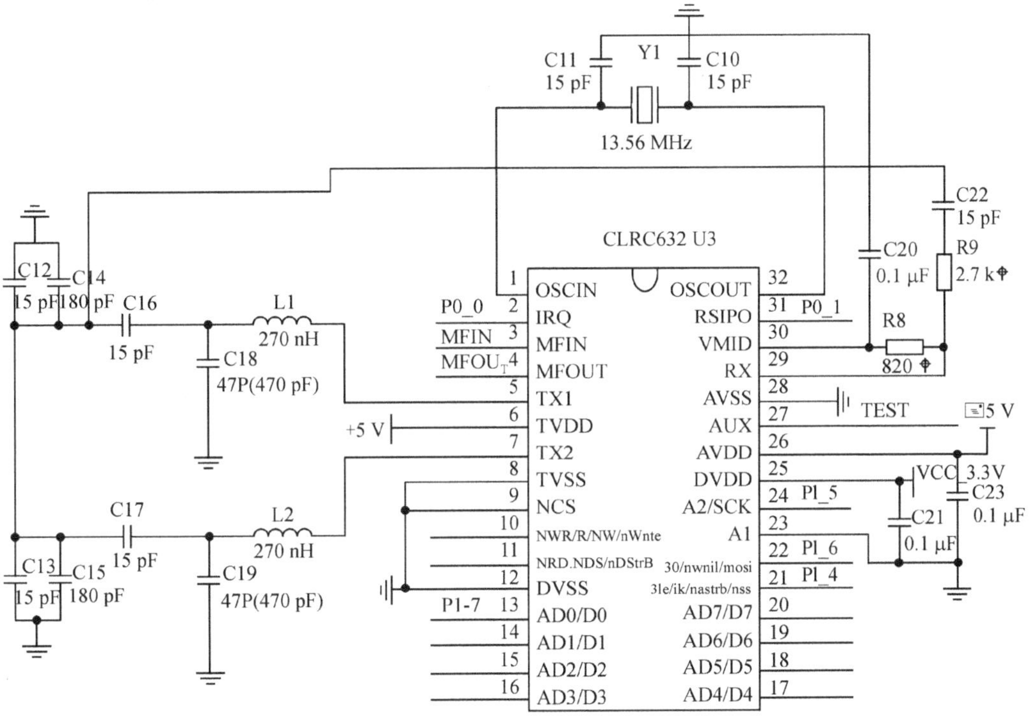

图 16-9　CLRC632 模块原理图

三、实施过程

1. 连接设备

将 CC Debugger 仿真器的 JTAG 接口与 CC2530 模块相连，仿真器另一端用 USB 数据线连接到 PC 上，如图 16-10 所示。仿真器另一端用 USB 数据线连接到 PC 上，接线表如表 16-3 所示。

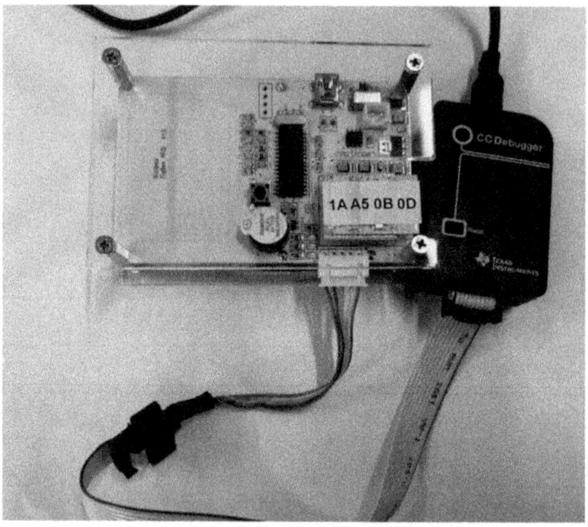

图 16-10　实验接线图

表 16-3　USB 数据线与 PC 连接关系

CC2530 模块	USB 转 TTL 模块
TXD	RXD
RXD	TXD
GND	GND

2. 设计程序

1) 设计程序流程图

根据项目要求，设计程序流程图，如图 16-11 所示。

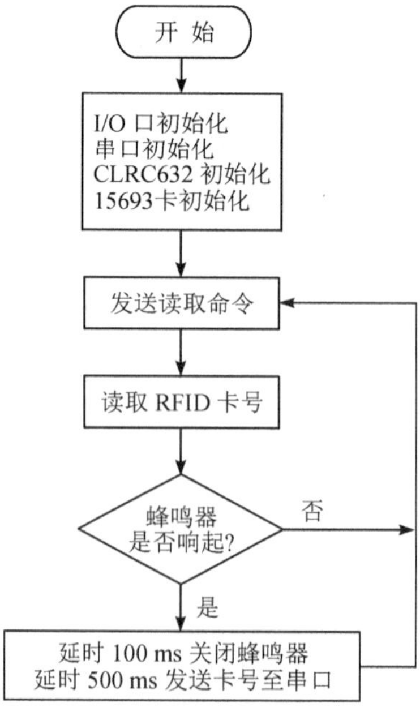

图 16-11　程序设计流程图

2) 编写代码

主要功能代码如下。

(1) 引用相应头文件：

```
#include <ioCC2530.h>
```

(2) 对 CLRC632 模块进行初始化：

```
函数名称：CLRC632_Init
功能：完成 CLRC632 模块初始化
    void CLRC632_Init(void)
{ RFID_RST=0;}//P0_1 进行复位
```

(3) 清空 FIFO 缓存数据：

```
函数名称：send_Inventory_cmd
功能：对 FIFO 缓存数据进行清空，并启动接收器
    vvoid v(void){
     Write_CLRC632_byte(0x01,0x00);
     LCD_DLY_ms(1);
     Write_CLRC632_byte(0x09,0xfe&Read_CLRC632_byte(0x09));//FIFOLength 清零
     Write_CLRC632_FIFO(Inventory_cmd,3);
     LCD_DLY_ms(1);
     Write_CLRC632_byte(0x01,0x1e); //将数据从 FIFO 发送到卡并在发送后自动启动接收器
     LCD_DLY_ms(1);
     RFID_send_bit=1;
     RFID_inc=0;
     RFID_size=0;
     RFID_size_buff=0;
}
```

(4) 对 RFID 射频卡的卡号进行读取：

```
函数名称：RFID_15936_read_tag
功能：读取 RFID 射频卡相应的卡号
    void RFID_15936_read_tag(void){
     if(RFID_send_bit==1){
         if(RFID_inc<30){
             rev_card_tag();
             RFID_send_bit=0;
             read_RFID_tag_ok=1;
               RFID_inc++;
        }else{
          RFID_send_bit=0;
```

```
                read_RFID_tag_ok=2;
            }
        }
    }
```

项目成果

按下仿真器或者 CC2530 模块上的 Reset 复位键。打开串口调试助手，设置波特率为 115200，串口调试助手将会收到 RFID 射频卡相应的卡号。串口助手具体参照图 16-12。

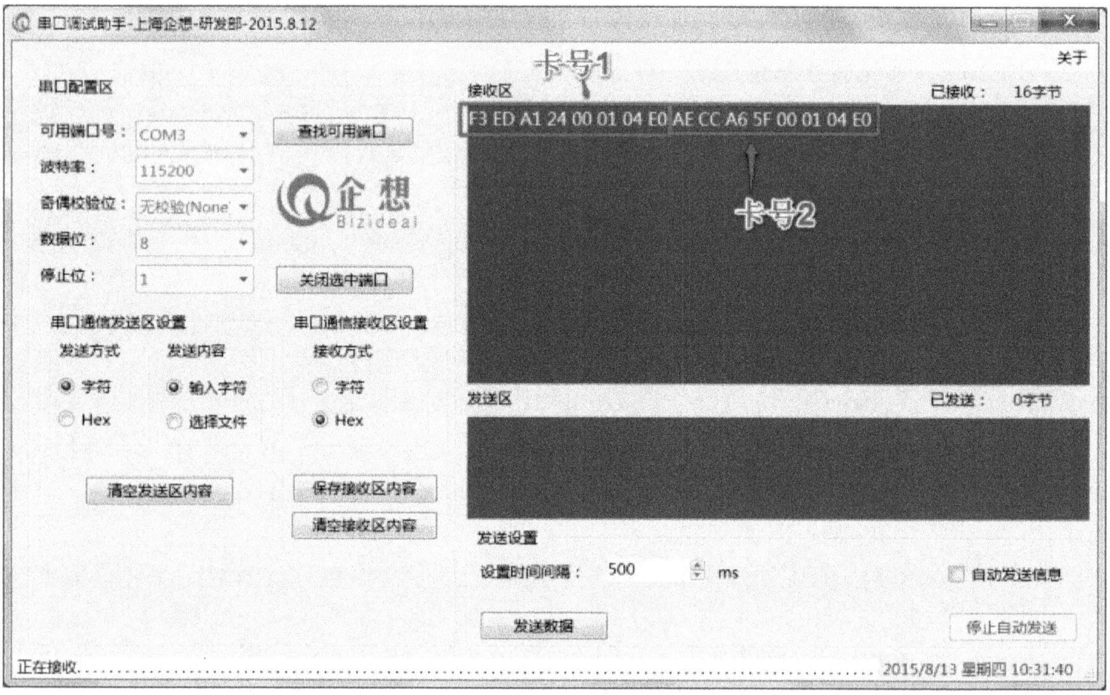

图 16-12　串口助手显示 RFID 卡号

拓展训练

1. 训练描述

以上实验只是利用 CC2530 开发板和 CLRC632 模块完成了 RFID 卡号的读取，如果要完善一个 RFID 读取系统，则需要用到更多的功能。

2. 训练要求

(1) 可通过按键中断功能来控制是否需要采集 RFID 相应的卡号。

(2) 增加策略，当采集的卡号有异常时，串口助手会显示异常提醒语句。

(3) 读取不同的卡号时，数据将保存在相应的内存中，如果重新识别时间，串口助手会有相应的提示。

项目总结

项目完成后认真填写表 16-4，记录整个项目的完成步骤及完成效果。

表 16-4　项目报告表

<table>
<tr><td>课程名称</td><td></td><td>项目名称</td><td colspan="3"></td></tr>
<tr><td>班级</td><td></td><td>姓名</td><td></td><td>学号</td><td></td></tr>
<tr><td>组长</td><td></td><td>小组成员</td><td colspan="3"></td></tr>
<tr><td>项目报告</td><td colspan="5">(报告必须包含以下几点：一、项目目的；二、项目计划；三、项目实施过程；四、项目总结；五、体会，可附页)
<table><tr><td>日期</td><td colspan="2">年　月　日</td></tr><tr><td rowspan="3">项目成员签名</td><td></td><td></td></tr><tr><td></td><td></td></tr><tr><td></td><td></td></tr></table></td></tr>
</table>

项目评价

根据项目完成情况，由学生自评、项目组互评、教师评分给予综合评判。学生也可参考评分细节重点掌握相关环节需要达到的能力要求。考核评价表如表16-5所示。

表16-5 考核评价表

评价要素		分值	学生自评(30%)	项目组互评(20%)	教师评分(50%)	各项总分	合计
能力考核	接线正确	10					
	驱动安装正确	10					
	完成代码	10					
	正确读取RFID卡号	10					
	完成拓展训练	10					
	项目报告	20					
素质考核	学习态度	5					
	工作态度	10					
	合作交流	5					
	出勤	10					
学生自评签名：		项目组互评签名：			教师签名：		

项目十七

Z-Stack 协议栈广播通信

项目导入

物联网的基本定义就是物与物的连接，即物体通过信息传播媒介进行信息交换和通信。前面的项目采用的都是单个 CC2530 模块，未能实现物与物的连接功能。本项目通过 2 个 CC2530 模块的组网及广播通信，让读者了解 CC2530 模块是如何组网以及进行信息交换的，从而真正理解物与物连接的原理和整个过程。

项目要求

2 个(或 2 个以上) CC2530 模块进行组网并实现广播通信。

(1) 使用 2 个(或 2 个以上)CC2530 模块实现组网。

(2) 2 个(或 2 个以上)CC2530 模块间实现广播通信。

项目分析

本项目需要使用 2 个(或 2 个以上)CC2530 模块，将 2 个模块组成一个小型的个域网(Personal Area Networks，PAN)，当组网成功后二者就可以进行简单的通信。在本项目中，CC2530 模块组网成功后，其中一个模块用于发送广播数据，另一个模块用于接收数据并使 LED 闪烁，从而提示二者已组网并通信成功。

项目目标

(1) 掌握 ZigBee 网络设备的特点。

(2) 掌握 ZigBee 网络拓扑结构。

(3) 了解 ZigBee 协议栈的体系结构。

(4) 掌握 Z-Stack 协议栈组网的工作原理。

(5) 学会使用 Z-Stack 协议栈进行广播通信。

知识储备

CC2530 模块间的通信采用 ZigBee 协议，要实现模块间的组网及通信，我们首先要了解 ZigBee 网络设备类型、拓扑结构及 ZigBee 协议栈的体系结构，其次要掌握基于 ZigBee

的 Z-Stack 协议栈组网通信的工作原理、代码编写及应用开发。

一、ZigBee 网络的设备类型

在 ZigBee 网络中，有三种不同类型的设备，分别为协调器(Coordinator)、路由器(Router)和终端节点(End Device)，如图 17-1 所示。

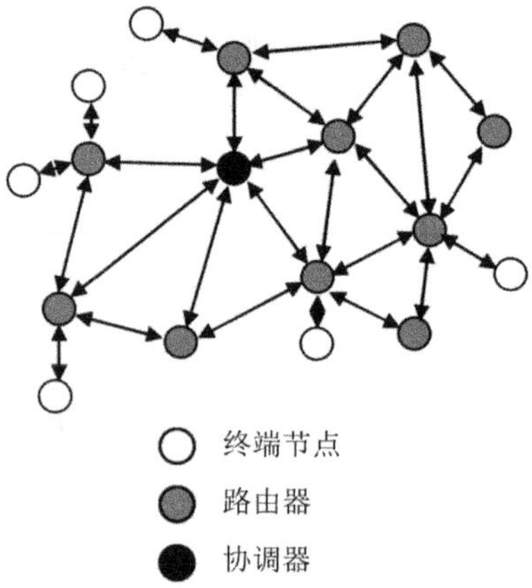

图 17-1 ZigBee 网络的设备类型

1. 协调器的作用及特点

(1) 选择一个频道和 PAN ID 组建网络；

(2) 允许路由和终端节点加入这个网络；

(3) 对网络中的数据进行路由管理；

(4) 必须常电供电，不能进入睡眠模式；

(5) 可以为睡眠的终端节点保留数据，直至其被唤醒后再读取。

2. 路由器的作用及特点

(1) 通过协调器加入一个 ZigBee 网络，之后就可以允许其他节点加入这个网络；

(2) 多路由转发数据，接收子节点发来的数据再转发给父节点；

(3) 可以为睡眠的终端节点保留数据，直至其被唤醒后再读取；

(4) 一般情况下保持供电，不进入睡眠模式。

3. 终端节点的作用及特点

(1) 在进行数据收发之前，须首先加入一个 ZigBee 网络；

(2) 不允许其他设备加入这个网络；

(3) 必须通过其父节点收发数据，不能转发其他节点发来的数据；

(4) 可由电池供电，并进入睡眠模式。

每个 PAN 都有一个独立的 ID 号，称为 PAN ID。整个个域网中的所有设备共享同一个 PAN ID，不同 PAN ID 的网络间无法通信。ZigBee 设备的 PAN ID 可以通过程序预先指定，也可以在设备运行期间自动加入到一个附近的 PAN 中。当 PAN ID 为 0xFFFF 时，该设备可加入环境中存在的任意 ZigBee 网络中；而当 PAN ID 为其他值时，该设备只能加入 PAN ID 相同的 ZigBee 网络中。

二、ZigBee 的地址

在 ZigBee 无线传感器网络中，ZigBee 设备有两种类型的地址，一种是 64 位的 IEEE 地址 (也称 MAC 地址或扩展地址)，另一种是 16 位的网络地址 (也称本地地址或短地址)。64 位的 IEEE 地址是在产品出厂时初始化的，在全球范围内是唯一标识地址；而 16 位的短地址是在设备加入网络时由协调器随机分配的。在这个 PAN 中短地址也必须是唯一的，因为在网络中识别节点和传输数据都要用到这个地址。其中协调器的网络地址在 PAN 中固定为 0x00。在 Z-Stack 协议栈中其定义的代码如下：

```
#define NWK_PAN_COORD_ADDR 0x0000。
```

三、ZigBee 网络拓扑结构

ZigBee 网络拓扑结构分为星型、树型和网状三种，可以根据实际项目需要来选择合适的 ZigBee 网络结构，这三种 ZigBee 网络结构各有优势。

1. 星型拓扑

星型拓扑是最简单的一种拓扑形式，其包含一个 Coordinator(协调器)节点、一系列的 Router(路由)节点和 End Device(终端)节点。每一个 End Device 节点只能和 Coordinator 节点进行通信。如果需要在两个 End Device 节点之间进行通信，就必须通过 Coordinator 节点进行信息的转发。这种拓扑形式的缺点是节点之间的数据路由只有唯一的路径，Coordinator 节点有可能成为整个网络的瓶颈。星型拓扑不需要使用 ZigBee 的网络层协议，因为本身 IEEE 802.15.4 的协议层已经实现了星型拓扑结构，这就需要开发人员在应用层做更多的工作，自己处理信息的转发。星型拓扑的结构如图 17-2 所示。

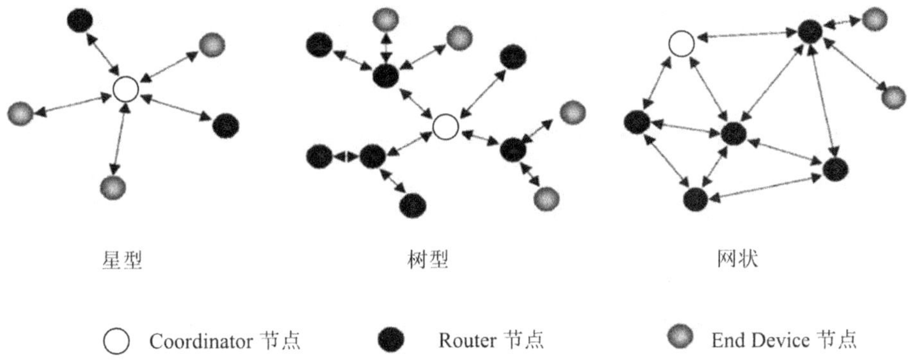

图 17-2　ZigBee 网络的星型拓扑结构

2. 树型拓扑

树型拓扑包括一个 Coordinator 节点以及一系列的 Router 节点和 End Device 节点。Coordinator 连接一系列的 Router 和 End Device 节点，它的子节点的 Router 也可以连接一系列 Router 和 End Device 节点，这样可以重复多个层级。

树型拓扑结构的特点主要有以下几个方面：

(1) Coordinator 和 Router 节点可以包含自己的子节点。

(2) End Device 节点不能有自己的子节点。

树型拓扑中的通信规则：

(1) 每一个节点都只能与它的父节点和子节点通信。

(2) 如果需要从一个节点向另一个节点发送数据，那么信息将沿着树的路径向上传递到最近的祖先节点然后再向下传递到目标节点。

这种拓扑方式的缺点就是信息只有唯一的路由通道。

3. 网状拓扑

网状拓扑(Mesh 拓扑)包含一个 Coordinator 节点以及一系列的 Router 节点和 End Device 节点，与树型拓扑的结构相同。但是，网状拓扑具有更加灵活的路由规则，路由节点之间可以直接通信。这种路由机制使得信息的通信变得更有效率，而且即使一个路由路径出现了问题，信息也可以自动沿着其他路由路径进行传输。

通常在网状拓扑结构的网络中，网络层会提供相应的路由寻找功能，这使得网络层可以找到信息传输中最优化的路径。需要注意的是，以上所提到的特性都是由网络层实现的，应用层不需要参与。

网状拓扑结构的网络具有强大的功能，网络可以通过“多级跳”的方式来通信。该拓扑结构还可以组成极为复杂的网络，具备自组织、自愈功能。

在 Z-Stack 协议栈中，网状拓扑结构的定义代码如下：

```
#define NWK_MODE_STAR 0
#define NWK_MODE_TREE 1
#define NWK_MODE_MESH 2
#if ( STACK_PROFILE_ID ==ZigBeePRO_PROFILE )
#define NWK_MODE NWK_MODE_MESH
#elif ( STACK_PROFILE_ID == HOME_CONTROLS )
#define NWK_MODE NWK_MODE_MESH
#elif ( STACK_PROFILE_ID == GENERIC_STAR )
#define NWK_MODE NWK_MODE_STAR
#elif ( STACK_PROFILE_ID == NETWORK_SPECIFIC )
#define NWK_MODE NWK_MODE_MESH
#endif
```

四、信标与非信标模式

ZigBee 网络的工作模式可以分为信标(Beaeon)和非信标(Non-beaeon)两种。信标模式实现了网络中所有设备的同步工作和同步休眠，可达到最大限度的功耗节省目的；而非信标模式则只允许终端设备进行周期性休眠，协调器和所有路由器设备必须长期处于工作状态。

在信标模式下，协调器负责以一定的间隔时间(一般在 15 ms～4 min 之间)向网络广播信标帧，两个信标帧发送间隔之间有 16 个相同的时槽，这些时槽分为网络休眠区和网络活动区两个部分，消息只能在网络活动区的各时槽内发送。

在非信标模式下，ZigBee 标准采用父节点为终端设备子节点缓存数据、终端设备主动向其父节点提取数据的机制，以实现终端设备的周期性休眠。网络中所有父节点需为自己的终端设备子节点缓存数据帧，所有终端设备子节点的大多数时间都处于休眠模式。终端设备周期性地醒来与父节点握手用于确认自己仍处于网络中，其从休眠模式转入数据传输模式一般只需要 15 ms。

五、ZigBee 协议栈的体系结构

ZigBee 协议栈由一组子层构成。每层为其上层提供一组特定的服务，数据实体提供数据传输服务，管理实体提供其他服务。每个服务实体通过一个服务接入点(SAP)为其上层提供服务接口，并且每个 SAP 提供了一系列基本服务指令来完成相应的功能。

ZigBee 协议栈的体系结构如图 17-3 所示。该体系结构虽然基于标准的七层开放式系统

互联(OSI)模型，但仅对那些涉及 ZigBee 的层予以定义。IEEE 802.15.4—2003 标准定义了最下面的两层：物理层(PHY)和介质接入控制子层(MAC)。ZigBee 联盟提供了网络层和应用层(APL)框架的设计。其中，应用层框架包括应用支持子层(APS)、ZigBee 设备对象(ZDO)和由制造商所定义的应用对象。

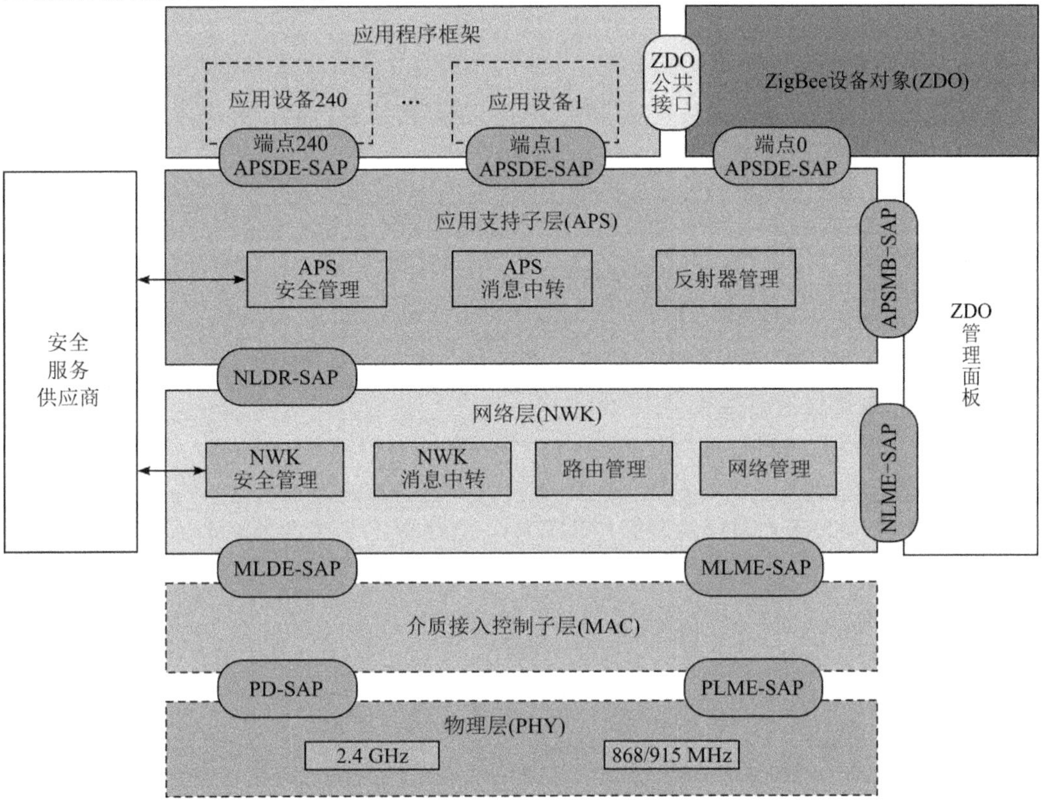

图 17-3　ZigBee 协议栈的体系结构

1. 应用层

可以看到 ZigBee 应用层框架包括应用支持子层(APS)、ZigBee 设备对象(ZDO)和制造商所定义的应用对象。

应用支持子层的功能包括：维持绑定表，在绑定的设备之间传送消息。绑定就是基于两台设备的服务和需求将它们匹配地连接起来。

ZigBee 设备对象的功能包括：定义设备在网络中的角色(如 ZigBee 协调器和终端设备)，发起和响应绑定请求，在网络设备之间建立安全机制。ZigBee 设备对象还负责发现网络中的设备，以及向它们提供应用服务。

ZigBee 应用层除了提供一些必要函数以及为网络层提供合适的服务接口，还有一个重要的功能是应用者可在该层定义自己的应用对象。

2. 物理层

物理层(PHY)物理层定义了物理无线信道和 MAC 子层之间的接口，提供物理层数据服务和物理层管理服务。其主要功能如下：

(1) ZigBee 的激活；

(2) 当前信道的能量检测；

(3) 链路服务质量信息的接收；

(4) ZigBee 信道的接入；

(5) 信道频率的选择；

(6) 数据传输和接收。

3. 介质接入控制子层

介质接入控制子层(MAC)负责处理所有的物理无线信道访问，并产生网络信号、同步信号；支持 PAN 连接和分离，提供两个对等 MAC 实体之间可靠的链路。其主要功能如下：

(1) 为网络协调器产生信标；

(2) 保持与信标同步；

(3) 支持 PAN(个域网)链路的建立和断开；

(4) 为设备的安全性提供支持；

(5) 信道接入方式采用免冲突载波检测多址接入(CSMA-CA)机制；

(6) 处理和维护保护时隙(GTS)机制；

(7) 在两个对等的 MAC 实体之间提供一个可靠的通信链路。

4. 网络层

ZigBee 协议栈的核心部分是网络层(NWK)，网络层主要实现节点加入或离开网络、接受或抛弃其他节点、查找路由及传送数据等功能。其主要功能如下：

(1) 发现网络；

(2) 形成网络；

(3) 允许设备连接；

(4) 初始化路由器；

(5) 将设备同网络连接；

(6) 直接将设备同网络连接；

(7) 断开网络连接；

(8) 重新复位设备；

(9) 同步接收机；

(10) 维护信息库。

六、ZigBee 的信道

IEEE 802.15.4 标准定义了两个工作频段，即 2.4 GHz 频段和 868/915 MHz 频段，这两个频段都属于免执照的工业科学医疗(ISM)频段。在 IEEE 802.15.4 标准中，总共分配了 27 个具有 3 种速率的信道：在 2.4 GHz 频段有 16 个速率为 250 kb/s 的信道，信道间隔为 5 MHz；在 915 MHz 频段有 10 个速率为 40 kb/s 的信道，信道间隔为 2 MHz；在 868 MHz 频段有 1 个速率为 20 kb/s 的信道。

这些信道的中心频率按如下规则定义(k 为信道编号)：

$F_c = 868.3\ \text{MHz} \quad (k = 0)$

$F_c = 906\ \text{MHz} + 2(k - 1)\text{MHz} \quad (k = 1，2，\cdots，10)$

$F_c = 2405\ \text{MHz} + 5(k - 11)\text{MHz} \quad (k = 11，12，\cdots，26)$

具体信道分配如表 17-1 所示。

表 17-1 ZigBee 信道分配表

信道编号 k	中心频率/MHz	信道间隔/MHz	频率上限/MHz	频率下限/MHz
0	868.3		868.6	868.0
1，2，…，10	906+2(k−1)	2	928.0	902.0
11，12，…，26	2405+5(k−11)	5	2483.5	2400.0

众所周知，Wi-Fi、ZigBee 和蓝牙都使用 2.4 GHz 频段。当这三种类型的设备在同一空间通信时，会受到相同频率的干扰。为了减少 Wi-Fi 频道和 ZigBee 频道之间的同频干扰，ZigBee 联盟建议使用 11、14、15、19、20、24、25 这些信道。Wi-Fi 和 ZigBee 信道对比如图 17-4 所示。

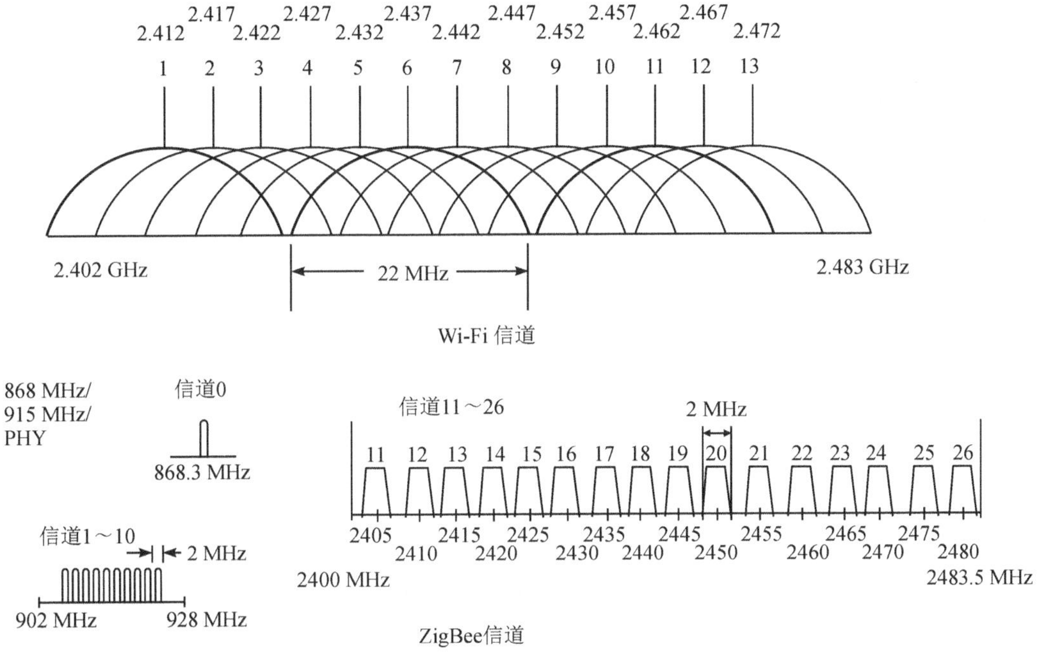

图 17-4 Wi-Fi 和 ZigBee 信道对比图

由于 Wi-Fi 通常为 1、6 和 11 信道，每个信道的频谱带宽为 22 MHz，因此，与 ZigBee 频道的分布结合使用时，可以发现 ZigBee 的 14 和 15 信道恰好在 Wi-Fi 的 1 和 6 信道之间，ZigBee 的 19 和 20 信道在 Wi-Fi 的 6 和 11 信道之间，因此对 ZigBee 的 14、15、19、20 信道的干扰较小。而 ZigBee 的 11、24、25 信道处于 Wi-Fi 的 1 和 11 信道之外，因此 ZigBee 的 11、24 和 25 信道几乎不受 Wi-Fi 干扰。故要避免 ZigBee 受到 Wi-Fi 的影响，最合理的方案是信道应配置在 11、15、20、26 处。根据频段越低传输距离越远的道理，建议分配在 11 信道处。

七、ZigBee 的地址分配

在 ZigBee 无线传感器网络中，每个节点有两个地址：一个是物理地址(也称 IEEE 或扩展地址)，物理地址是在产品出厂时初始化的，在全球范围内是唯一标识地址；另一种是

16 位的网络地址（也称本地地址或短地址），它有两种地址分配机制，即随机分配机制和分布式分配机制。

1. 随机分配机制

协调器在建立网络后使用 0x0000 作为自己的短地址，而路由器和终端节点的短地址随机选择，当这个地址与另一个设备冲突时，设备自动指派另外的随机地址。

2. 分布式分配机制

在路由器和终端节点加入网络以后，使用父设备给它分配的 16 位短地址来完成通信，这种方式是 Z-Stack 协议中重点介绍的方法。16 位地址意味着可以分配给 65536 个节点之多，地址的分配取决于整个网络的架构，整个网络的架构由网络的最大深度(Lm)、每个父设备拥有的子设备数(Cm)、子设备中的路由器数(Rm)三个参数决定。有了这 3 个值就可以用公式计算出某父设备的路由器子设备之间的地址间隔。

在 ZigBee 网络中，协调器的网络深度为 0。图 17-5 为分布式地址分配机制示例。

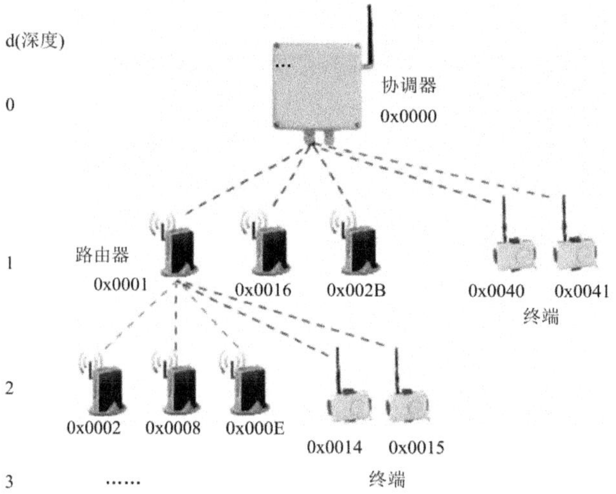

图 17-5　分布式地址分配机制示例

一旦 Lm、Cm、Rm 这 3 个参数的值确定了，整个网络设备的地址也就确定下来。所以，只要知道某个设备的短地址就可以计算出它的设备类型和它的父设备地址。

八、Z-Stack 协议栈

为了使 ZigBee 的开发更加简单高效，TI 公司推出了基于 CC2530 芯片的 Z-Stack 协议栈，实际上就是能实现各个功能的实例框架代码。我们想要实现自己的功能程序，只需要在协议栈的基础上修改或添加内容即可。

1. 安装 Z-Stack2.5.1a 协议栈

双击 Z-Stack2.5.1a 协议栈安装文件进行安装，默认安装到 C:\Texas Instruments\Z-Stack-CC2530-2.5.1a 下。实际上安装协议栈只是把文件解压到安装的目录下，如图 17-6 所示。

协议栈目录下主要包含下列文件夹：

(1) Components：Z-Stack 的库文件夹，其中包含了我们用到的 ZDO、HAL、MTl、OSAL 等库函数代码。

(2) Documents：包含了 TI 的开发文档。

(3) Projects：包含了 TI 协议栈的三个案例程序。

(4) Tools：包含了 TI 提供的一些开发工具软件。

图 17-6　Z-Stack 协议栈安装目录

2. 打开 Z-Stack 协议栈 SampleApp 项目

用 IAR 打开 Z-Stack 协议栈目录下的 SampleApp 项目(三个项目针对不同应用，代码类似)，打开 C:\Texas Instruments\Z-Stack-CC2530-2.5.1a\Projects\Z-Stack\Samples\SampleApp\CC2530DB\SampleApp.eww 文件，可以看到如图 17-7 所示的目录结构。

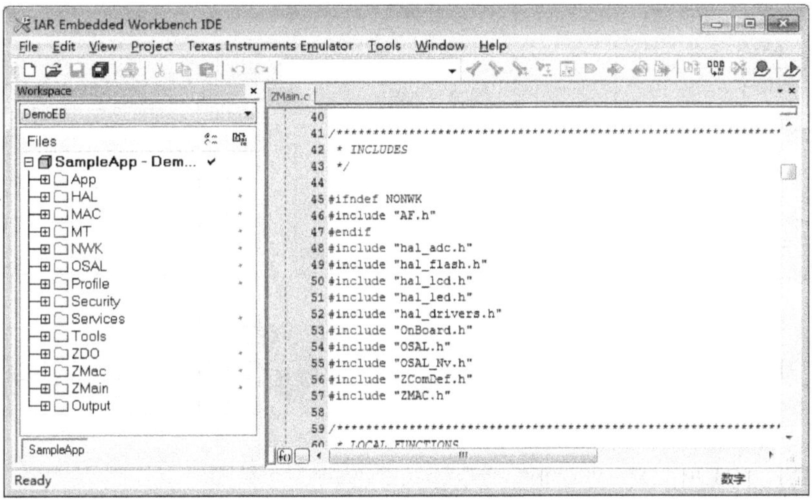

图 17-7　Z-Stack 协议栈项目文件目录

可以看到项目文档按照 Z-Stack 协议栈体系结构分为 14 个文件夹，分类如下：

(1) App：应用层目录，这是用户创建各种不同工程的区域，在这个目录中包含了应用层的内容和这个项目的主要内容。

(2) HAL：硬件层目录，包含了与硬件相关的配置和驱动及操作函数。

(3) MAC：MAC 层目录，包含了 MAC 层的参数配置文件及 LIB 库的函数接口文件。

(4) MT：通过串口可控制各层，并与各层直接进行交互。

(5) NWK：网络层目录，包含了网络层配置参数文件、网络层库的函数接口文件及 APS 层的库函数接口文件。

(6) OSAL：协议栈的操作系统。

(7) Profile：应用框架层(Application Framework，AF)目录，包含了 AF 层处理函数文件。应用框架层是应用程序和 APS 层的无线数据接口。

(8) Security：安全层目录，包含了安全层处理函数，如加密函数等。

(9) Services：地址处理函数目录，包含了地址模式的定义及地址处理函数。

(10) Tools：工程配置目录，包含了空间划分及 Z-Stack 相关配置信息。

(11) ZDO：ZDO 目录。

(12) ZMac：MAC 层目录，包含了 MAC 层参数配置及 LIB 库的函数回调处理函数。

(13) ZMain：主函数目录，包含了入口函数及硬件配置文件。

(14) Output：输出文件目录，由 IAR IDE 自动生成。

3. 查看 Z-Stack 协议栈工作流程

Z-Stack 协议栈工作流程如图 17-8 所示。

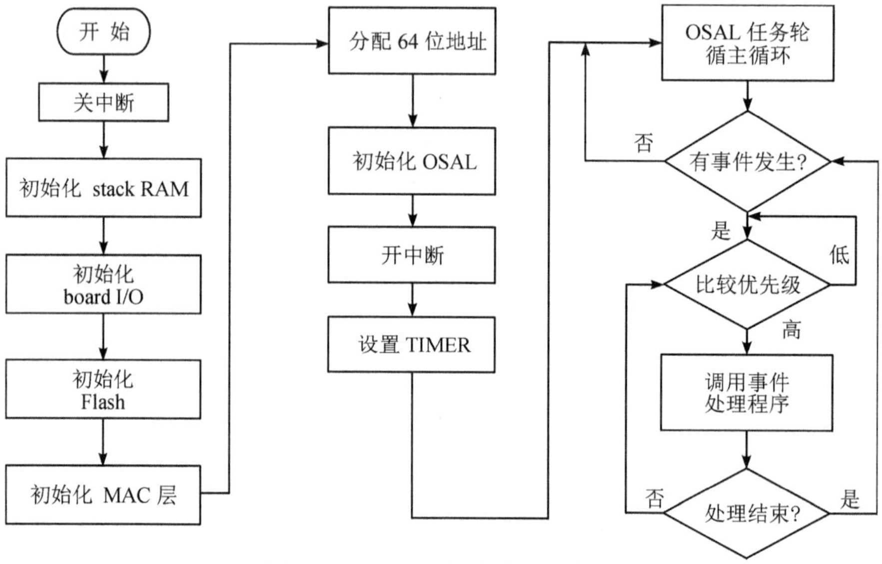

图 17-8　Z-Stack 协议栈工作流程

Z-Stack 协议栈可以看成一个小型操作系统，其程序流程也是按照图 17-8 运行的，首先从 main()函数开始依次调用其他功能函数：

```
main()→osal_init_system()→osalInitTasks()→SampleApp_Init()
```

例如 main()函数调用的第一个函数 osal_int_disable(INTS_ALL)，函数名的字面意义解读为操作系统中断禁止(所有)，即关所有中断。选定这个函数右击鼠标，在弹出的菜单中选择“Go to definition of osal_int_disable(INTS_ALL);”，如图 17-9 所示。

可以看到这个函数是在 osal.c 下定义的：

```
uint8 osal_int_disable( uint8 interrupt_id )
{
  if ( interrupt_id == INTS_ALL )
  {
    HAL_DISABLE_INTERRUPTS();
```

```
        return ( SUCCESS );
    }
}
```

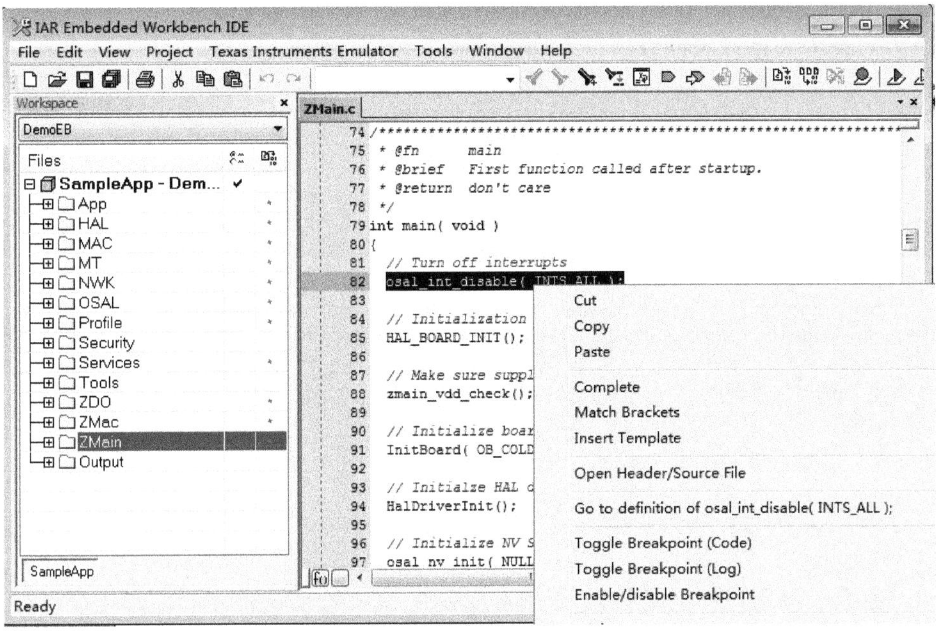

图 17-9　osal_int_disable()函数

main()函数又调用了 HAL_DISABLE_INTERRUPTS()函数，选定这个函数右击鼠标，在弹出的菜单中选择“Go to definition of osal_int_disable(INTS_ALL);”，可以看到在 hal_mcu.h 中定义了

```
#define HAL_DISABLE_INTERRUPTS()          st( EA = 0; )
```

也就是我们前面讲的把 IEN0 寄存器的第 7 位置 0。从这里可以看出 Z-Stack 协议栈本质上是把较为难记的寄存器配置改成相对容易理解的函数。只要我们了解这些函数的用法和参数，就可以更好更快地编写应用程序代码。

```
int main( void )
{
  osal_int_disable( INTS_ALL );          //关闭所有中断
  HAL_BOARD_INIT();                      //初始化系统时钟
  zmain_vdd_check();                     //检查芯片电压是否正常
  InitBoard( OB_COLD );                  //初始化 I/O、LED、Timer 等
  HalDriverInit();                       //初始化芯片各硬件模块
  osal_nv_init( NULL );                  //初始化 Flash 存储器
  ZMacInit();                            //初始化 MAC 层
  zmain_ext_addr();                      //确定 IEEE 64 位地址
  zgInit();                              //初始化非易失变量
#ifndef NONWK
```

```
    // Since the AF isn't a task, call it's initialization routine
    afInit();
  #endif
   osal_init_system();             //初始化操作系统
   osal_int_enable( INTS_ALL );  //使能全部中断
   InitBoard( OB_READY );        //最终板载初始化
   zmain_dev_info();               //显示设备信息
  #ifdef LCD_SUPPORTED
    zmain_lcd_init();              //初始化 LCD
  #endif
  #ifdef WDT_IN_PM1
    /* If WDT is used, this is a good place to enable it. */
    WatchDogEnable( WDTIMX );
  #endif
    osal_start_system();           //执行操作系统
    return 0;
}
```

main()函数的调用过程就是按照图 17-8 所示的流程对系统进行的初始化操作。

4. Z-Stack 的系统任务

main()函数中执行的函数大部分不需要改写，重要的是查看 osal_init_system()系统初始化函数，鼠标双击进入这个函数。

```
uint8 osal_init_system( void )
{
  osal_mem_init();           //配置系统内存
  osal_qHead = NULL;       //初始化消息队列
  osalTimerInit();           //初始化定时器
  osal_pwrmgr_init();       //初始化电源管理
  osalInitTasks();           //初始化系统任务
  osal_mem_kick();
  return ( SUCCESS );
}
```

查看 osal_init_system()函数中调用的 osalInitTasks()初始化任务函数，鼠标双击进入此函数。

```
void osalInitTasks( void )
{
  uint8 taskID = 0;        //任务号为 0
  tasksEvents = (uint16 *)osal_mem_alloc( sizeof( uint16 ) * tasksCnt);
  osal_memset( tasksEvents, 0, (sizeof( uint16 ) * tasksCnt));
//操作系统为任务分配存储空位
```

```
    macTaskInit( taskID++ );        //初始化 MAC 层，mac_taskID=0;
    nwk_init( taskID++ );           //初始化网络层，nwk_taskID=1;
    Hal_Init( taskID++ );           //初始化硬件层，Hal_taskID=2;
#if defined( MT_TASK )
    MT_TaskInit( taskID++ );        //初始化串口任务，MT_taskID=3(如果定义了 MT_TASK)
#endif
    APS_Init( taskID++ );           //初始化 APS 任务;
ZDApp_Init( taskID++ );             //初始化 ZDApp 任务;
    SampleApp_Init( taskID );       //初始化 SampleApp 任务(用户创建的任务)
}
```

系统需要用到串口时就会宏定义 MT_TASK，用不到串口时则无须定义这个宏。

5. 初始化用户应用函数 SampleApp_Init( )

除了一些系统配置，用户自定义的代码基本都在这个函数中。

```
void SampleApp_Init( uint8 task_id )
{
    SampleApp_taskID = task_id;              //SampleApp_taskID=6;用户创建的任务
    SampleApp_NwkState = DEV_INIT;           //初始化网络状态
}
```

1) 网络状态

ZigBee 的路由器和终端节点在没加入网络前的状态为 DEV_INIT。以协调器为主构建一个网络，分配其他节点在网络中的角色为路由器或终端节点。在 ZDApp.h 文件中定义了这些网络状态的枚举类型。一个 ZigBee 网络只能有一个协调器，其他节点加入这个网络后网络状态就被配置为路由器或终端节点。

```
typedef enum
{
    DEV_HOLD,                      // 初始化完成，未自动启动
    DEV_INIT,                      //初始化完成，未连接任何节点
    DEV_NWK_DISC,                  //找到一个 PAN
    DEV_NWK_JOINING,               //加入一个 PAN
    DEV_NWK_REJOIN,                //重新加入一个 PAN, 只对终端节点有效
    DEV_END_DEVICE_UNAUTH,         //已加入但尚未得到认证
    DEV_END_DEVICE,                //身份验证后作为设备启动
    DEV_ROUTER,                    //已加入 PAN，认证为路由器
    DEV_COORD_STARTING,            //已启动为协调器
    DEV_ZB_COORD,                  //已启动为协调器
    DEV_NWK_ORPHAN                 //设备丢失了上层设备的信息
} devStates_t;
```

2) 地址类型

Z-Stack 协议中定义了发送的数据包类型，主要有三种：广播包、组播包和点播包。广播包发给本网络中的所有节点，组播包发给一组节点，而点播包只发给某一个节点。Z-Stack 协议定义一个 PAN 中只能有一个协调器，其短地址为固定的 0x0000，其他节点的短地址由协调器来分配，而网络状态经常改变，其他节点的短地址无法固定，因此点播包按短地址发送只能发给协调器。发送广播包时接收方的短地址全为 1，即 0xFFFF。endPoint 为端点号，类似于 TCP/IP 协议中的端口号。

```
SampleApp_Periodic_DstAddr.addrMode = (afAddrMode_t)AddrBroadcast;
SampleApp_Periodic_DstAddr.endPoint = SAMPLEAPP_ENDPOINT;
SampleApp_Periodic_DstAddr.addr.shortAddr = 0xFFFF;
```

addrMode 地址的模式在枚举类型 afAddrMode_t 中定义，表示接收方地址可以是以下几种模式：

```
enum
{
   AddrNotPresent = 0,       //未知地址
   AddrGroup = 1,            //发给某组
   Addr16Bit = 2,            //发给一个 16 位短地址节点
   Addr64Bit = 3,            //发给一个 64 位长地址节点
   AddrBroadcast = 15        //广播给所有节点
};
```

3) 系统事件处理函数 SampleApp_ProcessEvent()

操作系统采用轮询任务的机制。当某个任务发生时，系统传输参数任务号 task_id 和事件类型 events 给函数 SampleApp_ProcessEvent()，然后从系统得到完整的参数信息并放入结构体 MSGpkt 中，根据这些参数可判断发生了什么事件，以调用相应函数。

```
 uint16 SampleApp_ProcessEvent( uint8 task_id, uint16 events )
{
   afIncomingMSGPacket_t *MSGpkt;   //新建一个结构体实例
   (void)task_id;   // Intentionally unreferenced parameter
   if ( events & SYS_EVENT_MSG )        //如果有事件发生及相关信息
   {
//把事件其他相关信息放入结构体 MSGpkt
MSGpkt = (afIncomingMSGPacket_t *)osal_msg_receive( SampleApp_TaskID );
     while ( MSGpkt )
{
//判断结构体 MSGpkt 中二级结构体 hdr 下的事件参数 event
        switch ( MSGpkt->hdr.event )
        {
            case KEY_CHANGE:       //如果发生了按键事件
```

```
            SampleApp_HandleKeys( ((keyChange_t *)MSGpkt)->state, ((keyChange_t
    *)MSGpkt)->keys );          //则执行函数 SampleApp_HandleKeys()
            break;
            case AF_INCOMING_MSG_CMD:      //如果接收到数据包
            SampleApp_MessageMSGCB( MSGpkt ); //则调用此函数
            break;
            case ZDO_STATE_CHANGE:      //如果网络状态改变
            SampleApp_NwkState = (devStates_t)(MSGpkt->hdr.status);
            if ( (SampleApp_NwkState == DEV_ZB_COORD)      //如果是协调器
                || (SampleApp_NwkState == DEV_ROUTER)      //或者是路由器
                || (SampleApp_NwkState == DEV_END_DEVICE) )  //或者是终端节点
            {
                    osal_start_timerEx( SampleApp_TaskID,
                                    SAMPLEAPP_SEND_PERIODIC_MSG_EVT,
                                    SAMPLEAPP_SEND_PERIODIC_MSG_TIMEOUT );
            } //启动周期发送信息事件 SAMPLEAPP_SEND_PERIODIC_MSG_EVT，默认 5 s
```

4) 周期事件处理

周期事件处理是指每隔一定时间系统就会执行任务。

```
    if ( events & SAMPLEAPP_SEND_PERIODIC_MSG_EVT ) //如果启动周期发送信息事件
    {   SampleApp_SendPeriodicMessage(); // 则执行此发送广播包的函数
          osal_start_timerEx( SampleApp_TaskID, SAMPLEAPP_SEND_PERIODIC_MSG_EVT,
           (SAMPLEAPP_SEND_PERIODIC_MSG_TIMEOUT + (osal_rand() & 0x00FF)) );
        return (events ^ SAMPLEAPP_SEND_PERIODIC_MSG_EVT);   // 设置发送时间
    }
```

5) 发送广播包 SampleApp_SendPeriodicMessage ()

其他参数都在用户初始化函数 SampleApp_Init( )中设置过，这里只需要设置发送的字节数和发送的内容即可。

```
void SampleApp_SendPeriodicMessage( void )
{
  if ( AF_DataRequest( &SampleApp_Periodic_DstAddr, &SampleApp_epDesc,
                       SAMPLEAPP_PERIODIC_CLUSTERID,
                       1,              //准备发送的字节数
                       (uint8*)&SampleAppPeriodicCounter, //准备发送的信息内容
                       &SampleApp_TransID,
                       AF_DISCV_ROUTE,
                       AF_DEFAULT_RADIUS ) == afStatus_SUCCESS )
}
```

6) 收到信息处理函数 SampleApp_MessageMSGCB()

收到信息时，可通过结构体中参数 clusterId 判断是哪种类型的数据包，以执行不同的代码。

```
void SampleApp_MessageMSGCB( afIncomingMSGPacket_t *pkt )
{
  uint16 flashTime;
  switch ( pkt->clusterId )
  {
    case SAMPLEAPP_PERIODIC_CLUSTERID:                    //如果收到广播包
      break;                                              //直接忽略
    case SAMPLEAPP_FLASH_CLUSTERID:                       //如果收到组播包
      flashTime = BUILD_UINT16(pkt->cmd.Data[1], pkt->cmd.Data[2] );
      HalLedBlink( HAL_LED_4, 4, 50, (flashTime / 4) );   //让 LED4 闪烁
      break;
  }
}
```

项目实施

一、设备和资源准备

项目实施前必须先准备好相应的设备和资源，见表 17-2。

表 17-2　设备和资源清单

序号	设备/资源名称	数量	单位	是否准备到位(√)
1	CC2530 模块	2	个	
2	SmartRF04EB(或 CCDebugger)仿真器	1	个	

二、实施过程

1. 打开 Z-Stack 协议栈 SampleApp 项目

用 IAR 打开 Z-Stack 协议栈目录下的 SampleApp 项目，双击打开 SampleApp.eww 文件。文件路径为 C:\Texas Instruments\Z-Stack-CC2530-2.5.1a\Projects\Z-Stack\Samples\SampleApp\CC2530DB\SampleApp.eww。

2. 修改 SampleAPP.c 的事件处理函数 SampleApp_ProcessEvent()

协调器负责收集路由器和终端节点传递过来的信息，为减轻其负荷，修改为只有路由器或终端节点才能启动周期事件，每隔固定时间发送上传数据的广播包。

```
{...
  case ZDO_STATE_CHANGE:        //当网络状态发生改变时
  SampleApp_NwkState = (devStates_t)(MSGpkt->hdr.status);
  if ((SampleApp_NwkState == DEV_ROUTER)        //路由器节点
      || (SampleApp_NwkState == DEV_END_DEVICE) )   //或者是终端节点
  {
```

```
        osal_start_timerEx( SampleApp_TaskID,
                            SAMPLEAPP_SEND_PERIODIC_MSG_EVT,
                            SAMPLEAPP_SEND_PERIODIC_MSG_TIMEOUT );
    }
//启动周期发送信息事件 SAMPLEAPP_SEND_PERIODIC_MSG_EVT，默认 5 s。
```

其意义为只有路由器或终端节点才能启动周期事件，而周期事件是发送一个广播包。

3. 修改发送广播包函数 SampleApp_SendPeriodicMessage()

其他参数都已在用户初始化函数 SampleApp_Init( )中设置过，这里只需要修改发送的字节数和发送的内容即可。

```
void SampleApp_SendPeriodicMessage( void )
{
 uint8 buffer[3]="A1";
  if ( AF_DataRequest( &SampleApp_Periodic_DstAddr, &SampleApp_epDesc,
                        SAMPLEAPP_PERIODIC_CLUSTERID,
                        2,              //准备发送的字节数
                        buffer, //准备发送的信息内容
                        &SampleApp_TransID,
                        AF_DISCV_ROUTE,
                        AF_DEFAULT_RADIUS ) == afStatus_SUCCESS )
 HalLedBlink(HAL_LED_1, 0, 50, 500);//LED1 间隔 500ms 闪烁
}
```

4. 修改接收处理函数 SampleApp_MessageMSGCB()

当接收到无线信号传来的数据包时，先判断包的类型是广播包、组播包还是点播包，再进行相应的处理。

```
void SampleApp_MessageMSGCB( afIncomingMSGPacket_t *pkt )
{
  byte buf[3];
  switch ( pkt->clusterId ) //判断簇 ID，即接收包的类型
  {
    case SAMPLEAPP_PERIODIC_CLUSTERID:      //收到广播数据
      osal_memset(buf, 0 , 3);
      osal_memcpy(buf, pkt->cmd.Data, 2);          //复制数据到缓冲区中
      if(buf[0]=='A' && buf[1]=='1')               //判断收到的数据是否为“A1”
      {
          HalLedBlink(HAL_LED_1, 0, 50, 500);      //LED1 间隔 500 ms 闪烁
      }
      else
      {
```

```
                HalLedSet(HAL_LED_1, HAL_LED_MODE_ON); //点亮 LED1
            }
            break;
        case SAMPLEAPP_FLASH_CLUSTERID: //收到组播数据
            break;
    }
}
```

5. 下载程序到 CC2530 模块

(1) 将烧录器分别与 CC2530 模块和 PC 相连，在目录树上方的下拉菜单中选择 CoodinatorEB，依次点击 Make 按钮 和 Download and Debug 按钮 ，当下方信息框中提示“Total number of　errors: 0”时，说明代码正确，就可以把生成的 Hex 文件烧写进 CC2530 开发板 A 作为协调器，如图 17-10 所示。

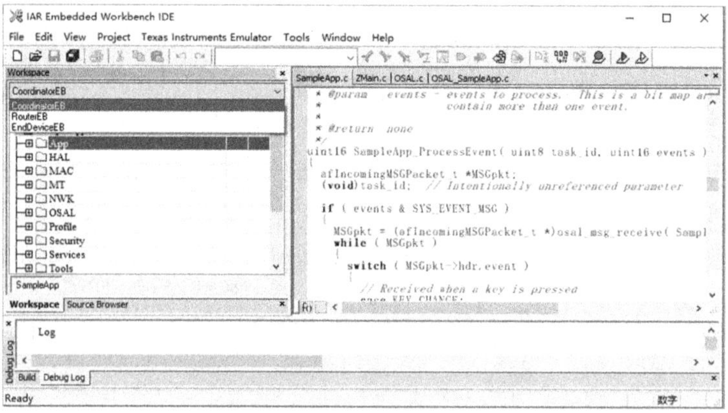

图 17-10　IAR 编译及下载

(2) 选择目录树上方的下拉菜单选择 EndDeviceEB，将其下载到开发板 B 作为终端设备。

项目成果

打开 CC2530 上模块 A 和模块 B 的电源，等待几秒钟。终端节点 LED1 开始闪烁，表明终端节点开始发送广播包；协调器节点 LED1 开始闪烁，表明协调器接收到了广播包。广播通信效果如图 17-11 所示。

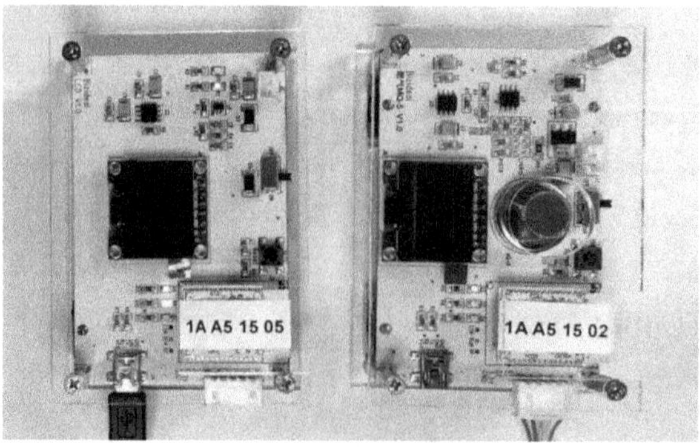

图 17-11　广播通信效果图

拓展训练

上面案例中终端节点定时发送字符串“A1”，而协调器收到这个字符串后先进行判断，确认接收到的数据为“A1”时则 LED1 闪烁。下面我们改变发送的字符串内容，当协调器收到这个字符串时改变闪烁次数。

1. 修改发送广播包函数 SampleApp_SendPeriodicMessage()

这里只需要修改发送的字节数、发送的内容和 LED1 闪烁的次数。

```
void SampleApp_SendPeriodicMessage( void )
{
 uint8 buffer[4]="ABC";
  if ( AF_DataRequest( &SampleApp_Periodic_DstAddr, &SampleApp_epDesc,
                        SAMPLEAPP_PERIODIC_CLUSTERID,
                        3,          //准备发送的字节数
                        buffer,     //准备发送的信息内容
                        &SampleApp_TransID,
      …)
 HalLedBlink(HAL_LED_1, 4, 50, 500);//LEd1 间隔 500 ms 闪烁 4 次，0 为一直闪烁
```

2. 修改接收处理函数 SampleApp_MessageMSGCB()

当协调器、路由器、终端节点接收到无线信号传来的广播包时，如果字符串相符则 LED1 闪烁 4 次。

```
void SampleApp_MessageMSGCB( afIncomingMSGPacket_t *pkt )
{
  byte buf[4];
  switch ( pkt->clusterId ) //判断簇 ID，即接收包的类型
  {
    case SAMPLEAPP_PERIODIC_CLUSTERID: //收到广播数据
      osal_memset(buf, 0 , 4);
      osal_memcpy(buf, pkt->cmd.Data, 3); //复制数据到缓冲区中
      if(buf[0]=='A' && buf[1]=='B'&& buf[2]=='C')    //判断收到的数据是否为“ABC”
      {
          HalLedBlink(HAL_LED_1, 4, 50, 500);               //LED1 间隔 500 ms 闪烁 4 次
      } else {
          HalLedSet(HAL_LED_1, HAL_LED_MODE_ON);   //点亮 LED1
      }
      break;     …  }}
```

项目总结

项目完成后认真填写表 17-3，记录整个项目的完成步骤及完成效果。

表 17-3　项 目 报 告 表

<table>
<tr><td>课程名称</td><td></td><td>项目名称</td><td colspan="3"></td></tr>
<tr><td>班级</td><td></td><td>姓名</td><td></td><td>学号</td><td></td></tr>
<tr><td>组长</td><td></td><td>小组成员</td><td colspan="3"></td></tr>
<tr><td rowspan="5">项目报告</td><td colspan="5">(报告必须包含以下几点：一、项目目的；二、项目计划；三、项目实施过程；四、项目总结；五、体会，可附页)</td></tr>
<tr><td colspan="3" rowspan="4"></td><td>日期</td><td>年　月　日</td></tr>
<tr><td rowspan="3">项目成员签名</td><td></td></tr>
<tr><td></td></tr>
<tr><td></td></tr>
</table>

项目评价

根据项目完成情况，由学生自评、项目组互评、教师评分给予综合评判。学生也可参考评分细节重点掌握相关环节需要达到的能力要求。考核评价表如表 17-4 所示。

表 17-4　考核评价表

<table>
<tr><th colspan="2">评价要素</th><th>分值</th><th>学生自评
(30%)</th><th>项目组互评
(20%)</th><th>教师评分
(50%)</th><th>各项总分</th><th>合计</th></tr>
<tr><td rowspan="6">能力
考核</td><td>接线正确</td><td>10</td><td></td><td></td><td></td><td></td><td rowspan="6"></td></tr>
<tr><td>驱动安装正确</td><td>10</td><td></td><td></td><td></td><td></td></tr>
<tr><td>完成代码</td><td>10</td><td></td><td></td><td></td><td></td></tr>
<tr><td>LED 闪烁正常</td><td>10</td><td></td><td></td><td></td><td></td></tr>
<tr><td>完成拓展训练</td><td>10</td><td></td><td></td><td></td><td></td></tr>
<tr><td>项目报告</td><td>20</td><td></td><td></td><td></td><td></td></tr>
<tr><td rowspan="4">素质
考核</td><td>学习态度</td><td>5</td><td></td><td></td><td></td><td></td><td rowspan="4"></td></tr>
<tr><td>工作态度</td><td>10</td><td></td><td></td><td></td><td></td></tr>
<tr><td>合作交流</td><td>5</td><td></td><td></td><td></td><td></td></tr>
<tr><td>出勤</td><td>10</td><td></td><td></td><td></td><td></td></tr>
<tr><td colspan="2">学生自评签名：</td><td colspan="3">项目组互评签名：</td><td colspan="3">教师签名：</td></tr>
</table>

项目十八

Z-Stack 协议栈串口通信

项目导入

物联网设备最主要的功能是信息采集和信息传输。通常传感器通过 USART、IIC、SPI 接口把采集到的数据发送给 CC2530 模块，再通过无线通信方式发送到协调器或其他物联网设备。这个过程都是在 CC2530 内部或者无线链路中进行的，我们无法知道发送的数据是什么。我们如果要监控发送的数据，就需要采用液晶或串行接口(简称串口)将这些数据实时显示出来。本项目将通过一个 CC2530 模块的串口发送数据过程，让大家了解 CC2530 模块使用 Z-Stack 协议栈进行串口通信的整个过程。

项目要求

通过 CC2530 模块的串口发送数据。

(1) Z-Stack 协议栈下使用 CC2530 模块的 UART 串口发送简单数据。

(2) 在 PC 端通过串口调试助手接收数据。

项目分析

本项目需要使用一个 CC2530 模块。首先需要了解 Z-Stack 协议栈下 UART 串口参数设置的方法。设置完成后，可以通过 UART 串口发送简单数据，并在 PC 端通过串口调试助手等工具软件查看串口发送的这些数据。

项目目标

(1) 掌握 Z-Stack 协议栈下 UART 串口参数设置的方法。

(2) 掌握 Z-Stack 协议栈串口通信的方法。

(3) 掌握 Z-Stack 协议栈串口发送数据的方法。

知识储备

一、Z-Stack 协议栈串口初始化函数 MT_UartInit()

Z-Stack 协议栈在 MT 目录下的 MT_UART.c 文件中定义了串口初始化函数 MT_UartInit()，

如图 18-1 所示。

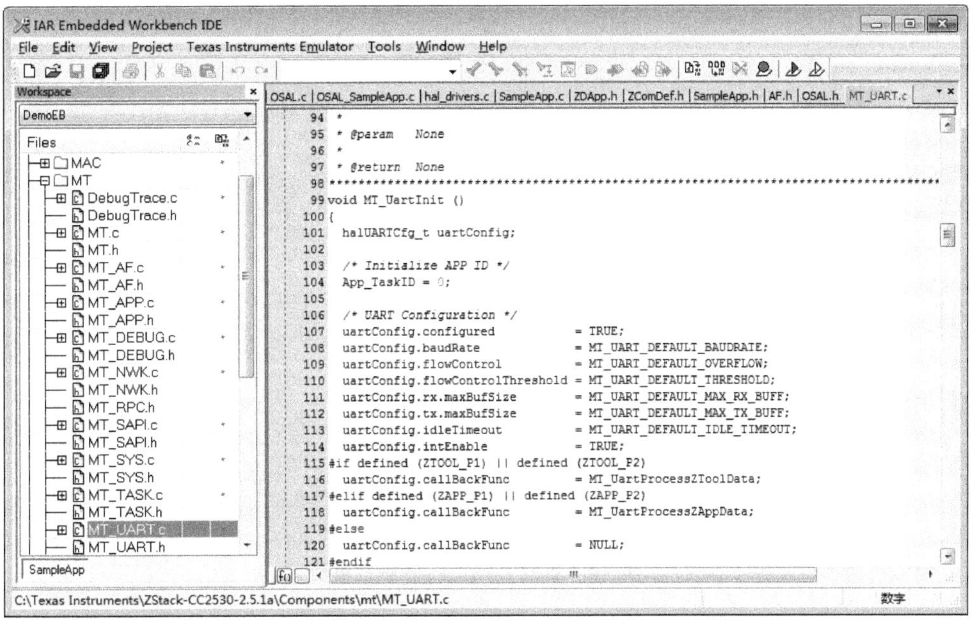

图 18-1　MT_UartInit()函数

MT_UartInit ()函数中定义了默认的波特率、数据位、奇偶校验位、停止位、硬件流控制等参数。修改这些参数就可以改变串口的相关属性。

```
void MT_UartInit ()
{
  halUARTCfg_t uartConfig;
  App_TaskID = 0; //处理串口数据的任务 ID
  uartConfig.configured = TRUE;
  uartConfig.baudRate = MT_UART_DEFAULT_BAUDRATE;      //默认波特率
  uartConfig.flowControl = MT_UART_DEFAULT_OVERFLOW; //默认硬件流控制
  …
}
```

二、Z-Stack 协议栈 UART 串口默认参数

鼠标右击代码“MT_UART_DEFAULT_BAUDRATE”，在弹出的菜单中选择“Go to definition”，可以看到在 hal_UART.h 中定义的默认波特率为“HAL_UART_BR_38400”。再次鼠标右击“HAL_UART_BR_38400”，在弹出的菜单中选择“Go to definition”，可以看到系统支持的几个波特率，我们可以把波特率修改为这几个参数之一，如图 18-2 所示。

系统任务中默认没有启动串口任务，因此要通过函数 MT_UartRegisterTaskID(byte taskID)将串口任务注册进系统。

```
void MT_UartRegisterTaskID( byte taskID )
{
```

```
    App_TaskID = taskID;
}
```

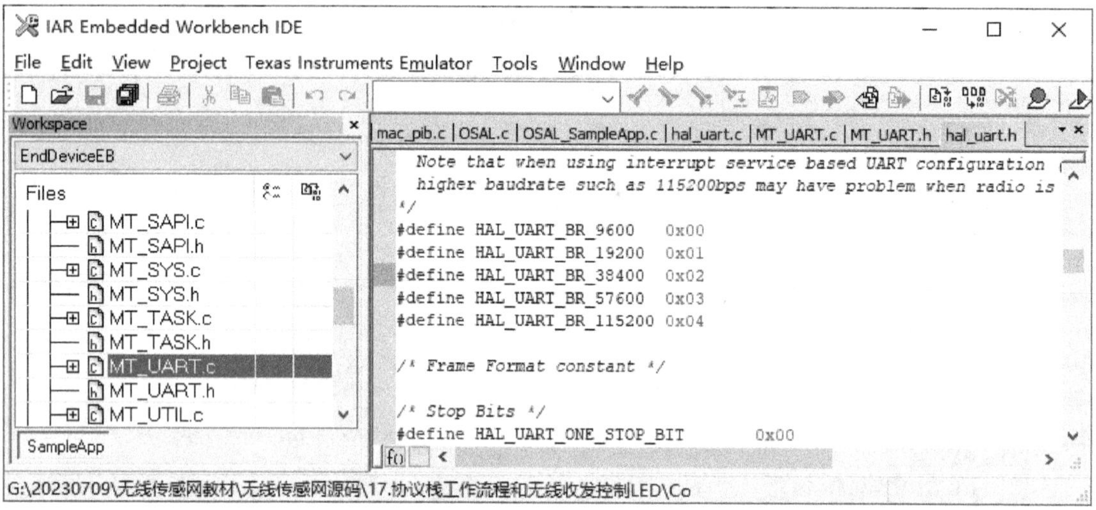

图 18-2 UART 串口默认参数

项目实施

一、设备和资源准备

项目实施前必须先准备好相应的设备和资源，见表 18-1。

表 18-1 设备和资源清单

序号	设备/资源名称	数量	单位	是否准备到位(√)
1	CC2530 模块	1	个	
2	SmartRF04EB(或 CCDebugger)仿真器	1	个	
3	USB 转 TTL 数据线	1	根	

二、实施过程

1. 打开 Z-Stack 协议栈 SampleApp 项目

用 IAR 打开 Z-Stack 协议栈目录下的 SampleApp 项目，文件路径为 C:\Texas Instruments\Z-Stack-CC2530-2.5.1a\Projects\Z-Stack\Samples\SampleApp\CC2530DB\SampleApp.eww。

2. 修改 UART 串口配置参数

一般串口通信只用 RXD、TXD 和 GND 三条线，因此要禁止使用硬件流控制，同时把默认波特率改为 115 200。找到 MT 目录下的 MT_UART.h 文件并修改这两项参数，如图 18-3 所示。

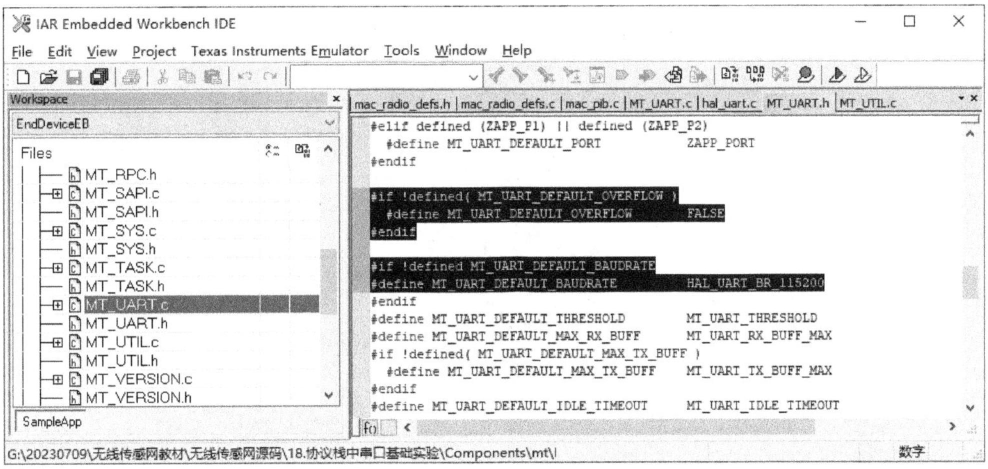

图 18-3　修改 UART 串口默认参数

3. 修改用户文件 SampleApp.c

在 SampleApp.c 文件头部添加“#include "MT_UART.h"”。

在 SampleApp.c 文件 SampleApp_Init()函数中添加下列几条语句(如图 18-4 所示)：

```
MT_UartInit();  //串口初始化
MT_UartRegisterTaskID(task_id);    //注册串口任务
HalUARTWrite(0,"Hello\n", sizeof("Hello\n"));    //串口发送数据
```

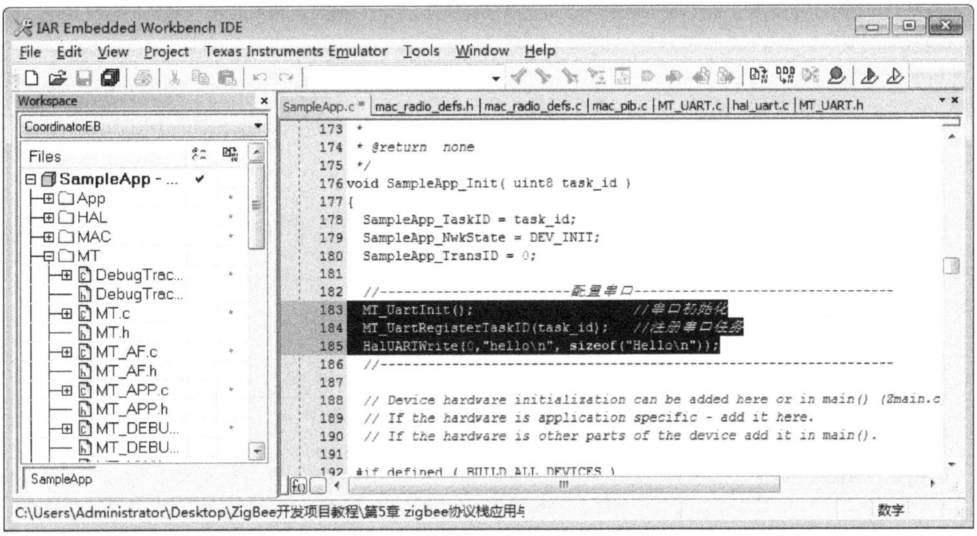

图 18-4　在 SampleApp.c 中添加代码

4. 下载程序到 CC2530 模块

如图 18-5 所示，用数据线将 CC2530 模块的 UART 串口与 PC 相连，实际上是将 CC2530 模块的 P0_2、P0_3、GND 通过 CH340 进行信号转换，连接到 PC 的 USB 接口；同样将烧录器与 CC2530 模块和 PC 相连，在目录树上方的下拉菜单中选择“CoodinatorEB”或“EndDeviceEB”，下载程序到 CC2530 开发板。

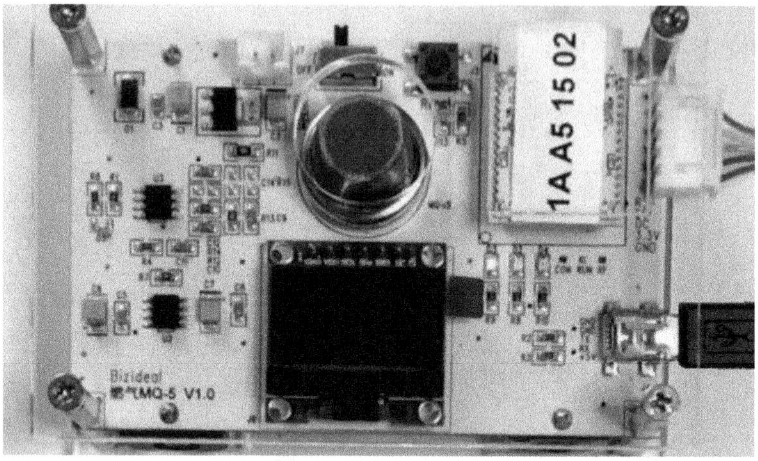

图 18-5　UART 串口连接 PC

项目成果

打开串口调试助手，修改波特率为 115 200，如图 18-6 所示；按下仿真器或者 CC2530 模块上的 Reset 复位键，就可以看到串口调试助手接收到的信息。注意：本项目中每次启动只发送一次信息，必要时可以多次复位。

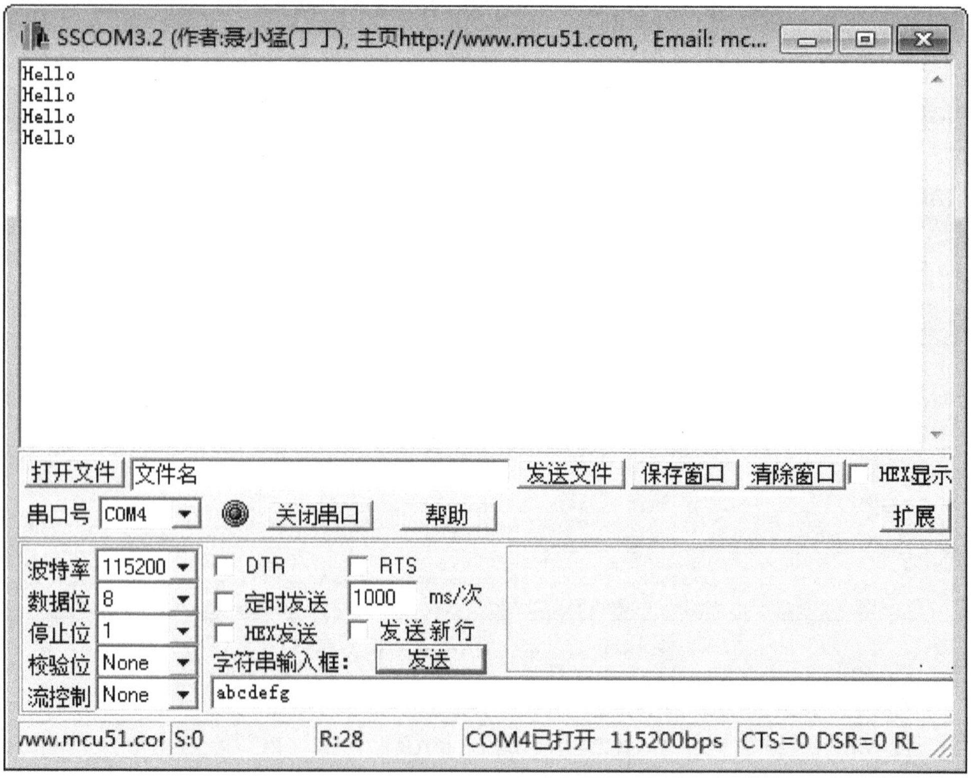

图 18-6　UART 串口接收数据

拓展训练

Z-Stack 协议栈初始化串口的方法主要有两种。上面介绍的方法是在 SampleApp.c 文件中添加代码，调用串口初始化函数 MT_UartInit ()并注册串口任务。另一种方法是在系统启动过程中初始化串口。

1. 查看初始化任务函数 osalInitTasks()

Z-Stack 协议栈首先从 main()函数开始依次调用其他功能函数：main()→osal_init_system()→osalInitTasks()→SampleApp_Init()。

其中 osalInitTasks()函数代码如下：

```
void osalInitTasks( void )
{
  uint8 taskID = 0;

  tasksEvents = (uint16 *)osal_mem_alloc( sizeof( uint16 ) * tasksCnt);
  osal_memset( tasksEvents, 0, (sizeof( uint16 ) * tasksCnt));

  macTaskInit( taskID++ );
  nwk_init( taskID++ );
  Hal_Init( taskID++ );
 #if defined( MT_TASK )
    MT_TaskInit( taskID++ );
 #endif
    APS_Init( taskID++ );
 #if defined (ZigBee_FRAGMENTATION )
    APSF_Init( taskID++ );
 #endif
    ...
}
```

这段代码的功能为：如果定义了 MT_TASK，则调用函数 MT_TaskInit(taskID++)，同时将任务 ID 赋给串口任务。

2. 修改系统的预定义参数

鼠标右击项目名，依次选择 Option→C/C++ Compiler→Preprocessor，可以看到 Defined symbols 中预定义了 xMT_TASK(前面加 x 表示注释掉了 MT-TASK 参数，禁用串口任务)。这里我们删除掉 x，以启用串口任务，如图 18-7 所示。

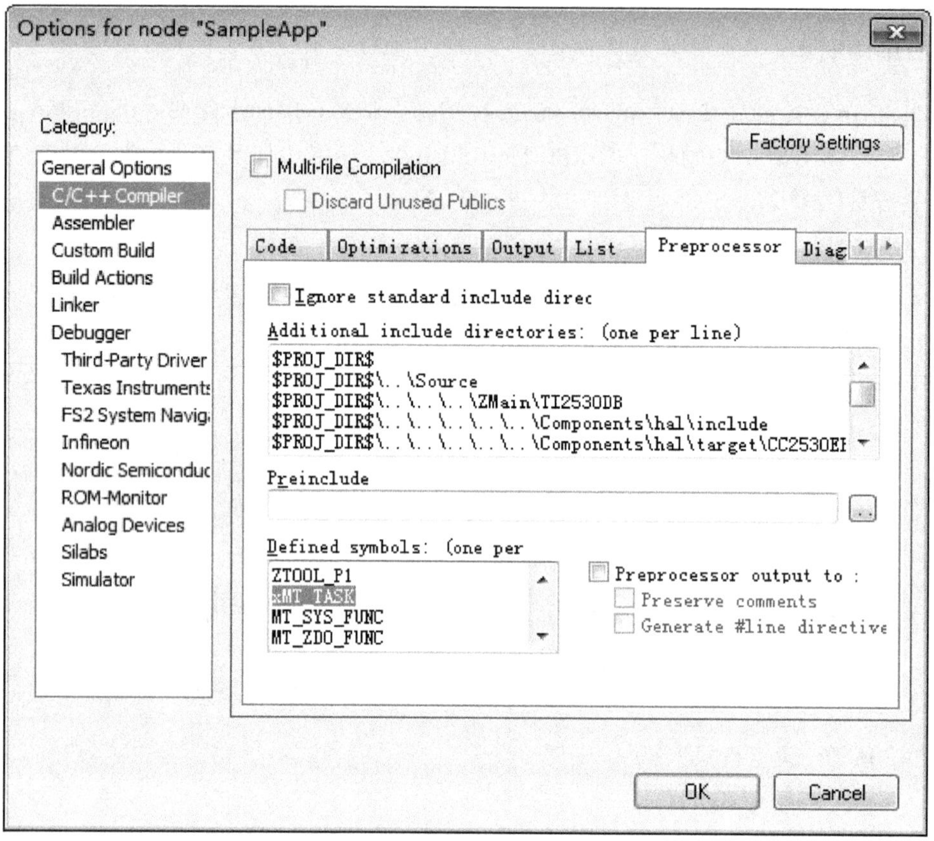

图 18-7 预定义参数设置

3. 修改用户文件 SampleApp.c

在 SampleApp.c 文件下的 SampleApp_Init()函数中直接添加串口发送代码(如图 18-8 所示)：

```
HalUARTWrite(0,"Hello\n", sizeof("Hello\n"));      //串口发送数据
```

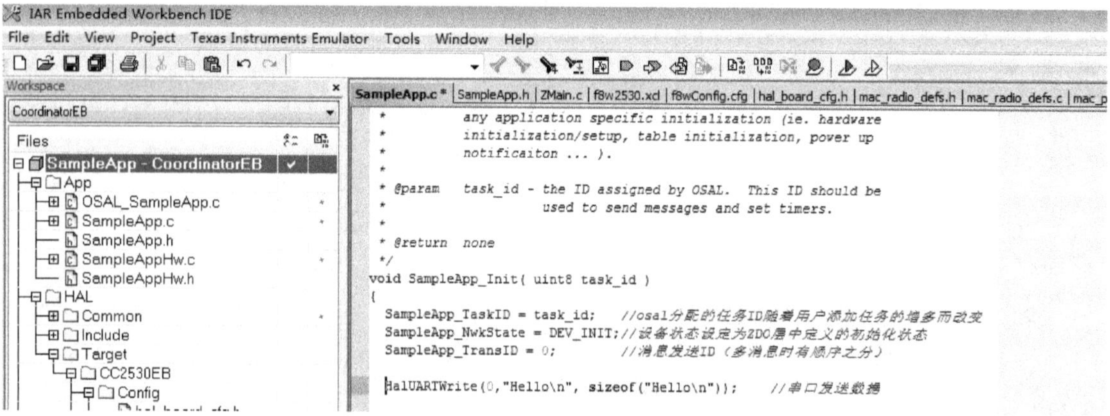

图 18-8 在 SampleApp.c 中添加代码

将代码烧录进 CC2530 模块后，连接 CC2530 模块与 PC，就可以在 PC 的串口调试助手上看到与前面相同的效果。

项目总结

项目完成后认真填写表 18-2，记录整个项目的完成步骤及完成效果。

表 18-2　项 目 报 告 表

<table>
<tr><td>课程名称</td><td></td><td>项目名称</td><td colspan="3"></td></tr>
<tr><td>班级</td><td></td><td>姓名</td><td></td><td>学号</td><td></td></tr>
<tr><td>组长</td><td></td><td>小组成员</td><td colspan="3"></td></tr>
<tr><td rowspan="5">项目报告</td><td colspan="5">(报告必须包含以下几点：一、项目目的；二、项目计划；三、项目实施过程；四、项目总结；五、体会，可附页)</td></tr>
<tr><td colspan="2" rowspan="4"></td><td>日期</td><td colspan="2">年　月　日</td></tr>
<tr><td rowspan="3">项目成员签名</td><td></td><td></td></tr>
<tr><td></td><td></td></tr>
<tr><td></td><td></td></tr>
</table>

项目评价

根据项目完成情况，由学生自评、项目组互评、教师评分给予综合评判。学生也可参考评分细节重点掌握相关环节需要达到的能力要求。考核评价表如表18-3所示。

表18-3 考核评价表

评价要素		分值	学生自评(30%)	项目组互评(20%)	教师评分(50%)	各项总分	合计
能力考核	接线正确	10					
	驱动安装正确	10					
	完成代码	10					
	串口数据正常	10					
	完成拓展训练	10					
	项目报告	20					
素质考核	学习态度	5					
	工作态度	10					
	合作交流	5					
	出勤	10					
学生自评签名：		项目组互评签名：			教师签名：		

项目十九

Z-Stack 协议栈串口收发信息

项目导入

前一个项目介绍了使用 Z-Stack 协议栈通过串口发送数据，而如果我们从外部通过串口发送控制信号到 CC2530 模块，用来控制 CC2530 模块所接电气设备，CC2530 模块要如何接收这些数据呢？本项目通过 1 个 CC2530 模块的串口接收数据过程，让大家了解 CC2530 模块使用 Z-Stack 协议栈进行串口收发通信的整个过程。

项目要求

通过 CC2530 模块的 UART0 串行接口接收数据。

(1) Z-Stack 协议栈 UART 接收函数代码的编写。

(2) Z-Stack 协议栈下使用 CC2530 模块的 UART0 接口接收数据。

(3) PC 端使用串口调试助手查看接收到的数据。

项目分析

本项目需要使用 1 个 CC2530 模块。首先需要完成 Z-Stack 协议栈 UART 串口接收函数的代码编写及设置，然后就可以通过 UART 接口接收数据，以及在 PC 端通过串口调试助手等工具软件查看接收到的数据。

项目目标

(1) 掌握 Z-Stack 协议栈下 UART 串口接收函数代码的编写和设置方法。

(2) 掌握 Z-Stack 协议栈下串口接收数据的方法。

知识储备

一、Z-Stack 协议栈串口接收数据

Z-Stack 协议栈在 MT_UART.c 文件的串口初始化函数 MT_UartInit()中，除了定义串行通信的波特率、起始位、数据位、奇偶校验位、停止位、硬件流控制，还定义了串口回调

函数(接收数据的处理函数)。系统默认没有定义 ZTOOL_P1 等参数。MT_UartInit()函数代码如下(如图 19-1 所示)：

```
#if defined (ZTOOL_P1) || defined (ZTOOL_P2)     //如果定义了 ZTOOL_P1 或 TOOL_P2
uartConfig.callBackFunc    = MT_UartProcessZToolData;   //则此函数为回调函数
#elif defined (ZAPP_P1) || defined (ZAPP_P2)   //如果定义了 ZAPP_P1 或 ZAPP_P2
uartConfig.callBackFunc    = MT_UartProcessZAppData; //则此函数为回调函数
#else
    uartConfig.callBackFunc        = NULL; //没定义，无回调函数
#endif
#if defined (MT_UART_DEFAULT_PORT) //如果定义了默认 UART 串口，默认为 UART0
HalUARTOpen (MT_UART_DEFAULT_PORT, &uartConfig);//则启用串口 UART0
```

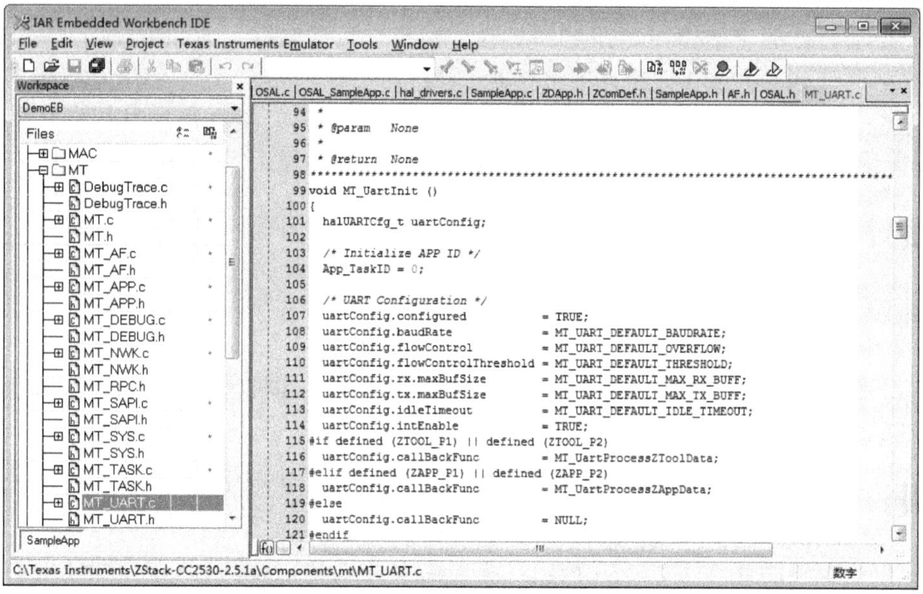

图 19-1　MT_UartInit()函数

二、Z-Stack 协议栈串口接收函数 MT_UartProcessZToolData ()

Z-Stack 协议栈在 MT_UART.c 文件中定义了回调函数 MT_UartProcessZToolData()，其接收数据格式为 0xFE + 数据长度(data[]的长度)+ 命令字段 + data[ ] + 校验和。代码如下：

```
void {
  uint8   ch;
  uint8   bytesInRxBuffer;
    (void)event;   // Intentionally unreferenced parameter
   while (Hal_UART_RxBufLen(port))         //判断是否有数据
  {
    HalUARTRead (port, &ch, 1);               //每次接收一个数据
     switch (state)
```

```
    {
      case SOP_STATE:     //初始状态 state = 0，判断帧头是否为 SOP_STATE(0xFE)
        if (ch == MT_UART_SOF)
          state = LEN_STATE;     //若帧头正确，则状态机状态改为 LEN_STATE
        break;

      case LEN_STATE:     //接收第二字节时，进入 LEN_STATE
        LEN_Token = ch;     //将第二字节(传输数据 data[]的长度)赋值给 LEN_Token
         tempDataLen = 0;     //初始化临时数据计数器 tempDataLen 为 0
        pMsg = (mtOSALSerialData_t *)osal_msg_allocate( sizeof ( mtOSALSerialData_t ) +
   MT_RPC_FRAME_HDR_SZ + LEN_Token );
//分配存放消息的空间，由 3 字节(1 字节数据长度位+2 字节 CMD 字段)+ data[]长度
         if (pMsg)     //若有消息接收
        {
          pMsg->hdr.event = CMD_SERIAL_MSG;     //事件 ID，供应用层查询使用
    pMsg->msg = (uint8*)(pMsg+1); //加 1 的目的是分配存放数据末尾的 1 字节校验和
    pMsg->msg[MT_RPC_POS_LEN] = LEN_Token;     //将数据长度存放到 msg[0]
          state = CMD_STATE1;     //修改状态机状态为 CMD_STATE1
        }
      ...
```

由于 MT_UartProcessZToolData()函数相对比较复杂，一般常采用自定义回调函数的方式。Z-Stack 协议栈中默认没有定义 ZTOOL_P1 等参数，因此默认情况下串口接收并不调用 MT_UartProcessZToolData()函数。

项目实施

一、设备和资源准备

项目实施前必须先准备好相应的设备和资源，见表 19-1。

表 19-1　设备和资源清单

序号	设备/资源名称	数量	单位	是否准备到位(√)
1	CC2530 模块	1	个	
2	SmartRF04EB(或 CCDebugger)仿真器	1	个	
3	USB 转 TTL 数据线	1	根	

二、实施过程

1. 打开 Z-Stack 协议栈 SampleApp 项目

用 IAR 打开 Z-Stack 协议栈目录下的 SampleApp 项目，文件路径为 C:\Texas Instruments\

Z-Stack-CC2530-2.5.1a\Projects\Z-Stack\Samples\SampleApp\CC2530DB\SampleApp.eww。

2. 修改 UART 串口配置参数

一般串口通信只用 RXD、TXD 和 GND 三条线，因此要禁止使用硬件流控，同时把默认波特率改为 115 200。我们可以直接在 MT_UART.c 文件中一并修改这两个参数，同时将串口回调函数修改为自行编写的 rxCB()函数。

```
/* UART Configuration */
  halUARTCfg_t uartConfig;      //定义串口结构体的实例
  uartConfig.configured               = TRUE;
  uartConfig.baudRate                 = HAL_UART_BR_115 200; //波特率 115 200
  uartConfig.flowControl              = FALSE;    //禁用流控
  uartConfig.flowControlThreshold = MT_UART_DEFAULT_THRESHOLD;
  uartConfig.rx.maxBufSize            = MT_UART_DEFAULT_MAX_RX_BUFF;
  uartConfig.tx.maxBufSize            = MT_UART_DEFAULT_MAX_TX_BUFF;
  uartConfig.idleTimeout              = MT_UART_DEFAULT_IDLE_TIMEOUT;
  uartConfig.intEnable                = TRUE;
#if defined (ZTOOL_P1) || defined (ZTOOL_P2)
   uartConfig.callBackFunc            =rxCB; //定义串口回调函数
  #endif
  HalUARTOpen (0, &uartConfig);     //打开 UART0
  HalUARTWrite(0,"hello\n", sizeof("hello\n")); //串口测试输出
```

3. 修改系统预定义参数

鼠标右击项目名依次选择 Option→C/C++Compiler→Preprocessor→Defined symbols，添加预定义参数 ZTOOL_P1，用来调用串口回调函数，以处理串口接收的信息，如图 19-2 所示。

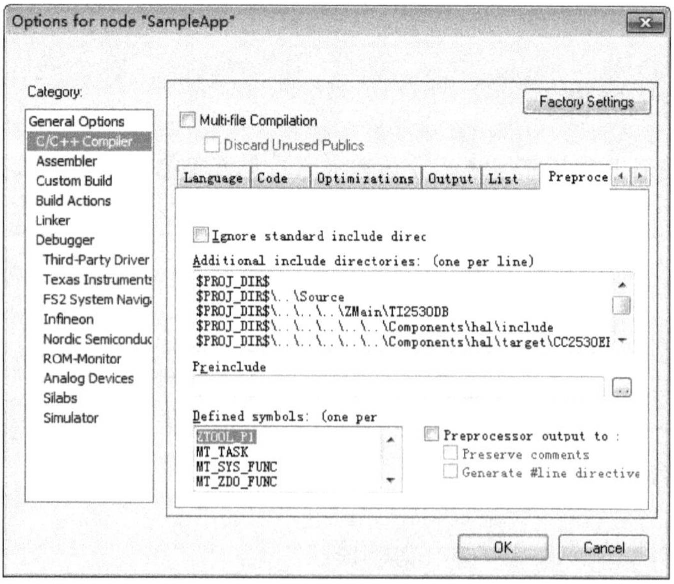

图 19-2　预定义参数

4. 定义串口回调函数 rxCB()

在 MT_UART.c 文件中定义并声明串口回调函数 rxCB()，而代码中使用了函数 HalLedBlink() 、HalLedSet()，则需要导入头文件 hal_led.h。

```
void rxCB( uint8 port, uint8 event )
{
  unsigned char Uartbuf[10];
  unsigned char buflen;
  buflen = HalUARTRead(0,Uartbuf,10);//读取串口数据，返回数据长度
  if(buflen)
  {
…
  //如果收到"AB#"，双灯闪烁。HAL_LED_1、HAL_LED_2 系统默认 P1_0、P1_1
    if(Uartbuf[0]=='A' && Uartbuf[1]=='B' && Uartbuf[2]=='#')
    {
      HalLedBlink (HAL_LED_1, 10,50, 500);  //闪烁 10 次，占空比为 50%，周期为 500 ms
      HalLedBlink (HAL_LED_2, 0,50, 500);   //周期为 500 ms，0 为一直闪烁
    }
    if(Uartbuf[0]=='Y' && Uartbuf[1]=='1' && Uartbuf[2]=='#')
    {
      HalLedSet( HAL_LED_1, HAL_LED_MODE_ON  );  //如果收到"Y1#"，LED1 灯亮
    }
    if(Uartbuf[0]=='Y' && Uartbuf[1]=='0' && Uartbuf[2]=='#')
    {
      HalLedSet( HAL_LED_1, HAL_LED_MODE_OFF  );  //如果收到"Y0#"，LED1 灯灭
    }
    if(Uartbuf[0]=='B' && Uartbuf[1]=='1' && Uartbuf[2]=='#')
    {
      HalLedSet( HAL_LED_2, HAL_LED_MODE_ON  );  //如果收到"B1#"，LED2 灯亮
    }
    if(Uartbuf[0]=='B' && Uartbuf[1]=='0' && Uartbuf[2]=='#')
    {
      HalLedSet( HAL_LED_2, HAL_LED_MODE_OFF  ); //如果收到"B0#"，LED2 灯灭
    }
      HalUARTWrite(0,Uartbuf,sizeof(Uartbuf));  //将接收到的字符串再发送出去
    }
  osal_memset(Uartbuf,0,10);   //清空数组元素
}
```

5. 下载程序到 CC2530 模块

在目录树的下拉菜单中选择 CoodinatorEB 或 EndDeviceEB，将其下载到 CC2530 开发板。

项目成果

将 CC2530 模块用 USB 转 TTL 数据线连接到 PC，打开串口调试助手，修改波特率为 115 200(见图 19-3)，按仿真器或者 CC2530 模块上的 Reset 复位键，就可以看到串口收到了 hello 信息。发送字符串“AB#”，可以看到两灯闪烁；发送字符串“Y1#”，可以看到 LED1 灯亮；发送字符串“Y0#”，可以看到 LED1 灯灭；发送字符串“B1#”，可以看到 LED2 灯亮；发送字符串“B0#”，可以看到 LED2 灯灭。

图 19-3　UART 串口发送数据

拓展训练

前面的实验只是从 CC2530 模块外部通过串口发送控制信号，使用 LED1 和 LED2 模拟被控设备的开关状态。下面通过继电器模块控制常用的 220 V 灯光设备，让大家体验一个真实的物联网智能家居应用场景。本案例还是采用 PC 机发送控制信号，以后的课程中会使用手机发送控制信号，ESP8266_Wi-Fi 模块接收到该信号后再通过串口发送到 CC2530，从而实现相同的控制功能。

1. 模块接线

按图 19-4 将继电器模块与 220 V 灯相连。

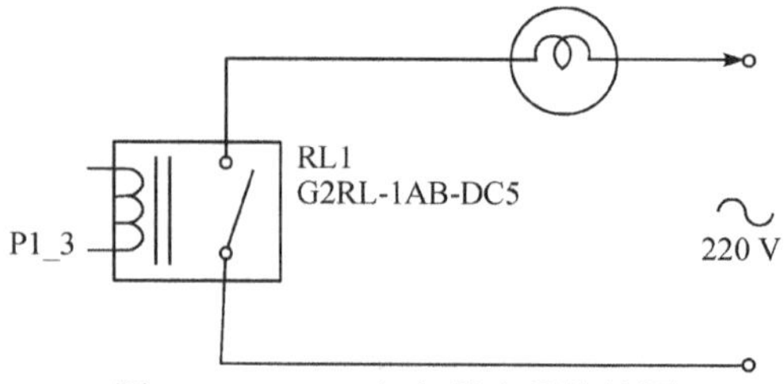

图 19-4　220 V 灯与继电器接线图

2. 程序运行

将本项目程序下载到 CC2530 模块中，使用 2 节 3.7 V 电池供电。接通电源后，打开串口调试助手，发送字符串“Y1#”，然后将代码中的 P1_0 修改为 P1_3，就可以看到图 19-5 所示的效果了。

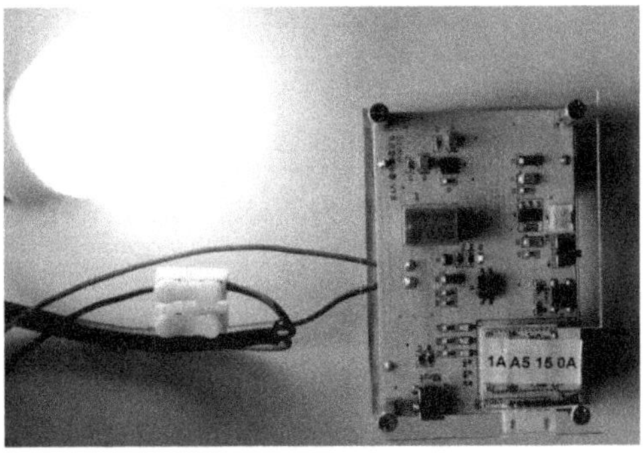

图 19-5　点亮 220 V 灯光效果图

项目总结

项目完成后认真填写表 19-2，记录整个项目的完成步骤及完成效果。

表 19-2　项 目 报 告 表

<table>
<tr><td>课程名称</td><td></td><td>项目名称</td><td colspan="3"></td></tr>
<tr><td>班级</td><td></td><td>姓名</td><td></td><td>学号</td><td></td></tr>
<tr><td>组长</td><td></td><td>小组成员</td><td colspan="3"></td></tr>
<tr><td rowspan="3">项目报告</td><td colspan="5">(报告必须包含以下几点：一、项目目的；二、项目计划；三、项目实施过程；四、项目总结；五、体会，可附页)</td></tr>
<tr><td colspan="3"></td><td>日期</td><td>年　月　日</td></tr>
<tr><td colspan="3"></td><td>项目成员签名</td><td></td></tr>
</table>

项目评价

根据项目完成情况，由学生自评、项目组互评、教师评分给予综合评判。学生也可参考评分细节重点掌握相关环节需要达到的能力要求。考核评价表如表 19-3 所示。

表 19-3 考核评价表

<table>
<tr><th colspan="2">评价要素</th><th>分值</th><th>学生自评
(30%)</th><th>项目组互评
(20%)</th><th>教师评分
(50%)</th><th>各项总分</th><th>合计</th></tr>
<tr><td rowspan="6">能力考核</td><td>接线正确</td><td>10</td><td></td><td></td><td></td><td></td><td rowspan="6"></td></tr>
<tr><td>驱动安装正确</td><td>10</td><td></td><td></td><td></td><td></td></tr>
<tr><td>完成代码</td><td>10</td><td></td><td></td><td></td><td></td></tr>
<tr><td>串口数据正常</td><td>10</td><td></td><td></td><td></td><td></td></tr>
<tr><td>完成拓展训练</td><td>10</td><td></td><td></td><td></td><td></td></tr>
<tr><td>项目报告</td><td>20</td><td></td><td></td><td></td><td></td></tr>
<tr><td rowspan="4">素质考核</td><td>学习态度</td><td>5</td><td></td><td></td><td></td><td></td><td rowspan="4"></td></tr>
<tr><td>工作态度</td><td>10</td><td></td><td></td><td></td><td></td></tr>
<tr><td>合作交流</td><td>5</td><td></td><td></td><td></td><td></td></tr>
<tr><td>出勤</td><td>10</td><td></td><td></td><td></td><td></td></tr>
<tr><td colspan="2">学生自评签名：</td><td colspan="3">项目组互评签名：</td><td colspan="3">教师签名：</td></tr>
</table>

项目二十

Z-Stack 协议栈点播通信

项目导入

ZigBee 是基于 IEEE 802.15.4 标准的低功耗局域网协议。其特点是近距离、低复杂度、自组网、低功耗、低数据速率，主要适用于自动控制和远程控制领域，可以嵌入各种设备。当采用广播通信方式时，ZigBee 网络内的任何一个节点设备发送出广播数据，网络中的任何设备都可以接收到所发送的数据。通常情况下，终端节点间是无法确定对方的 16 位短地址的，也就无法了解对方的身份，相互间通信就失去了意义。ZigBee 网络一般采用的通信方式是点播通信，即由终端节点采集数据，并统一发送到协调器进行汇总。本项目通过 2 个 CC2530 模块的组网及点播通信，让大家了解 CC2530 模块点播通信的原理和整个过程。

项目要求

使用 2 个(或 2 个以上)CC2530 模块组网并实现点播通信。

(1) 使用 2 个(或 2 个以上)CC2530 模块实现组网。

(2) 使用 2 个(或 2 个以上)CC2530 模块实现点播通信。

项目分析

本项目需要使用 2 个(或 2 个以上)CC2530 模块。首先二者需要组成一个小型的个域网。组网成功后，二者可以进行点播通信。在本项目中，CC2530 模块组网成功后，模块 A(终端节点)发送点播数据，模块 B(协调器)接收到数据后让 LED 闪烁，从而提示二者已组网并通信成功。

项目目标

(1) 了解 ZigBee 网络的 PAN_ID 的概念。

(2) 掌握 Z-Stack 协议栈组网的工作原理。

(3) 掌握使用 Z-Stack 协议栈进行点播通信的方法。

知识储备

CC2530 模块间的通信采用的是 ZigBee 协议。想要实现模块间的组网及点播通信，我们应首先了解ZigBee网络的PAN_ID的概念，其次掌握基于Z-Stack协议栈点播通信的工作原理、代码编写及应用开发。

一、ZigBee的PAN_ID(网络号)

在一个环境复杂的小区或者工业现场中，存在着各种用途的ZigBee设备。有些ZigBee设备分属不同功能的网络。为避免设备间的相互干扰，需要使用PAN_ID给不同网络编号。ZigBee协议使用一个16位的个域网标识符(PAN_ ID)来标识一个网络。Z-Stack协议栈允许用两种方式配置PAN_ ID。

1. 随机生成PAN_ ID

在Tools下的f8wConfig.cfg文件中配置PAN_ID时，默认设置DZDAPP_CONFIG_PAN_ID为0xFFFF(如图20-1所示)，协调器将根据自身的IEEE地址建立一个随机的PAN_ID(0~0x3FFF)。路由器和终端设备则会在自己的默认信道上随机选择一个网络加入，加入之后，协调器的PAN_ID即为自己的PAN_ID。

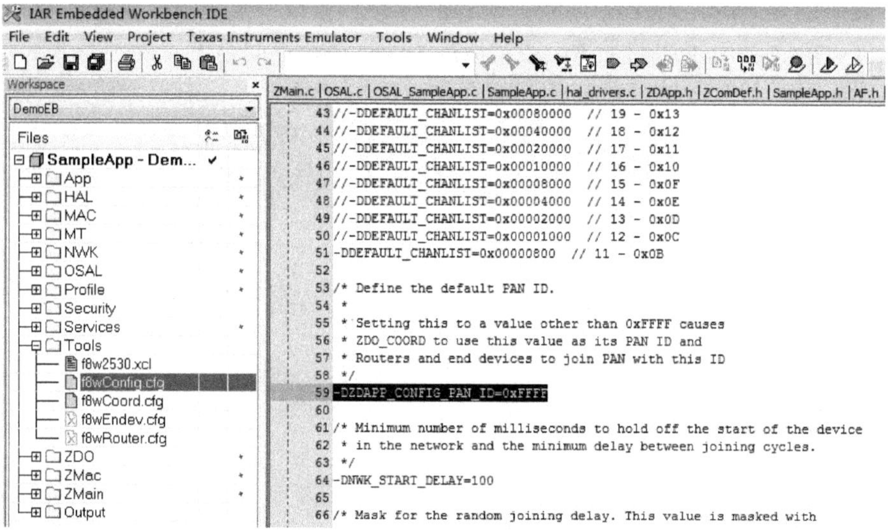

图20-1 随机生成PAN_ID

2. 固定PAN_ ID

当DZDAPP_CONFIG_PAN_ID不采用默认设置，而设定为0x0001～0xFFFE之间时，协调器建立网络或路由器和终端设备加入网络的PAN_ID就由这个设定值决定。如果协调器在建立网络的时候发现默认信道内该PAN_ID已经被占用，那么协调器会继续搜索其他的PAN_ID使用。由此带来的问题是，终端设备和路由器并不知道协调器换了PAN_ID，还会加入到原来设定的PAN_ID中去。

二、ZigBee点对点通信

ZigBee网络拓扑结构虽然理论上有星型、树型和网状三种，但是根据实际网络地址分配算法可以看出Z-Stack协议通常采用树型结构。当网络拓扑结构发生变化时，节点分配的短地址也相应改变，因此任意两节点间的通信不可能使用短地址，也没有必要。一般采用的是协调器与路由器或终端节点间的点对点通信。

项目实施

一、设备和资源准备

项目实施前必须先准备好相应的设备和资源，见表 20-1。

表 20-1　设备和资源清单

序号	设备/资源名称	数量	单位	是否准备到位(√)
1	CC2530 模块	2	个	
2	SmartRF04EB(或 CC Debugger)仿真器	1	个	
3	USB 转 TTL 数据线	1	根	

二、实施过程

1. 打开 Z-Stack 协议栈 SampleApp 项目

用 IAR 打开 Z-Stack 协议栈目录下的 SampleApp 项目，文件路径为 C:\Texas Instruments\Z-Stack-CC2530-2.5.1a\Projects\Z-Stack\Samples\SampleApp\CC2530DB\SampleApp.eww。

2. 修改项目的 PAN_ID

在 Tools 下的 f8wConfig.cfg 文件中将 DZDAPP_CONFIG_PAN_ID 修改为 0xFFAA，如图 20-2 所示。

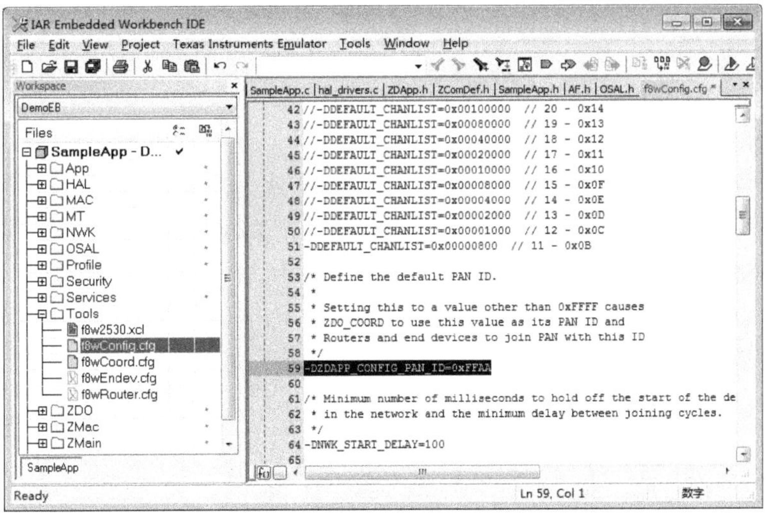

图 20-2　修改 PAN_ID

3. 新建点播的结构体实例

(1) 在 SampleApp.c 文件中系统默认建了结构体 afAddrType_t 的广播实例 SampleApp_Periodic_DstAddr 和组播实例 SampleApp_Flash_DstAddr。这里我们新建结构体的点播实例 SampleApp_P2P_DstAddr，如图 20-3 所示。

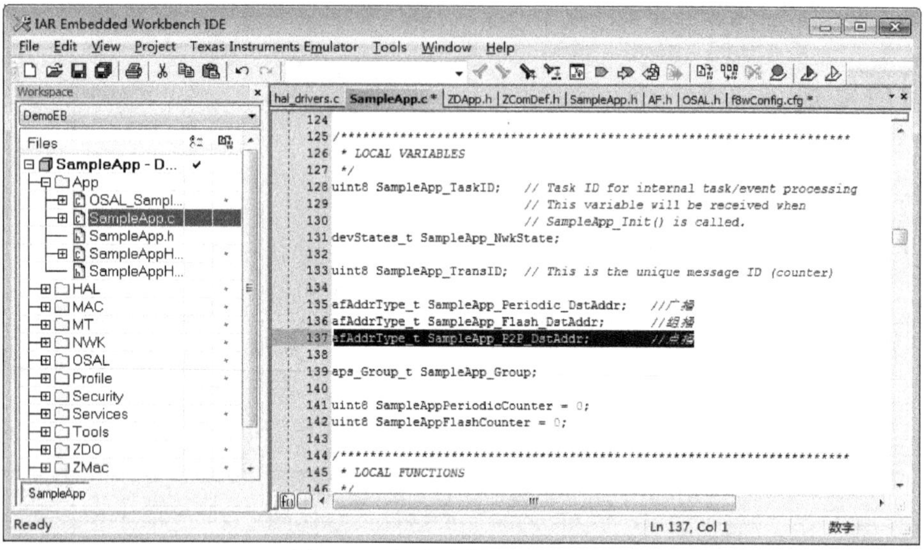

图 20-3　新建结构体的点播实例

(2) 单击结构体“afAddrType_t”，右键选择“Go to definition of　afAddrType_t”。可以看到结构体 afAddrType_t 的构成，其包括短地址、IEEE 地址、地址模式、端点号、网络号。

```
typedef struct
{
  union
  {
    uint16        shortAddr;          //16 位短地址
    ZLongAddr_t extAddr;              //64 位 IEEE 地址
  } addr;
  afAddrMode_t addrMode;              //地址模式
  uint8 endPoint;                     //端点号
  uint16 panId;                       //网络号
} afAddrType_t;
```

(3) 这个结构体中包含了枚举类型 afAddrMode_t，鼠标右键选择“Go to definition of afAddrMode_t”，可以看到 ZigBee 组网发送信息时对方的地址为以下几种类型之一。ZigBee 网络中通常采用的是 16 位短地址。

```
typedef enum
{
afAddrNotPresent = AddrNotPresent,        //地址不存在
afAddr16Bit = Addr16Bit,                  //按 16 位地址发送信息
afAddr64Bit = Addr64Bit,                  //按 64 位地址发送信息
afAddrGroup = AddrGroup,                  //按组号发送信息
afAddrBroadcast = AddrBroadcast           //广播发送信息
} afAddrMode_t;
```

(4) 为结构体 SampleApp_P2P_DstAddr 赋值，可直接复制前面广播的配置进行修改。

```
SampleApp_Periodic_DstAddr.addrMode = (afAddrMode_t) Addr16Bit; //16 位短地址
SampleApp_Periodic_DstAddr.endPoint = SAMPLEAPP_ENDPOINT;
SampleApp_Periodic_DstAddr.addr.shortAddr = 0x0000;
//信息发送给协调器(协调器短地址固定为 0000)
```

4. 新增点播信息的发送函数

(1) 在 SampleApp.h 文件中增加发送点播信息的参数，如图 20-4 所示。

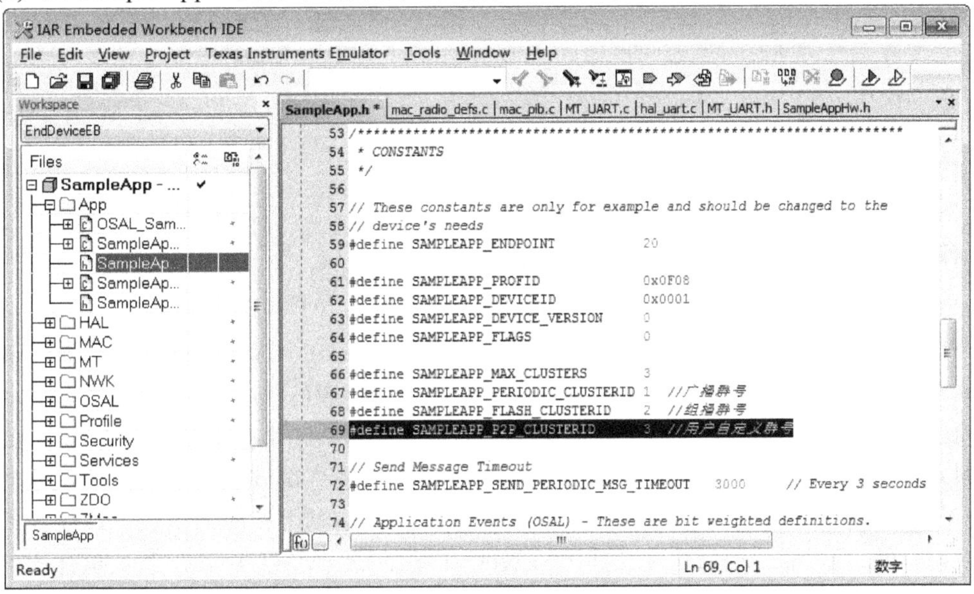

图 20-4　自定义点播类型参数

SampleApp.h 中，系统默认定义了两个参数：

```
#define SAMPLEAPP_PERIODIC_CLUSTERID 1          //广播群号
#define SAMPLEAPP_FLASH_CLUSTERID 2             //组播群号
#define SAMPLEAPP_P2P_CLUSTERID   3             //用户自定义群号
```

(2) 修改函数 SampleApp_Send_P2P_Message(void)。用户自定义函数 SampleApp_Send_P2P_Message(void)可以参考函数 SampleApp_SendPeriodicMessage(void)，其中发送数据函数 afStatus_t AF_DataRequest 参数说明如下：

```
afAddrType_t *dstAddr,      //发送目的地址＋端点号+地址模式
endPointDesc_t *srcEP,      //端点号，默认为 20
uint16 cID,                 //群号
uint16 len,                 //发送数据长度
uint8 *buf,                 //发送数据缓冲区
uint8 *transID,             //任务 ID 号
uint8 options,              //传送跳数，通常设置为 AF_DEFAULT_RADIUS
uint8 radius,               //有效位掩码的发送选项
```

其中指针*dstAddr 指向前面建立的结构体实例 SampleApp_P2P_DstAddr 的首地址，cID 为用户自定义点播类型参数，len 为准备发送的字节数，指针*buf 指向我们准备发送数据的首地址，一般为数组的首地址。

SampleApp_Send_P2P_Message()发送函数中需要注意的几个参数见下列代码：

```
void SampleApp_Send_P2P_Message( void )
{
  uint8 data[11]="0123456789";

  if ( AF_DataRequest( &SampleApp_P2P_DstAddr, &SampleApp_epDesc,
                       SAMPLEAPP_P2P_CLUSTERID,
                       10,
                       data,
                       &SampleApp_TransID,
                       AF_DISCV_ROUTE,
                       AF_DEFAULT_RADIUS ) == afStatus_SUCCESS )
  }
```

5. 修改系统事件处理函数 SampleApp_ProcessEvent()

操作系统采用轮询任务的机制。当某个任务发生时，系统传输参数任务号 task_id 和事件类型 events 给函数 SampleApp_ProcessEvent()，然后从系统得到完整的参数信息再放入结构体 MSGpkt 中，根据这些参数判断发生了什么事件，以调用相应的函数。这里我们修改系统周期事件：events & SAMPLEAPP_SEND_PERIODIC_MSG_EVT，默认执行周期发送信息函数为 SampleApp_SendPeriodicMessage()，将其修改为前面自定义的发送点播信息函数 SampleApp_SendP2PMessage()。系统默认发送周期参数 SAMPLEAPP_SEND_PERIODIC_MSG_TIMEOUT 为 5000(5 秒)，用户可以根据需要自行修改。

```
if ( events & SAMPLEAPP_SEND_PERIODIC_MSG_EVT )
  {
    // SampleApp_SendPeriodicMessage();  //周期发送信息函数
       SampleApp_SendP2PMessage();       //发送点播信息函数
     osal_start_timerEx( SampleApp_TaskID, SAMPLEAPP_SEND_PERIODIC_MSG_EVT,
        (SAMPLEAPP_SEND_PERIODIC_MSG_TIMEOUT + (osal_rand() & 0x00FF)) );
```

系统默认协调器、路由器和终端节点都会启动周期事件，这里将其改为只有路由器和终端节点才会启动周期事件。

```
case ZDO_STATE_CHANGE:    //网络状态发生改变时(协调器启动、路由器或终端节点加入网络)
          SampleApp_NwkState = (devStates_t)(MSGpkt->hdr.status);
          if (// (SampleApp_NwkState == DEV_ZB_COORD) ||
                (SampleApp_NwkState == DEV_ROUTER)
              || (SampleApp_NwkState == DEV_END_DEVICE) )
  //改为只有路由器和终端节点才能启动周期事件
```

6. 协调器收到信息后的处理

在 SampleApp_ProcessEvent()中可以看到，当系统收到信息包时，调用处理函数 SampleApp_MessageMSGCB(MSGpkt)，同时将信息包里结构体 afIncomingMSGPacket_t 的实例 MSGpkt 参数传输给这个处理函数。

```
    uint16 SampleApp_ProcessEvent( uint8 task_id, uint16 events )
  {
    afIncomingMSGPacket_t *MSGpkt;
  …
  case AF_INCOMING_MSG_CMD:        //如果接收到数据包
                SampleApp_MessageMSGCB( MSGpkt );
```

afIncomingMSGPacket_t 结构体的构成如下：

```
  typedef struct
  {
    osal_event_hdr_t hdr;           //OSAL 消息头
    uint16 groupId;                 //消息组号
    uint16 clusterId;               //消息群号
    afAddrType_t srcAddr;           //源地址类型
    uint16 macDestAddr;             //MAC 物理地址
    uint8 endPoint;                 //端点号
    uint8 wasBroadcast;             //广播地址
    uint8 LinkQuality;              //链路质量
    uint8 correlation;              //接收的数据帧的原始相关值
    int8    rssi;                   //接收信号强度
    afMSGCommandFormat_t cmd; //应用数据
  } afIncomingMSGPacket_t;
```

其中包含结构体 afAddrType_t 和 afMSGCommandFormat_t。afMSGCommandFormat_t 结构体的定义如下：

```
  typedef struct
  {
    uint8     TransSeqNumber;       //顺序号
    uint16    DataLength;           //数据长度
    uint8    *Data;                 //数据信息
  } afMSGCommandFormat_t;
```

收到信息时，通过结构体 afIncomingMSGPacket_t 中的类型号 clusterId 可判断是哪种类型的数据包，以执行不同的代码。系统默认只有广播类型和组播类型，这里加入前面设置的点播类型。

```
  void SampleApp_MessageMSGCB( afIncomingMSGPacket_t *pkt )
```

```
{
    uint16 flashTime;
    switch ( pkt->clusterId )
        {
         case SAMPLEAPP_P2P_CLUSTERID:
         HalUARTWrite(0, "Rx:", 3); //提示接收到数据
         HalUARTWrite(0, pkt->cmd.Data, pkt->cmd.DataLength);//将接收到的数据信息从串口输出
         HalUARTWrite(0, "\n", 1); //回车换行
         break;
      case SAMPLEAPP_PERIODIC_CLUSTERID:          //如果收到广播包
         break;                                  //直接忽略
       case SAMPLEAPP_FLASH_CLUSTERID:           //如果收到组播包
         break;                                  //直接忽略
    }}
```

7. 下载程序到 CC2530 模块

(1) 在目录树的下拉菜单中选择“CoodinatorEB”，并点击“Download and Debug”按钮，将生成的 Hex 文件烧写进 CC2530 开发板 A 作为协调器。

(2) 在目录树的下拉菜单中选择“EndDeviceEB”，将其下载到开发板 B 作为终端设备。

项目成果

将协调器模块的 P0_2、P0_3、GND 分别连接至 USB 转 TTL 数据线的绿、白、黑线，数据线连接到 PC；打开串口调试助手，修改波特率为 115 200，如图 20-5 所示；接通协调器和终端节点模块电源，就可以在串口调试助手看到终端节点发送给协调器的信息“0-9”。

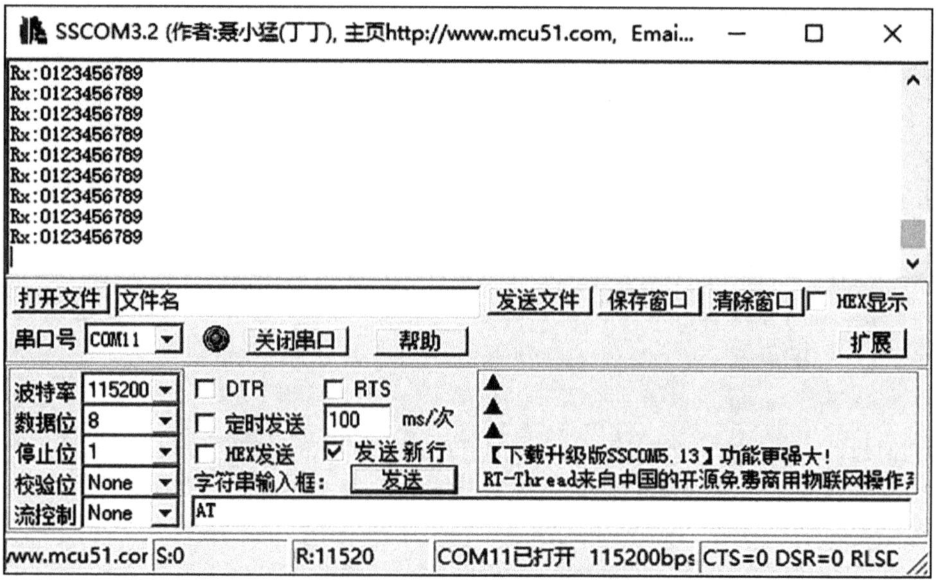

图 20-5 协调器接收到的点播数据

拓展训练

1. 训练描述

一个 PAN 中协调器是唯一的，其短地址固定为 0x0000，而其他路由器和终端节点的短地址都是在加入 PAN 时由协调器随机分配的，并不固定。因此在实际应用中通常由终端节点采集传感器信息，通过点播通信汇总到协调器，协调器再将信息上传到上位机的数据库、平板电脑、手机或云平台。

2. 训练要求

(1) 通过多个终端节点发送信息，用协调器判断数据是由哪个节点发来的。

(2) 用协调器将接收的终端节点信息发送到云平台或手机上。

项目总结

项目完成后认真填写表 20-2，记录整个项目的完成步骤及完成效果。

表 20-2　项目报告表

<table>
<tr><td>课程名称</td><td></td><td>项目名称</td><td colspan="3"></td></tr>
<tr><td>班级</td><td></td><td>姓名</td><td></td><td>学号</td><td></td></tr>
<tr><td>组长</td><td></td><td>小组成员</td><td colspan="3"></td></tr>
<tr><td>项目报告</td><td colspan="5">(报告必须包含以下几点：一、项目目的；二、项目计划；三、项目实施过程；四、项目总结；五、体会，可附页)

日期　　年　月　日
项目成员签名</td></tr>
</table>

项目评价

根据项目完成情况，由学生自评、项目组互评、教师评分给予综合评判。学生也可参考评分细节重点掌握相关环节需要达到的能力要求。考核评价表如表 20-3 所示。

表 20-3 考核评价表

<table>
<tr><th colspan="2">评价要素</th><th>分值</th><th>学生自评
(30%)</th><th>项目组互评
(20%)</th><th>教师评分
(50%)</th><th>各项总分</th><th>合计</th></tr>
<tr><td rowspan="6">能力
考核</td><td>接线正确</td><td>10</td><td></td><td></td><td></td><td></td><td rowspan="6"></td></tr>
<tr><td>驱动安装正确</td><td>10</td><td></td><td></td><td></td><td></td></tr>
<tr><td>完成代码</td><td>10</td><td></td><td></td><td></td><td></td></tr>
<tr><td>点播通信正常</td><td>10</td><td></td><td></td><td></td><td></td></tr>
<tr><td>完成拓展训练</td><td>10</td><td></td><td></td><td></td><td></td></tr>
<tr><td>项目报告</td><td>20</td><td></td><td></td><td></td><td></td></tr>
<tr><td rowspan="4">素质
考核</td><td>学习态度</td><td>5</td><td></td><td></td><td></td><td></td><td rowspan="4"></td></tr>
<tr><td>工作态度</td><td>10</td><td></td><td></td><td></td><td></td></tr>
<tr><td>合作交流</td><td>5</td><td></td><td></td><td></td><td></td></tr>
<tr><td>出勤</td><td>10</td><td></td><td></td><td></td><td></td></tr>
<tr><td colspan="2">学生自评签名：</td><td colspan="3">项目组互评签名：</td><td colspan="3">教师签名：</td></tr>
</table>

项目二十一

Z-Stack 协议栈采集温湿度

项目导入

物联网技术从本质上来说是物体通过信息传播媒介进行信息交换和通信，以实现智能化识别、定位、跟踪、监管等功能。本项目通过多个 ZigBee 模块间采集并传递温湿度信息的过程，让大家了解 ZigBee 模块信息采集及传输的工作原理、代码编写、程序烧录、程序调试的整个过程，并通过实验结果加以验证。

项目要求

使用 Z-Stack 协议栈采集 SHT10 传感器的温湿度信息。

(1) 用 Z-Stack 协议栈实现 SHT10 传感器的数据采集。

(2) 用 Z-Stack 协议栈实现数据传输。

(3) 用 Z-Stack 协议栈将协调器收到的数据从串口输出显示。

项目分析

本项目需要 1 个协调器和 2 个终端节点。由终端节点通过 SHT10 传感器分别采集温湿度信息上传到协调器，再由协调器的串口输出收到的温湿度信息。后续课程中我们会将这些信息进一步上传到云平台或用户手机上，让用户可以远程实时接收到这些传感器数据，从而随时随地了解这些传感器参数，并发送相关指令控制相关设备的运行。

项目目标

(1) 熟悉 SHT10 传感器的工作原理。

(2) 学会 Z-Stack 协议栈中 SHT10 传感器数据采集代码的编写。

(3) 学会使用 Z-Stack 协议栈进行数据无线传输。

(4) 学会使用 Z-Stack 协议栈实现协调器节点的数据串口输出。

知识储备

要完成这个项目的设计，我们首先要了解 SHT10 的工作原理和 Z-Stack 协议栈的点播通信，这部分在前面的项目中已有介绍。本节主要介绍在 Z-Stack 协议栈下传感器数据采集的方法和代码的编写。

一、SHT10 文件移植

SHT10 文件由 SHT10.h 和 SHT10.c 文件组成，主要包含了延时、读取字节、读取温湿度等函数。资料中提供的一般都是针对 51 或 STM32 等单片机编写的函数，因此需要做相应的修改才能移植于 CC2530 使用。

(1) 将基础实验里的 SHT10.c 和 SHT10.h 文件复制到项目文档的“...\Projects\Z-Stack\Samples\SampleApp\Source”文件夹或其他文件夹下，如图 21-1 所示。

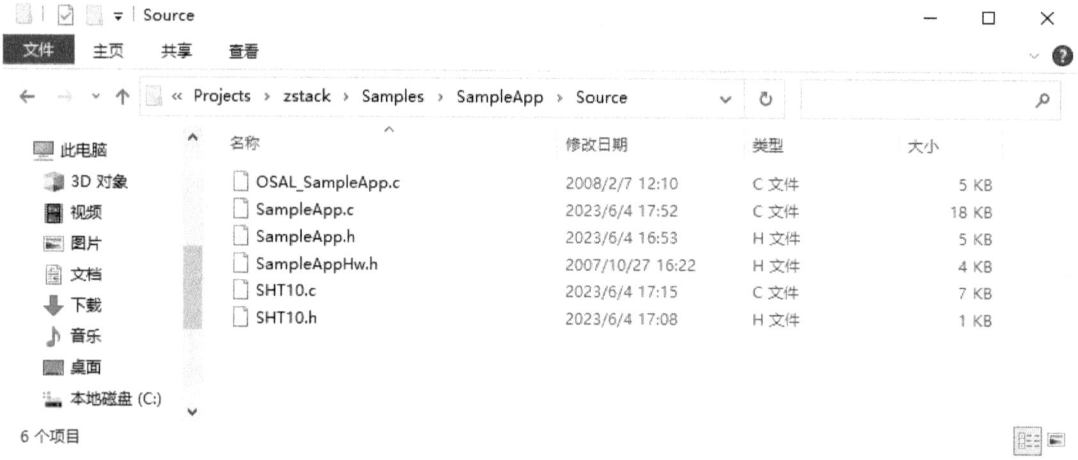

图 21-1　SHT10 文件移植

(2) 为了方便查看，在协议栈的 APP 目录树下用鼠标右键点击 Add 选项，将 SHT10.c 和 SHT10.h 文件添加到 APP 中，并在 SampleApp.c 文件中添加 SHT10.h 头文件，如图 21-2 所示。

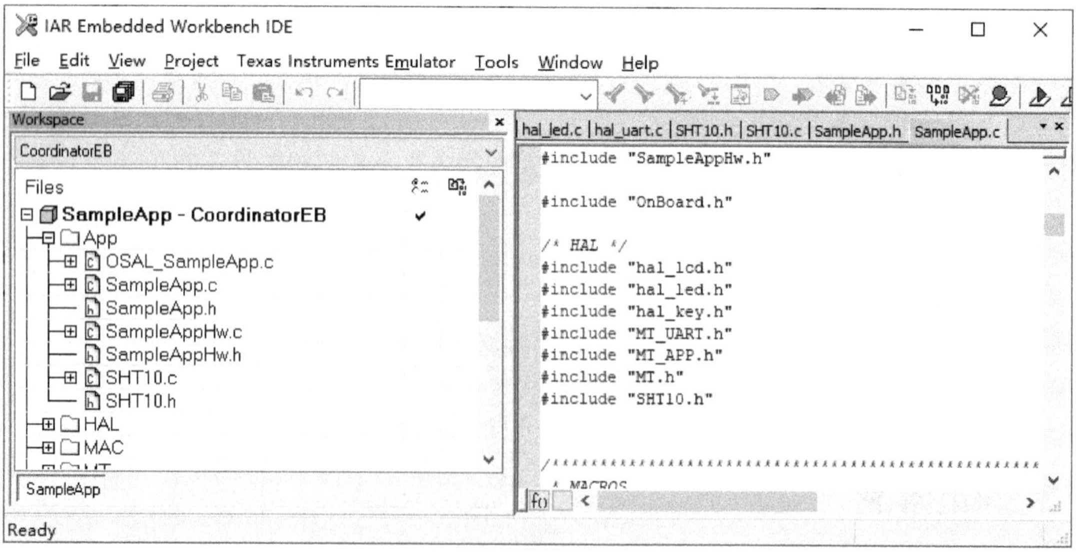

图 21-2　APP 目录树下添加文件

(3) 修改 SHT10.c 文件中的延时函数。SHT10 传感器采用 IIC 总线传输数据，其 SCK 和 DATA 信号传输都要用到延时函数。由于不同的单片机采用不同的时钟频率，因此同样代码的延时时间是不同的。而 SHT10.c 中的延时函数往往是针对 51 单片机编写的，为保证延时的准确，需要修改延时函数的代码。

方法一：采用 Z-Stack 协议栈自带的延时函数 Onboard_wait(uint16 timeout)，如图 21-3 所示。

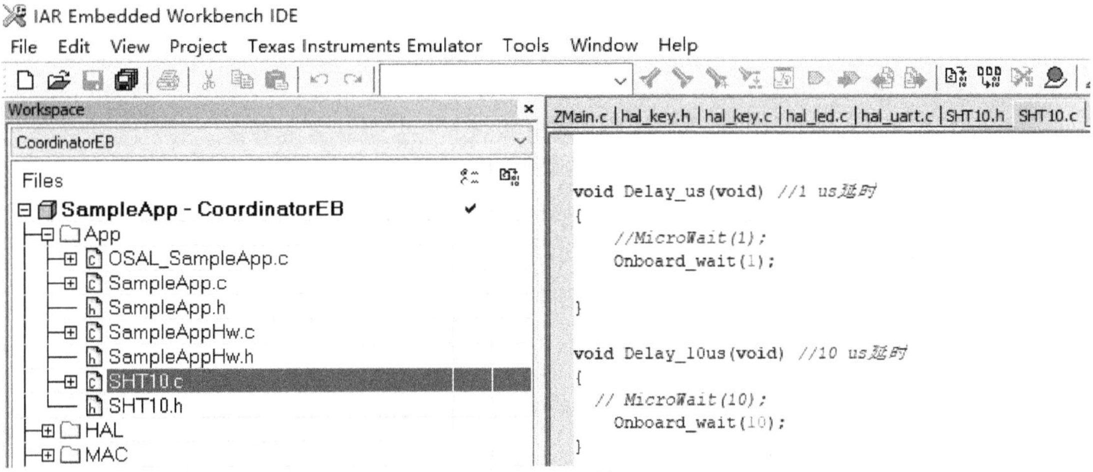

图 21-3 修改延时函数

鼠标右击 Onboard_wait(unit 16 timeout)函数，选择“Go to definition of Onboard wait”选项，可以看到 Onboard_wait(uint16 timeout)函数实际上由 3 个 NOP 指令构成，而基础实验中 1 μs 的延时函数由 9 个 NOP 指令构成，由此可见 Z-Stack 协议栈中的 NOP 指令并不是单纯花费了 1 个时钟，还需调用其他指令完成延时任务。

```
void Onboard_wait( uint16 timeout )
{
  while (timeout--)
  {
    asm("NOP");
    asm("NOP");
    asm("NOP");
  }
}
```

方法二：采用自定义的延时函数 Delay_us(uint16 us)替换前面的 Delay_us()函数，采用 for 语句的循环次数达到延时的效果。

```
void Dealay_us( uint16 us )
{
   Int i;
   for(i=s*n;i>=0;i--);
}
```

根据实测 n 取 6～25 之间的某个数值，变量 i 的数据类型如果为 uchar，则变量 n 的取值范围会有一定变化。

二、无线发送温度数据函数 SampleApp_Send_P2P_Message()

通过调用 SHT10()函数采集到温湿度数据后，可以通过串口、无线点播两种方式发送数据。

```
void SampleApp_Send_P2P_Message( void )
{
  byte i, temp[3], humidity[3], strTemp[14];
  sht10();                    //获取温湿度
  osal_memcpy(strTemp, temp1, 5);
  osal_memcpy(&strTemp[5], " , ", 3);
  osal_memcpy(&strTemp[8], humi, 6);
  HalUARTWrite(0, "T&H:", 4);                //提示接收到数据
  HalUARTWrite(0, strTemp, 13);              //输出接收到的数据
  HalUARTWrite(0, "\n", 1);                  //回车换行
    //无线发送数据
  if ( AF_DataRequest( &SampleApp_P2P_DstAddr, &SampleApp_epDesc,
                       SAMPLEAPP_P2P_CLUSTERID,
                       13,
                       strTemp,
                       &SampleApp_TransID,
                       AF_DISCV_ROUTE,
                       AF_DEFAULT_RADIUS ) == afStatus_SUCCESS )
  }
```

项目实施

一、设备和资源准备

项目实施前必须先准备好相应的设备和资源，见表 21-1。

表 21-1　设备和资源清单

序号	设备/资源名称	数量	单位	是否准备到位(√)
1	CC2530 模块	3	个	
2	SmartRF04EB(或 CCDebugger)仿真器	1	个	
3	USB 转 TTL 数据线	1	根	

二、实施过程

1. 连接设备

用烧录器将 CC2530 模块与 PC 机相连接。

2. 下载程序

(1) 打开 IAR 的 SHT10 工程，在目录树的下拉菜单中选择 CoodinatorEB，将其下载到开发板 A 作为协调器。

(2) 在目录树的下拉菜单中选择 EndDeviceEB，将其下载到开发板 B 作为终端设备。

(3) 终端连网成功后终端节点会用串口、无线方式发送数据。

项目成果

用 USB 数据线连接协调器与 PC，接通 CC2530 开发板电源。打开串口调试助手，设置波特率为 115 200，选择正确的端口号。终端连网成功后，协调器接收到终端节点发送的温湿度数据后，从串口转发数据的实验结果如图 21-4 所示。

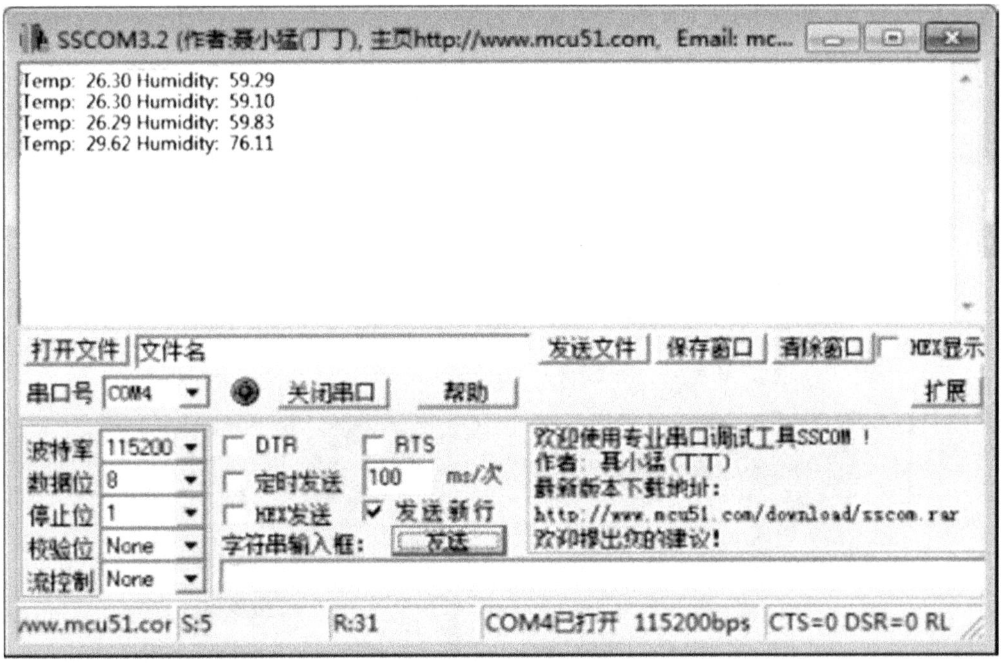

图 21-4　串口显示 SHT10 采集的温湿度数据

拓展训练

以上实验只是通过串口显示了SHT10采集的温湿度数据，实际应用中除了串口显示外，还常用液晶实时显示相关数据。Z-Stack 协议栈中集成了 SSD1306 液晶的相关函数，可以直接调用来显示数据。

修改无线发送数据函数 SampleApp_Send_P2P_Message()，增加下列代码：

```
//输出到 LCD 显示
for(i=0; i<3; i++)
{
  if(i==0)
  {
    LCD_P16x16Ch(i*16,4,i*16);          //显示 16×16 点阵“温”字
    LCD_P16x16Ch(i*16,6,(i+3)*16);      //显示 16×16 点阵“度”字

  }
  else
  {
    LCD_P16x16Ch(i*16,4,i*16);          //显示 16×16 点阵“湿”字
    LCD_P16x16Ch(i*16,6,i*16);          //显示 16×16 点阵“度”字
  }
}
LCD_P8x16Str(44, 4, temp1);             //显示温度数值
LCD_P8x16Str(44, 6, humi);              //显示湿度数值
```

下载到开发板作为终端设备，启动电源后就可以在 SSD1306 液晶上直接显示温湿度数据，如图 21-5 所示。下一步可以修改协调器接收数据函数 SampleApp_MessageMSGCB( )，在协调器的液晶上显示接收到的温湿度数据。

图 21-5　液晶显示 SHT10 采集的温湿度

项目总结

项目完成后认真填写表 21-2，记录整个项目的完成步骤及完成效果。

表 21-2　项 目 报 告 表

<table>
<tr><td>课程
名称</td><td></td><td>项目
名称</td><td colspan="4"></td></tr>
<tr><td>班级</td><td></td><td>姓名</td><td></td><td>学号</td><td colspan="2"></td></tr>
<tr><td>组长</td><td></td><td>小组
成员</td><td colspan="4"></td></tr>
<tr><td rowspan="5">项目
报告</td><td colspan="6">(报告必须包含以下几点：一、项目目的；二、项目计划；三、项目实施过程；四、项目总结；五、体会，可附页)</td></tr>
<tr><td colspan="3" rowspan="4"></td><td>日期</td><td colspan="2">年　月　日</td></tr>
<tr><td rowspan="3">项目
成员
签名</td><td></td><td></td></tr>
<tr><td></td><td></td></tr>
<tr><td></td><td></td></tr>
</table>

项目评价

根据项目完成情况，由学生自评、项目组互评、教师评分给予综合评判。学生也可参考评分细节重点掌握相关环节需要达到的能力要求。考核评价表如表 21-3 所示。

表 21-3 考核评价表

评价要素		分值	学生自评(30%)	项目组互评(20%)	教师评分(50%)	各项总分	合计
能力考核	接线正确	10					
	驱动安装正确	10					
	完成代码	10					
	温湿度数据正常	10					
	完成拓展训练	10					
	项目报告	20					
素质考核	学习态度	5					
	工作态度	10					
	合作交流	5					
	出勤	10					
学生自评签名：		项目组互评签名：			教师签名：		

项目二十二

Z-Stack 协议栈按键控制

项目导入

物联网设备在使用过程中常用到手动控制功能，如通过不同按键远程控制多个设备的打开或关闭。本项目通过在协调器上按下不同按键来控制多个终端模块 I/O 口的开启或关闭，让大家了解 Z-Stack 协议栈下按键控制技术的工作原理、代码编写、程序烧录、程序调试的整个过程。

项目要求

在 Z-Stack 协议栈下实现按键控制。

(1) 用 Z-Stack 协议栈实现协调器端的按键参数采集。

(2) 用 Z-Stack 协议栈实现按键数据的传输。

(3) 在 Z-Stack 协议栈下通过终端节点接收到的按键数据控制设备。

项目分析

本项目需要 1 个协调器和 2 个终端节点。由协调器模块的 2 个按键分别控制 2 个终端节点 I/O 口的输出，完成手动远程控制其他多个设备打开或关闭的功能。后续课程中我们会在用户手机上通过云平台远程控制这些网络设备，从而实时了解这些设备的运行状况，并发送相关指令控制相关设备的运行。

项目目标

(1) 熟悉 Z-Stack 协议栈下的按键参数设置方法。

(2) 掌握 Z-Stack 协议栈下的按键参数采集代码编写方法。

(3) 掌握 Z-Stack 协议栈下的按键数据无线传输方法。

(4) 掌握 Z-Stack 协议栈下的终端节点所接设备控制方法。

知识储备

要完成这个项目的设计，首先要了解 HAL 目录下主板、按键、LCD、LED、UART 串口等硬件设备的中断设置概念，掌握按键中断方式和查询方式的设置方法、调用方法以及代码的编写方法。

一、按键初始化

1. 按键的定义

hal_board_cfg.h 文件中默认定义了两个按键 PUSH1 和 PUSH2。

```
/* PUSH1 */
#define PUSH1_BV              BV(0)
#define PUSH1_SBIT            P0_0          //定义 PUSH1 按键为 P0_0 脚
#define PUSH1_POLARITY        ACTIVE_HIGH   //定义 PUSH1 初始为高电平
/* PUSH2 */
#define PUSH2_BV              BV(0)
#define PUSH2_SBIT            P2_0          //定义 PUSH2 按键为 P2_0 脚
#define PUSH2_POLARITY        ACTIVE_HIGH
```

2. 按键初始化

系统启动过程中主程序 main( )调用 OnBoard.c 文件中的 InitBoard(OB_READY)函数。InitBoard(OB_READY) 函数又调用 hal_key.c 文件中的 HalKeyConfig(HAL_ KEY_ INTERRUPT_ DISABLE, OnBoard_KeyCallback)，其功能为禁用按键中断，OnBoard_KeyCallback 为中断的回调函数。

(1) 在 hal_key.c 文件中定义按键 SW_6 的端口和需要设置的寄存器。

```
/* SW_6 按键定义到 P0.1 引脚*/
#define HAL_KEY_SW_6_PORT      P0          //定义 P0 端口
#define HAL_KEY_SW_6_BIT       BV(0)       //定义 P0.0 引脚
#define HAL_KEY_SW_6_SEL       P0SEL       //定义 P0 端口功能寄存器
#define HAL_KEY_SW_6_DIR       P0DIR       //定义 P0 端口方向寄存器
/* EDGE 中断*/
#define HAL_KEY_SW_6_EDGEBIT   BV(0)
#define HAL_KEY_SW_6_EDGE      HAL_KEY_FALLING_EDGE   //定义下降沿触发中断
/* SW_6 中断*/
#define HAL_KEY_SW_6_IEN       IEN1        //定义中断屏蔽寄存器
#define HAL_KEY_SW_6_IENBIT    BV(5)       //定义引脚位
#define HAL_KEY_SW_6_ICTL      P0IEN       //定义端口中断允许寄存器
#define HAL_KEY_SW_6_ICTLBIT   BV(1)       //定义位中断允许寄存器
#define HAL_KEY_SW_6_PXIFG     P0IFG       //定义中断标志寄存器
```

(2) 在 hal_key.c 文件的 HalKeyInit()函数中设置按键 I/O 口的模式和方向寄存器。

```
void HalKeyInit( void )
{
  HAL_KEY_SW_6_SEL &= ~(HAL_KEY_SW_6_BIT);     //设置引脚功能为普通 I/O 口
```

```
HAL_KEY_SW_6_DIR &= ~(HAL_KEY_SW_6_BIT);       //设置引脚方向为输入
…}
```

(3) 在 hal_key.c 文件的 HalKeyConfig()函数中设置按键中断寄存器。

```
void HalKeyConfig (bool interruptEnable, halKeyCBack_t cback)
 {
   if (Hal_KeyIntEnable)            //如果开启了中断模式
   {  …
      PICTL |= HAL_KEY_SW_6_EDGEBIT;                        //设置下降沿触发
      HAL_KEY_SW_6_ICTL |= HAL_KEY_SW_6_ICTLBIT;   //P0IEN 寄存器相关位置 1
      HAL_KEY_SW_6_IEN |= HAL_KEY_SW_6_IENBIT;      //IEN1 寄存器相关位置 1
      HAL_KEY_SW_6_PXIFG = ~(HAL_KEY_SW_6_BIT);    //P0IFG 寄存器相关位置 1
      …
 }
 else      //如果没有开启中断
 {
   HAL_KEY_SW_6_ICTL &= ~(HAL_KEY_SW_6_ICTLBIT);   //P0IEN 寄存器相关位清 0
   HAL_KEY_SW_6_IEN &= ~(HAL_KEY_SW_6_IENBIT);      //IEN1 寄存器相关位清 0
   osal_start_timerEx (Hal_TaskID, HAL_KEY_EVENT, HAL_KEY_POLLING_VALUE);
 }
…}
```

二、轮询按键事件

按键初始化设置函数 HalKeyConfig( )调用了设置定时器函数 osal_start_timerEx(Hal_TaskID，HAL_KEY_EVENT，HAL_KEY_POLLING_VALUE)。其含义为：每经过 HAL_KEY_POLLING_VALUE 时间(默认 100 ms)，启动一个硬件处理任务 Hal_TaskID，任务内容为 HAL_KEY_EVENT(按键事件)，简单说来就是定时查询按键有无动作。如果开启了按键中断，则关闭这个定时器，改由中断触发按键事件。

当发生按键事件时，硬件事件处理函数 Hal_ProcessEvent( )首先调用 HalKeyPoll( )函数判断是哪个按键动作。如果是 PUSH1 动作，则将 PUSH1 与系统按键 HAL_KEY_SW_6 绑定。

```
void HalKeyPoll (void)
{
   if (HAL_PUSH_BUTTON1())
   {
    keys |= HAL_KEY_SW_6;
   }
}
```

然后回调函数 OnBoard_KeyCallback( )调用 osal_msg_send( )，发送按键状态消息到系

统任务，由系统对此按键任务进行处理。

三、按键发送广播包

1. 添加发送广播包函数

在 SampleApp.c 文件的 SampleApp_HandleKeys( )函数中添加发送广播包的函数，具体如下：

```
void SampleApp_HandleKeys( uint8 shift, uint8 keys )
{
    if ( keys & HAL_KEY_SW_6 )
    {
      #if defined(ZDO_COORDINATOR)            //按协调器 PUSH1 才发送数据
        SampleApp_SendPeriodicMessage();       //以广播方式发送数据
      #else                                   //路由器和终端接收数据
      #endif
    }
  …}
```

2. 发送控制编号

在发送的广播包中发送控制编号，具体如下：

```
void SampleApp_SendPeriodicMessage( void )
{
      Char LedState[2];
      LedState[0]='a';        //控制信号编号 a, b, c, …
      LedState[1]=~LedState[1];        //每按一次按键，发送数据位取反
      if ( AF_DataRequest( &SampleApp_Periodic_DstAddr, &SampleApp_epDesc,
                              SAMPLEAPP_PERIODIC_CLUSTERID,
                              2,
                              LedState,
                              &SampleApp_TransID,
                              AF_DISCV_ROUTE,
                              AF_DEFAULT_RADIUS ) == afStatus_SUCCESS )
   …}
```

四、处理接收到的控制数据

SampleApp.c 文件下的 SampleApp_MessageMSGCB( )函数负责对接收到的数据进行处理。路由器和终端节点接收到广播包后，根据接收到的灯光控制数据控制 LED1 的状态。如果带有液晶显示功能，也可将数据显示到液晶屏上。

```
      void SampleApp_MessageMSGCB( afIncomingMSGPacket_t *pkt )
{
```

```
    char state[2];        //定义 2 字节数组
    switch ( pkt->clusterId )
{
    case SAMPLEAPP_PERIODIC_CLUSTERID:   //如果接收到广播包
    state=pkt->cmd.Data;     //将接收到的 2 字节赋值到数组 state[ ]
If(state[0]== 'a')P1_0=state[1]; //收到数据首字节为字符'a', P1_0 引脚电平与第二字节相同
    break;
   case SAMPLEAPP_P2P_CLUSTERID:
    break;
…}
```

项目实施

一、设备和资源准备

项目实施前必须先准备好相应的设备和资源，见表 22-1。

表 22-1　设备和资源清单

序号	设备/资源名称	数量	单位	是否准备到位(√)
1	CC2530 模块	2	个	
2	SmartRF04EB(或 CC Debugger)仿真器	1	个	
3	USB 转 TTL 数据线	1	根	

二、实施过程

(1) 在 hal_board_cfg.h 文件中修改按键端口。

```
/* PUSH1 */
#define PUSH1_BV              BV(0)
#define PUSH1_SBIT            P0_0    //设置按键 1 为 P0_0
/* PUSH2 */
#define PUSH2_BV              BV(1)
#define PUSH2_SBIT            P0_1    //设置按键 1 为 P0_1
#define PUSH2_POLARITY        ACTIVE_HIGH
```

(2) 在 OnBoard.c 文件中禁止按键中断。

```
void InitBoard( uint8 level )
HalKeyConfig(HAL_KEY_INTERRUPT_DISABLE, OnBoard_KeyCallback);
```

(3) 在 hal_key.c 文件中设置寄存器。

```
/* SW_1 按键定义到 P0.1 引脚，添加下列代码 */
#define HAL_KEY_SW_1_PORT     P0
#define HAL_KEY_SW_1_BIT      BV(1)
```

```
#define HAL_KEY_SW_0_SEL       P0SEL
#define HAL_KEY_SW_0_DIR       P0DIR
```

(4) 在 hal_key.c 文件的 HalKeyInit(void) 函数中设置寄存器。

```
HAL_KEY_SW_6_SEL &= ~(HAL_KEY_SW_6_BIT);
HAL_KEY_SW_6_DIR &= ~(HAL_KEY_SW_6_BIT);
/* 为 SW_1 添加下列代码 */
HAL_KEY_SW_1_SEL &= ~(HAL_KEY_SW_1_BIT);
HAL_KEY_SW_1_DIR &= ~(HAL_KEY_SW_1_BIT);
```

(5) 在 hal_key.c 文件的 HalKeyConfig()函数中屏蔽中断。因未开启中断，故此步可省略。

```
HAL_KEY_SW_1_ICTL &= ~HAL_KEY_SW_1_ICTLBIT;
HAL_KEY_SW_1_IEN &= ~HAL_KEY_SW_1_IENBIT;
HAL_KEY_SW_1_PXIFG = ~(HAL_KEY_SW_1_BIT);
```

(6) 在 hal_key.c 文件的 HalKeyPoll()函数中绑定按键。

```
if (HAL_PUSH_BUTTON1())
  {      keys |= HAL_KEY_SW_6;   }
if (HAL_PUSH_BUTTON2())
  {      keys |= HAL_KEY_SW_1;   }
```

(7) 将 SmartRF04EB 仿真器的 JTAG 接口与 CC2530 模块相连，仿真器另一端用 USB 数据线连接到 PC 上。

(8) 打开 IAR 的 Z-Stack 协议栈按键控制工程，在目录树的下拉菜单中选择“CoodinatorEB”，将其下载到开发板 A 作为协调器。

(9) 在目录树的下拉菜单中选择“EndDeviceEB”，将其下载到开发板 B 作为终端节点。

项目成果

用 USB 数据线连接协调器与 PC，接通三块开发板的电源。终端连网成功后在协调器上按下 P1_2 所接按键，可以看到终端节点 B 上所接 LED1 的开关状态，如图 22-1 所示。

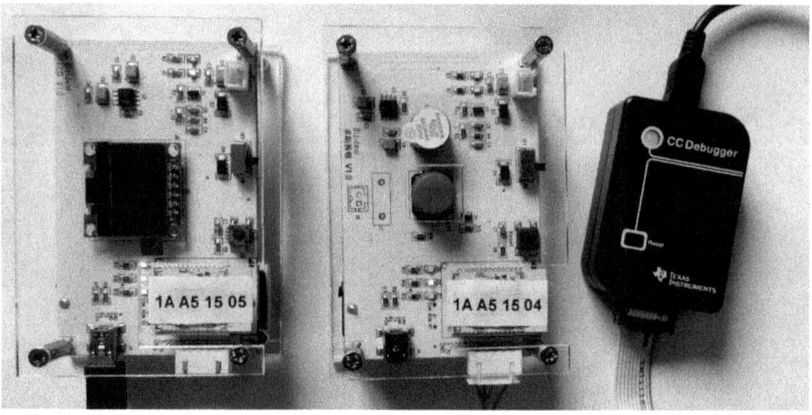

图 22-1　按键控制终端节点 LED

拓展训练

以上实验只是利用 CC2530 开发板上的按键实现了单个终端节点的控制。如果在协调器上设计多个按键，分别控制多个终端节点，则需要修改相应代码以实现更多功能。

(1) 定义多个按键。在 hal_board_cfg.h 文件中定义两个按键 PUSH1 和 PUSH2。

```
/* PUSH1 */
#define PUSH1_BV            BV(1)
#define PUSH1_SBIT          P0_1         //定义 PUSH1 按键为 P0_1 引脚
#define PUSH1_POLARITY      ACTIVE_HIGH     //定义 PUSH1 初始为高电平
/* PUSH2*/
#define PUSH2_BV            BV(2)
#define PUSH2_SBIT          P0_2      //定义 PUSH2 按键为 P0_2 引脚
#define PUSH2_POLARITY      ACTIVE_HIGH     //定义 PUSH2 初始为高电平
#define HAL_PUSH_BUTTON1()          (PUSH1_POLARITY (PUSH1_SBIT))
//设置 P0_1 初始为高电平
#define HAL_PUSH_BUTTON2()          (PUSH2_POLARITY (PUSH2_SBIT))
```

(2) 在 hal_key.c 文件中初始化按键及寄存器。

```
/* SW_1 按键定义到 P0.2 引脚 */
#define HAL_KEY_SW_1_PORT     P0       //定义 P0 端口
#define HAL_KEY_SW_1_BIT      BV(2)     //定义 P0.2 引脚
#define HAL_KEY_SW_1_SEL      P0SEL    //定义 P0 端口功能寄存器
#define HAL_KEY_SW_1_DIR      P0DIR    //定义 P0 端口方向寄存器
void HalKeyInit( void )
{
   HAL_KEY_SW_1_SEL &= ~(HAL_KEY_SW_1_BIT);      //设置引脚功能为普通 I/O 口
   HAL_KEY_SW_1_DIR &= ~(HAL_KEY_SW_1_BIT);      //设置引脚方向为输入
}
```

(3) 在 HalKeyPoll()函数中绑定按键。

```
if (HAL_PUSH_BUTTON1())
     {     keys |= HAL_KEY_SW_6;   }
 if (HAL_PUSH_BUTTON2())
     {     keys |= HAL_KEY_SW_1;   }
```

(4) 按键时发送另一个广播包。在 SampleApp.c 文件的 SampleApp_HandleKeys( )函数中添加发送广播包的函数。

```
void SampleApp_HandleKeys( uint8 shift, uint8 keys )
{
   if ( keys & HAL_KEY_SW_1 ){
   SampleApp_SendPeriodicMessage_2();      //发送到终端节点 C 的广播包
   }
```

项目总结

项目完成后认真填写表 22-2，记录整个项目的完成步骤及完成效果。

表 22-2 项 目 报 告 表

<table>
<tr><td>课程名称</td><td></td><td>项目名称</td><td colspan="3"></td></tr>
<tr><td>班级</td><td></td><td>姓名</td><td></td><td>学号</td><td></td></tr>
<tr><td>组长</td><td></td><td>小组成员</td><td colspan="3"></td></tr>
<tr><td rowspan="5">项目报告</td><td colspan="5">(报告必须包含以下几点：一、项目目的；二、项目计划；三、项目实施过程；四、项目总结；五、体会，可附页)</td></tr>
<tr><td colspan="3"></td><td>日期</td><td>年 月 日</td></tr>
<tr><td colspan="3" rowspan="3"></td><td rowspan="3">项目成员签名</td><td></td></tr>
<tr><td></td></tr>
<tr><td></td></tr>
</table>

项目评价

根据项目完成情况，由学生自评、项目组互评、教师评分给予综合评判。学生也可参考评分细节重点掌握相关环节需要达到的能力要求。考核评价表如表 22-3 所示。

表 22-3　考核评价表

评价要素		分值	学生自评 (30%)	项目组互评 (20%)	教师评分 (50%)	各项总分	合计
能力考核	接线正确	10					
	驱动安装正确	10					
	完成代码	10					
	按键控制正常	10					
	完成拓展训练	10					
	项目报告	20					
素质考核	学习态度	5					
	工作态度	10					
	合作交流	5					
	出勤	10					
学生自评签名：		项目组互评签名：			教师签名：		

项目二十三

Z-Stack 数据包捕捉与分析

项目导入

Z-Stack 协议栈能够让协调器、路由器和终端设备间自行组网，那么如何组网以及组网时设备相互之间是如何通信的呢？本项目将通过使用 TI 公司的 Packet Sniffer 软件在设备组网时抓取数据包，来进一步分析 ZigBee 协议栈组网的工作原理及通信过程。

项目要求

捕捉并分析 Z-Stack 协议栈的数据包。

(1) 抓取 Z-Stack 协议栈组网通信的数据包。

(2) 分析 Z-Stack 协议栈组网的工作原理。

(3) 分析 Z-Stack 协议栈数据包的主要结构。

项目分析

本项目需要 1 个协调器、1 个终端节点和 1 个负责抓包的 ZigBee 模块。在 PC 上运行 Packet Sniffer 软件，通过抓包模块的无线功能抓取空中传输的 ZigBee 数据包，从而在 PC 上查看抓取的 ZigBee 数据包信息，进而分析 Z-Stack 协议栈组网的工作原理及通信过程。

项目目标

(1) 学会用 Packet Sniffer 软件抓取 Z-Stack 协议栈的数据包。

(2) 掌握 Z-Stack 协议栈组网的工作原理。

(3) 了解 Z-Stack 协议栈数据包的主要结构。

知识储备

CC2530 工作于 2.4 GHz 频段，采用的是 IEEE 802.15.4 协议，ZigBee 能够以非常低的成本建立起最多 65 536 个节点组成的网络。CC2530 采用性能优良的 RF 收发器，结合 TI 公司的 Z-Stack 协议栈，可以提供一个强大和完整的 ZigBee 解决方案。

一、Packet Sniffer 软件的安装与使用

双击 Packet Sniffer 软件安装程序，在弹出的安装界面中依次单击“Next”按钮，直到安装完成，如图 23-1 所示。

图 23-1　Packet Sniffer 软件安装

单击安装生成的 Packet Sniffer 图标，在协议下拉列表中选择“IEEE 802.15.4/ZigBee”，然后单击“Start”按钮，如图 23-2 所示。

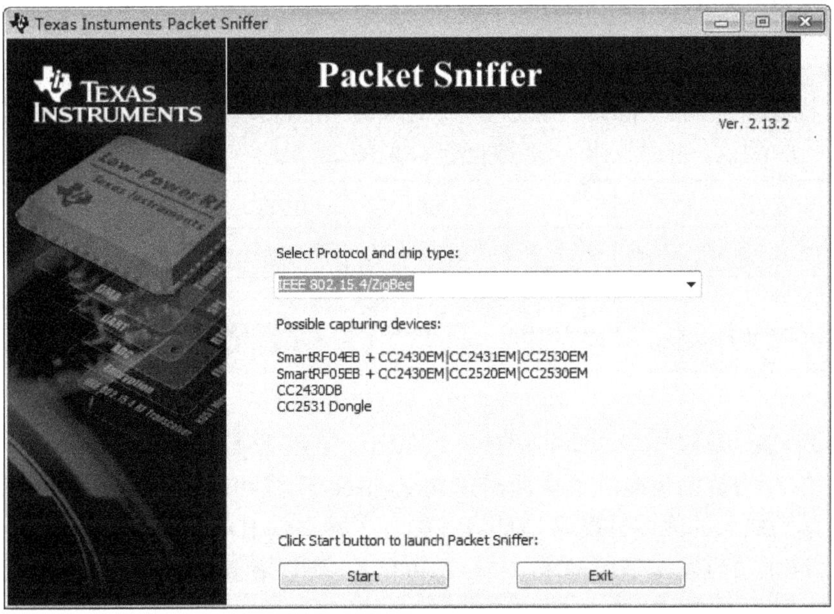

图 23-2　Packet Sniffer 软件启动界面

采用本项目或前面任一项目代码，分别烧录至协调器和终端节点并打开电源。在 Packet Sniffer 软件中选择“ZigBee2007/PRO”，然后单击“开始”按钮▶开始抓包，如图 23-3 所示。

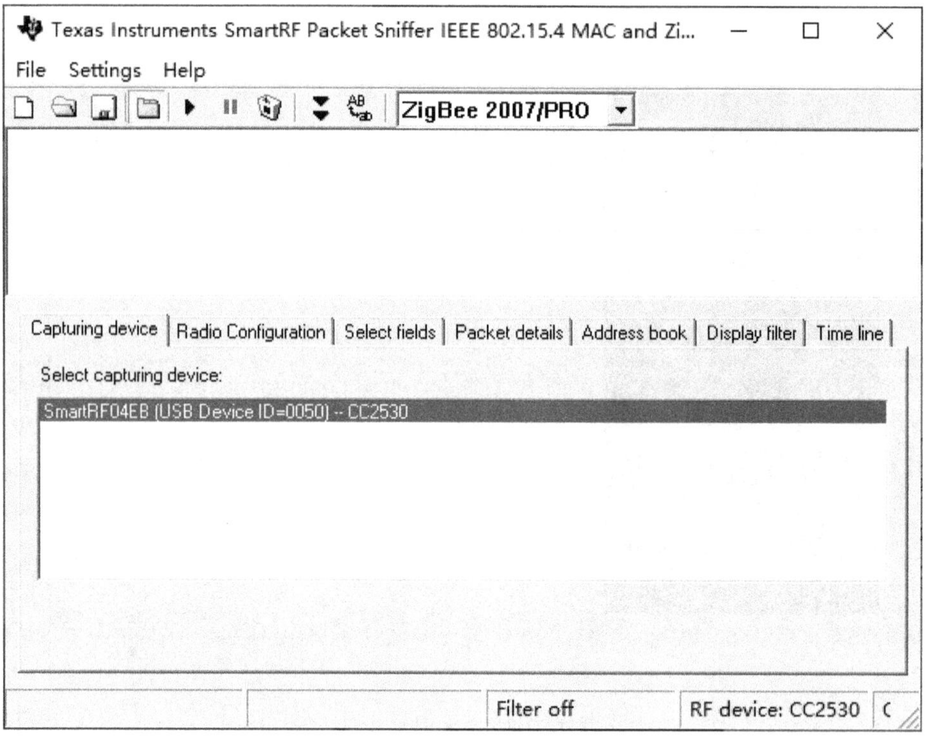

图 23-3　Packet Sniffer 抓取数据包

二、Packet Sniffer 抓包结果分析

从 Packet Sniffer 软件抓取的数据包可以看到，每个数据包均由多个字段组成，这与 ZigBee 协议栈是对应的。ZigBee 协议栈是采用分层结构实现的，所以数据包显示时对不同的层使用不同的颜色。下面分析一个数据包，见图 23-4。

长度	2	1	0/2	0/2/8	0/2	0/2
域名	帧控制域	序列号	目的PAN_ID	目的地址	源PAN_ID	源地址

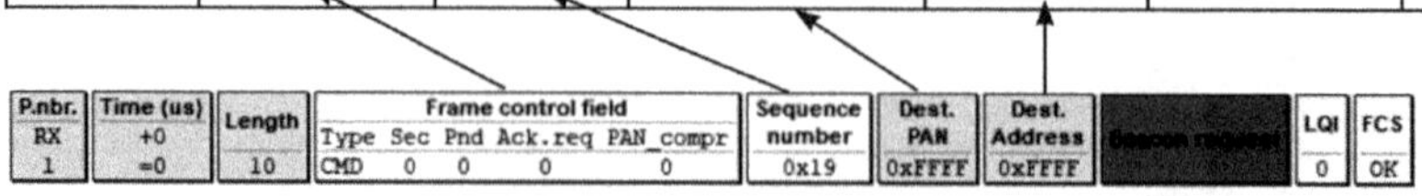

图 23-4　ZigBee 数据包格式

抓取的 ZigBee 协议栈中介质访问控制层(MAC 层)完整数据包如图 23-5 所示。

第 4～12 行的数据包展示了协调器建立 ZigBee 无线网络以及终端加入该网络的整个过程。协调器为加入的终端分配端地址，并配置了网络的 ID，即 PAN_ID。

第 4 行：终端节点发送信标请求。如图 23-6 所示，可以看到数据包中目的地址为 0xFFFF 的广播地址，目的 PAN_ID 为 0xFFFF(表示任意网络)。

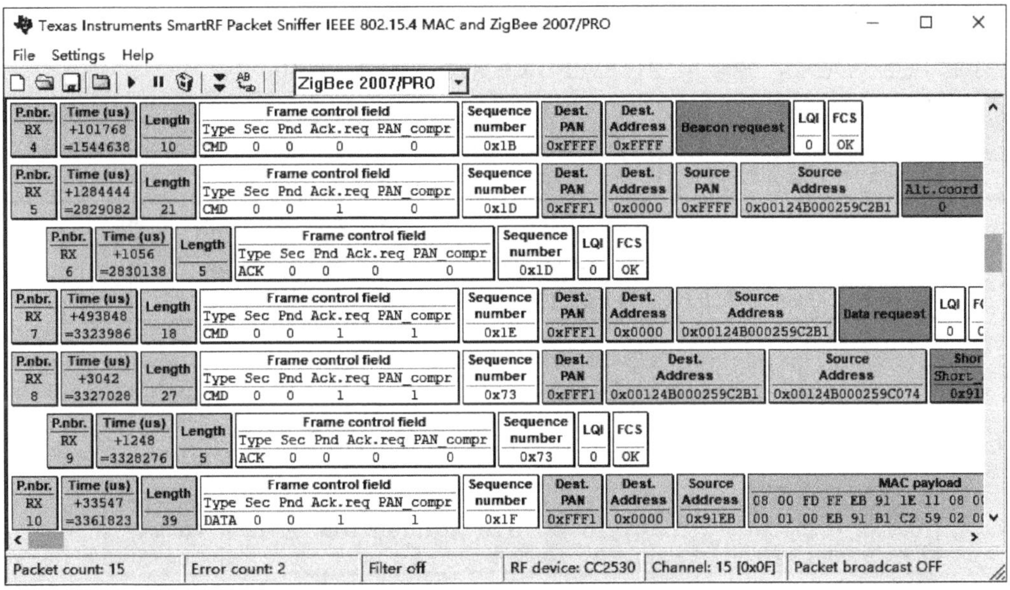

图 23-5　Packet Sniffer 抓取的数据包

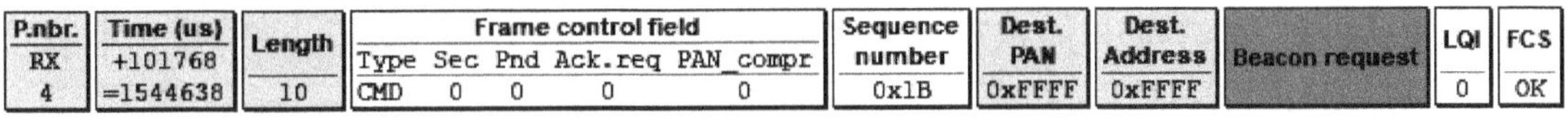

图 23-6　终端节点发送信标请求

第 5 行：协调器回复已经建立了 ZigBee 无线网络。在 ZigBee 无线网络中，协调器的网络地址固定是 Sourse Address=0x0000，Source PAN=0xFFF1，见图 23-7。

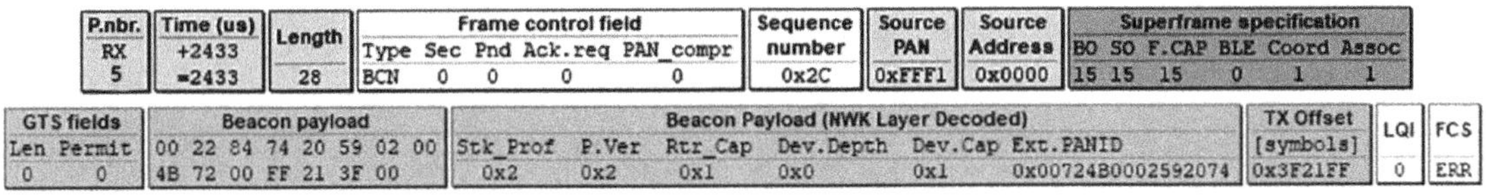

图 23-7　协调器回复帧

第 6 行：　终端节点发送加入网络请求。

数据包中带有自己的 64 位 IEEE 地址和 PAN_ID 0xFFFF(其含义为只要找到一个网络就加入进去)，目的地址为 0x0000，见图 23-8。

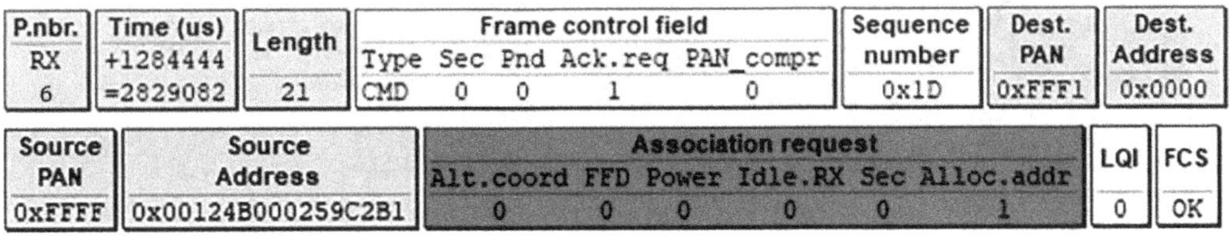

图 23-8　终端节点发送加入网络请求

第 7 行：协调器对终端节点的加入做出相应的应答，序列号与终端发送的请求序列号相同，见图 23-9。

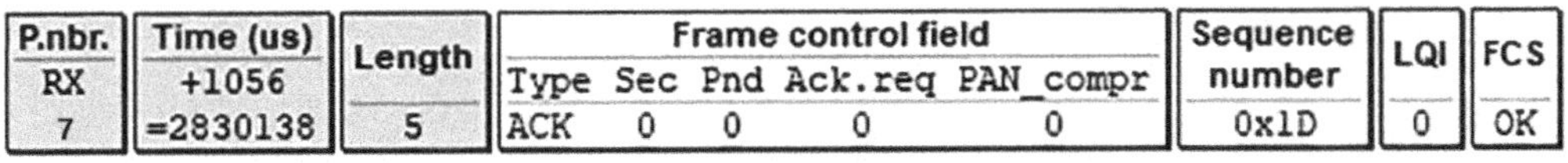

图 23-9　协调器应答

第 8 行：终端节点收到协调器的应答后，发送数据请求，请求加入 0xFFF1 网络并由协调器分配 16 位短地址，源地址为自己的 IEEE 地址，见图 23-10。

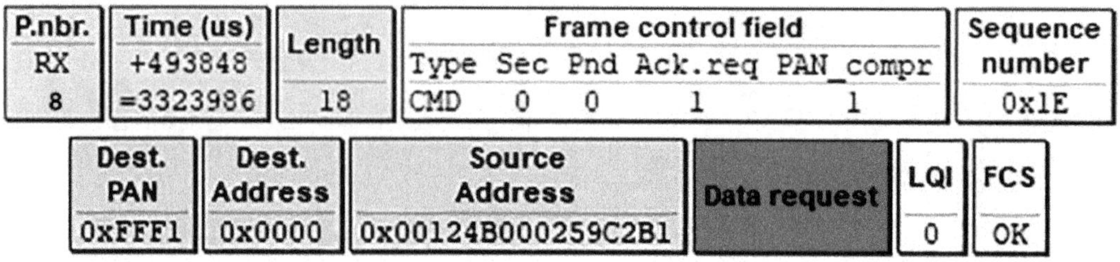

图 23-10 终端节点发送数据请求

第 9～10 行：协调器应答后，同意终端节点加入 0xFFF1 网络的请求，并分配给终端节点 16 位短地址 0x91EB，源地址和目的地址均为 64 位 IEEE 地址，见图 23-11。

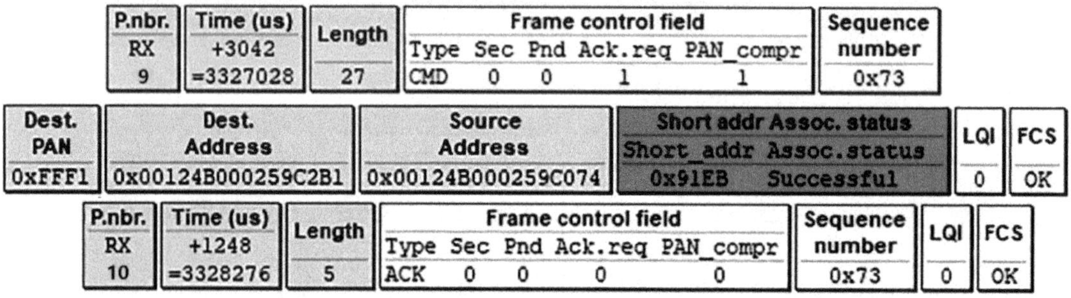

图 23-11 协调器给终端节点分配 16 位短地址

第 11～12 行：分配成功后，终端节点给协调器发送数据“0123456789”。如图 23-12 所示，可以看到数据包中 APS Payload 为 0～9 的 ASCII 码 30～39；NWK payload 为网络层的数据，包含了 0～9 的 ASCII 码；MAC payload 为 MAC 层的数据，同样包含了 0～9 的 ASCII 码。

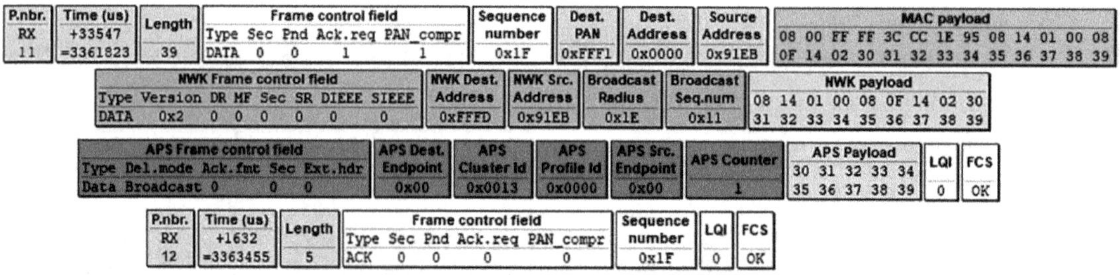

图 23-12 终端节点发送数据帧

项目实施

一、设备和资源准备

项目实施前必须先准备好相应的设备和资源，见表 23-1。

表 23-1　设备和资源清单

序号	设备/资源名称	数量	单位	是否准备到位(√)
1	CC2530 模块	3	个	
2	SmartRF04EB(或 CC Debugger)仿真器	1	个	
3	Packet Sniffer 软件	1		

二、实施过程

(1) 把 A、B 两个 CC2530 模块分别烧录成本项目的协调器和终端节点，测试其通信是否正常。

(2) 将 SmartRF04EB 仿真器的 JTAG 接口与 ZigBee 模块 C 相连，仿真器另一端连接到 PC 的 USB 接口。

(3) 打开 Packet Sniffer 软件，单击 Start 按钮抓取数据包。

(4) 打开 ZigBee 模块 A 和 ZigBee 模块 B 电源，当灯光开始闪烁时说明联网成功。

(5) 查看 Packet Sniffer 软件抓取的数据包，分析 ZigBee 组网的工作原理及通信过程。

项目成果

将抓包结果保存下来，分析 Z-Stack 协议栈组网的完整过程，见图 23-13。

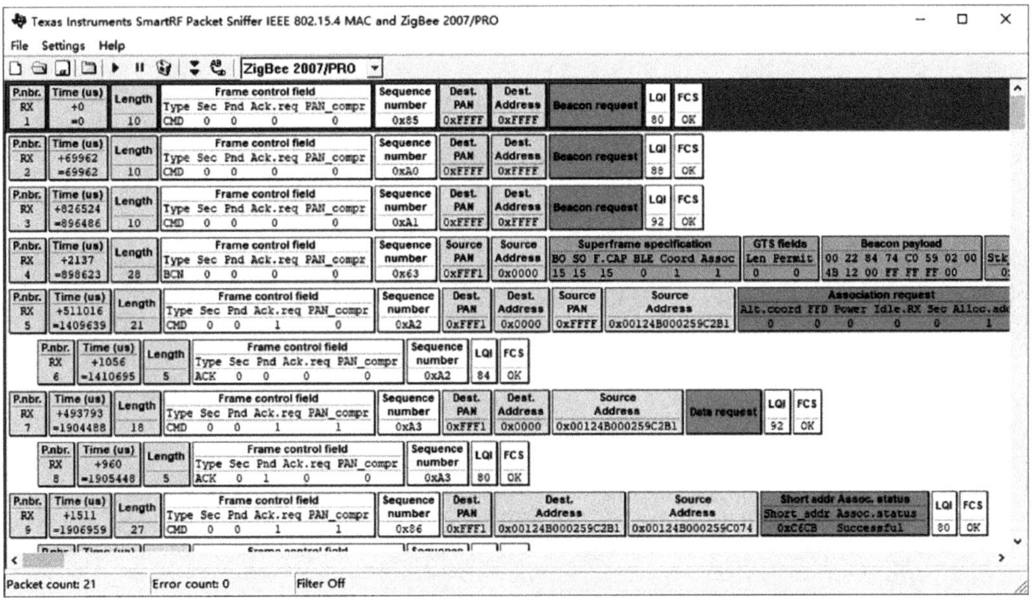

图 23-13　Packet Sniffer 软件抓包结果

拓展训练

Packet Sniffer 软件默认抓取的是 11 信道 2405 MHz 的数据包，如果此时周围有大量采用 11 信道通信的 ZigBee 模块，Packet Sniffer 就会抓取很多其他模块的数据包，如图 23-14

所示。为了避免周围其他 ZigBee 模块和 Wi-Fi 信号的干扰，ZigBee 联盟建议使用 11、14、15、19、20、24、25 这些信道，其工作频段参考图 17-4。

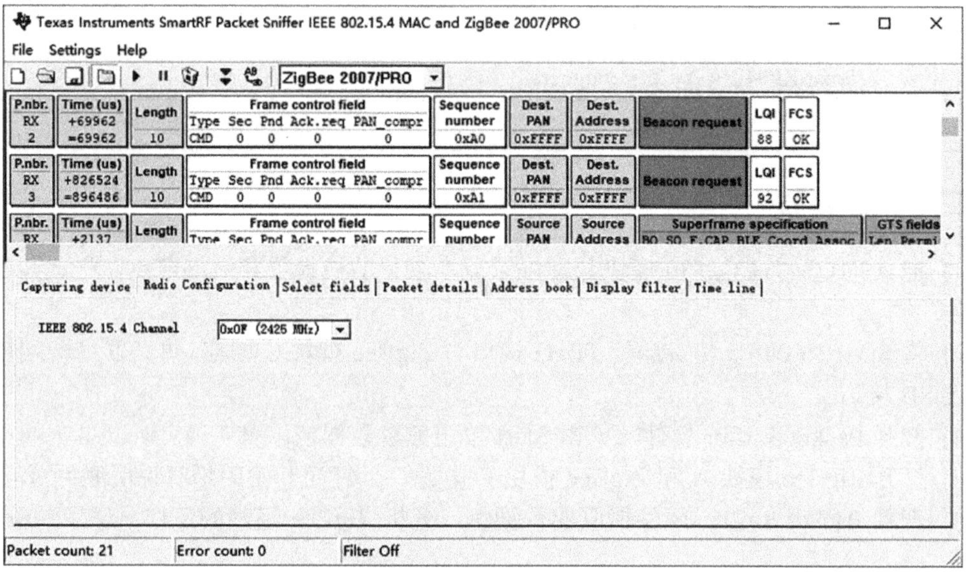

图 23-14 设置 Packet Sniffer 抓取信道

(1) 设置 Packet Sniffer 抓取信道。

在 Packet Sniffer 软件的 Radio Configuration 选项卡中选择 2425 MHz(如图 23-14 所示)，在状态栏中就可以看到 Channel 为 15 信道。

(2) 设置 ZigBee 信道。

打开本项目代码中 Tools 目录下的 f8wConfig.cfg 文件，将默认信道调整为 15 信道，如图 23-15 所示。将 A、B 两个 CC2530 模块分别烧录成协调器和终端节点。

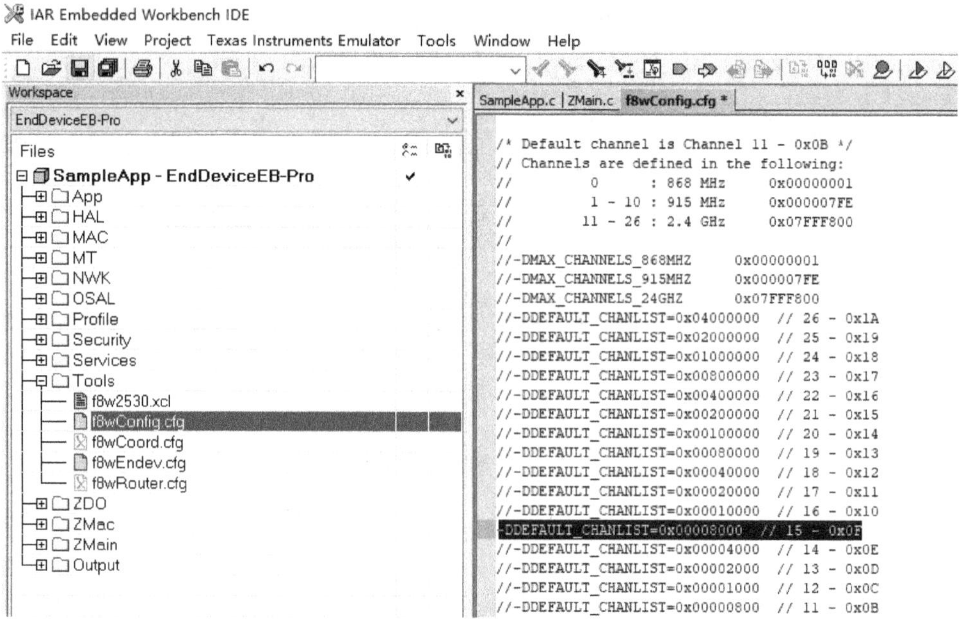

图 23-15 Z-Stack 协议栈信道设置

打开协调器和终端节点电源，此时 Packet Sniffer 抓取的就是 15 信道的数据包，而其他信道的数据包通信则被过滤掉了。

项目总结

项目完成后认真填写表 23-2，记录整个项目的完成步骤及完成效果。

表 23-2　项 目 报 告 表

<table>
<tr><td>课程名称</td><td></td><td>项目名称</td><td colspan="4"></td></tr>
<tr><td>班级</td><td></td><td>姓名</td><td></td><td>学号</td><td colspan="2"></td></tr>
<tr><td>组长</td><td></td><td>小组成员</td><td colspan="4"></td></tr>
<tr><td rowspan="5">项目报告</td><td colspan="6">(报告必须包含以下几点：一、项目目的；二、项目计划；三、项目实施过程；四、项目总结；五、体会，可附页)</td></tr>
<tr><td colspan="3" rowspan="4"></td><td>日期</td><td colspan="2">年　月　日</td></tr>
<tr><td rowspan="3">项目成员签名</td><td></td><td></td></tr>
<tr><td></td><td></td></tr>
<tr><td></td><td></td></tr>
</table>

项目评价

根据项目完成情况，由学生自评、项目组互评、教师评分给予综合评判。学生也可参考评分细节重点掌握相关环节需要达到的能力要求。考核评价表如表 23-3 所示。

表 23-3　考 核 评 价 表

<table>
<tr><td colspan="2">评价要素</td><td>分值</td><td>学生自评
(30%)</td><td>项目组互评
(20%)</td><td>教师评分
(50%)</td><td>各项总分</td><td>合计</td></tr>
<tr><td rowspan="6">能力
考核</td><td>接线正确</td><td>10</td><td></td><td></td><td></td><td></td><td rowspan="6"></td></tr>
<tr><td>驱动安装正确</td><td>10</td><td></td><td></td><td></td><td></td></tr>
<tr><td>完成代码</td><td>10</td><td></td><td></td><td></td><td></td></tr>
<tr><td>数据包抓取正常</td><td>10</td><td></td><td></td><td></td><td></td></tr>
<tr><td>完成拓展训练</td><td>10</td><td></td><td></td><td></td><td></td></tr>
<tr><td>项目报告</td><td>20</td><td></td><td></td><td></td><td></td></tr>
<tr><td rowspan="4">素质
考核</td><td>学习态度</td><td>5</td><td></td><td></td><td></td><td></td><td rowspan="4"></td></tr>
<tr><td>工作态度</td><td>10</td><td></td><td></td><td></td><td></td></tr>
<tr><td>合作交流</td><td>5</td><td></td><td></td><td></td><td></td></tr>
<tr><td>出勤</td><td>10</td><td></td><td></td><td></td><td></td></tr>
<tr><td colspan="2">学生自评签名：</td><td colspan="3">项目组互评签名：</td><td colspan="3">教师签名：</td></tr>
</table>

项目二十四

SSD1306 液晶显示

项目导入

物联网设备通常都具有通过传感器采集数据的功能，人们想获取这些数据往往采用的方法有两种：一种方法是采用串口通信的方式，通过 MCU 的串口将数据发送到 PC，再在 PC 上显示出来；另一种方法就是把数据直接通过液晶显示出来。液晶显示的方法具有简单快捷、携带方便、成本低廉等特点，在物联网产品上得到了广泛的应用。

项目要求

使用 SSD1306 液晶模块显示温湿度信息。

(1) 用 SHT10 传感器采集温湿度数据。

(2) 用 SSD1306 液晶模块显示温湿度数据。

(3) 用 SSD1306 液晶模块显示图形。

项目分析

本项目需要 1 个 ZigBee 模块和 1 个 SSD1306 液晶模块。由 CC2530 通过 SHT10 传感器采集温湿度数据，再通过 SSD1306 液晶模块把数据直接显示出来。SSD1306 是一款 128×64 像素的 OLED(Organic Light-Emitting Diode，有机发光二极管)液晶显示器，具有自发光、无须背光源、厚度薄、视角广、反应速度快、使用温度范围广、构造及制程较简单、成本低廉等特点，在许多电子产品和电子实验中被采用。

项目目标

(1) 熟悉 SHT10 传感器的工作原理。

(2) 掌握 SSD1306 液晶模块的工作原理。

(3) 学会使用 SSD1306 液晶模块显示数据。

(4) 学会使用 SSD1306 液晶模块显示图形。

知识储备

要完成这个项目的设计，我们首先要了解 SHT10 和 SSD1306 液晶模块的工作原理，其次要学会使用 SSD1306 液晶模块显示数据和显示图形的方法。其中 SHT10 温湿度传感器的工作原理在前面项目中已有介绍，本节主要介绍SSD1306液晶模块的原理及显示方法。

一、SSD1306 液晶模块的工作原理

1. SSD1306 简介

SSD1306是一款带控制器的、用于OLED点阵图形显示系统的驱动器，由128个SEG(列输出)和64个COM(行输出)组成。该芯片专用于共阴极OLED面板设计。

SSD1306 内置对比度控制器、显示 RAM(GDDRAM)和振荡器，以此减少了外部元件的数量和功耗。该芯片有 256 级亮度控制，数据或命令由 MCU 通过 I2C 接口或 SPI 接口发送。该芯片适用于许多小型便携式应用，如电子设备显示屏、MP3 播放器和计算器等。SSD1306 接口引脚见图 24-1。

SPI 接口　　　　I2C 接口

图 24-1　SSD1306 接口引脚图

OLED 具备自发光、无须背光源的特点，因此不显示数据时是黑屏的。而 LCD 显示器需要背光，因此无显示数据时屏幕也会发光。同样的显示 OLED 效果更好一些，因此 OLED 被认为是下一代的平面显示器应用技术。以目前的技术来说，OLED 的尺寸还难以做到大型化。

常用的 OLED 显示模块有以下特点：

(1) 模块有单色和双色两种可选：单色为纯蓝色，而双色则为黄蓝双色。

(2) 屏幕尺寸小：显示尺寸常用有 0.91"、0.96"、1.3"，本项目采用 0.96" 模块。

(3) 高分辨率：常用模块的分辨率为 128 × 64。

(4) 多种接口方式：常用 IIC 接口(4 脚)、3 线(6 脚)或 4 线(7 脚)的 SPI 接口方式。

(5) 供电电压：3.3 V。

2. SSD1306 液晶初始化

SSD1306 液晶使用前需要调用初始化函数 LCD_Init(void)，其代码如下：

```
void LCD_Init(void)
{
    LCD_RST=1;      //从上电到下面开始初始化要有足够的时间，即等待 RC 复位完毕
    LCD_WrCmd(0xae);//显示面板关(睡眠模式)
    LCD_WrCmd(0x00);//设置显示时的起始列地址低 4 位
    LCD_WrCmd(0x10);//设置显示时的起始列地址高 4 位。
```

```
    LCD_WrCmd(0x40);//设置起始行，0~63
    LCD_WrCmd(0x81);//设置对比度
    LCD_WrCmd(0xcf); // 数值越大对比度越大，0~255
    LCD_WrCmd(0xa1);//列扫描方向从左到右，0xa0 左右翻转
    LCD_WrCmd(0xc8);//行扫描方向从上到下，0xc0 从下到上
    LCD_WrCmd(0xa6);//A6 正常显示，A7 命令反相显示
    LCD_WrCmd(0xa8);//设置复用率(1~64)
    LCD_WrCmd(0x3f);//设置复用率为 63
    LCD_WrCmd(0xd3);//设置显示位移，0x00~0x3F
    LCD_WrCmd(0x00);//设置显示位移为 0
    LCD_WrCmd(0xd5);//设置显示时钟分频率/振荡器频率
    LCD_WrCmd(0x80);//设置显示时钟分频率 8
    LCD_WrCmd(0xd9);//设置预充电周期，RESET= 2 DCLKs
LCD_WrCmd(0xf1);//设置预充电周期为 15 个时钟，非充电周期为 1 个时钟
LCD_WrCmd(0xda);  //COM 引脚匹配设置
    LCD_WrCmd(0x12);  //COM 引脚匹配
    LCD_WrCmd(0xdb);//调整 VCOMH 电压输出     LCD_WrCmd(0x40);//设置起始行
    LCD_WrCmd(0x20);//双字节指令，设置页地址模式
    LCD_WrCmd(0x02);//02 表示设置页地址模式
    LCD_WrCmd(0x8d);//设置电荷泵启用/禁用
    LCD_WrCmd(0x14);//启用电荷泵
    LCD_WrCmd(0xa4);// 禁用整体显示
    LCD_WrCmd(0xa6);// 正常显示，禁用反相显示
    LCD_WrCmd(0xaf);//开启 OLED 面板显示
}
```

SSD1306 的常用命令见表 24-1。

表 24-1　SSD1306 常用命令表

1. 基本命令表										
十六进制	D7	D6	D5	D4	D3	D2	D1	D0	功能	描　述
81 A[7:0]	1 A7	0 A6	0 A5	0 A4	0 A3	0 A2	0 A1	1 A0	设置 对比度	双字节命令，设置对比度为 0~256，对比度随着值的增加而增加(RESET = 7Fh)
A4/A5	1	0	1	0	0	1	0	X0	开启整体显示	A4 命令(X0 =0)，显示 GDDRAM 内容；A5 命令(X0 =1)，忽略 GDDRAM 数据点亮全屏
A6/A7	1	0	1	0	0	1	1	X0	正常/反相显示	A6 命令(X0=0)，正常显示 A7 命令(X0=1)，反相显示
AE/AF	1	0	1	0	1	1	1	X0	设置显示开或关闭	AE 命令(X0=0)，显示关(睡眠模式)；AF 命令(X0=1)，显示开，正常模式

续表

2. 地址设置命令表										
十六进制	D7	D6	D5	D4	D3	D2	D1	D0	命令	描　述
00～0f	0	0	0	0	X3	X2	X1	X0	设置列地址低 4 位	页地址模式下 X3～X0 为列地址低 4 位。(RESET= 0000)
10～1F	0	0	0	2	X3	X2	X1	X0	设置列地址高 4 位	页地址模式下 X3～X0 为列地址高 4 位。(RESET= 0000)
20 A[1:0]	0 *	0 *	1 *	0 *	0 *	0 *	0 A1	0 A0	设置内存地址模式	双字节指令。A[1:0] = 00b，水平地址模式；A[1:0] = 01b，垂直地址模式；A[1:0] = 10b，页地址模式
B0~B7	1	0	1	1	0	X2	X1	X0	设置页面的起始地址	设置页面的起始地址，(PAGE0 ～ PAGE7)页面寻址模式
3. 硬件设置命令表										
十六进制	D7	D6	D5	D4	D3	D2	D1	D0	命令	描　述
40～7F	0	1	X5	X4	X3	X2	X1	X0	设置起始行	X5 ～ X0 表示起始行 0 ～ 63，RESET=000000
A0/A1	1	0	1	0	0	0	0	X0	列扫描方向	X0=1，列扫描方向从左到右；X0=0，方向从右到左
A8 A[5:0]	1 *	0 *	1 A5	0 A4	1 A3	0 A2	0 A1	0 A0	设置复用率	双字节指令，设置复用率为 N+1
C0/C8	1	1	0	0	X3	0	0	0	行扫描方向	行扫描方向，0xC8 从上到下，0xC0 从下到上
D3 A[5:0]	1 *	1 *	0 A5	1 A4	0 A3	0 A2	1 A1	1 A0	设置显示位移	设置显示位移，0x00 ～ 0x3F，RESET=00H
DB A[6:4]	1 0	1 A6	0 A5	1 A4	1 0	0 0	1 0	1 0	调整输出电压	调整 V_{COMH} 电压输出
4. 时钟设置命令表										
十六进制	D7	D6	D5	D4	D3	D2	D1	D0	命令	描　述
D5 A[7:0]	1 A7	1 A6	0 A5	1 A4	0 A3	1 A2	0 A1	1 A0	设置时钟分频/振荡器频率	A[3:0]：设置显示时钟分频；A[7:4] 振荡器频率
D9 A[7:0]	1 A7	1 A6	0 A5	1 A4	1 A3	0 A2	0 A1	1 A0	设置预充电周期	双字节指令，设置预充电周期，RESET= 2 DCLK

从上表可以看出，当初始化命令为 0xA0 时画面左右翻转，当初始化命令为 0xA5 时点亮全屏，如图 24-2 所示。

正常显示效果

0xA0 效果

0xA5 效果

图 24-2　初始化命令为 0xA0、0xA5 效果图

当初始化命令为 0xA7 时画面反白显示，当初始化命令为 0xD3 时画面上下位移，效果如图 24-3 所示。

0xA7 效果

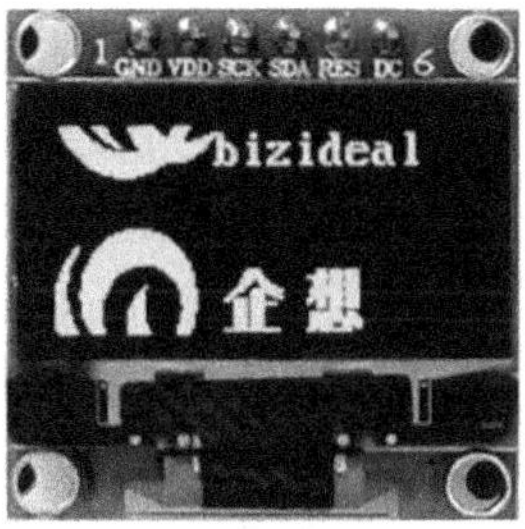

0xD3 效果

图 24-3　初始化命令为 0xA7、0xD3 时效果图

3. SSD1306 液晶显示英文字符

(1) SSD1306 显示英文字符的函数如下：

```
void OLED_P8x16Str(unsigned char x, y,unsigned char ch[])
{
    unsigned char c=0,i=0,j=0;
    while (ch[j]!='\0')
    {
        c =ch[j]-32;     //ASCII 码表中前 32 个字符无法显示
        if(x>120){x=0;y++;}  //调用 8×16 点阵字库，最大显示 128 列，超过则需另起一行
        OLED_Set_Pos(x,y);     //设置显示位置为第 page y(字符的上半部分)
        for(i=0;i<8;i++)
        OLED_WrDat(F8X16[c*16+i]);     //显示的 8×16 点阵字符
        OLED_Set_Pos(x,y+1);     //设置显示位置为第 page y+1(字符的下半部分)
        for(i=0;i<8;i++)
        OLED_WrDat(F8X16[c*16+i+8]);
        x+=8;
        j++;
    }
}
```

(2) 显示位置设置如下：

```
void OLED_Set_Pos(unsigned char x, unsigned char y)
{
    OLED_WrCmd(0xb0+y);                   //设置目标显示位置页起始地址
    OLED_WrCmd(((x&0xf0)>>4)|0x10);  //设置列起始地址低 4 位
    OLED_WrCmd((x&0x0f)|0x01);          //设置列起始地址高 4 位
}
```

GDDRAM 的地址模式分为页地址模式、水平地址模式、垂直地址模式三种。初始化函数中用 0x20、0x02 双字节指令设置为页地址模式。

通常在页地址模式下访问 GDDRAM，需要如下步骤来定义起始 RAM 访问指针指向：

① 通过命令(B0h～B7h)设置目标显示位置页起始地址。

② 通过命令(00h～0Fh)设置列起始地址低位。

③ 通过命令(10h～1Fh)设置列起始地址高位。

在 GDDRAM 访问后(读/写)，列地址指针将自动增加 1。如果列地址指针到达列终止地址，列地址指针将复位到列起始地址，但页地址指针不会改变。

页地址模式下页以及列地址指针的变化如图 24-4 所示。

	COL 0	COL 1	…	COL 126	COL 127
PAGE0	→	→	→	→	→
PAGE1	→	→	→	→	→
⋮	⋮	⋮	⋮	⋮	⋮
PAGE6	→	→	→	→	→
PAGE7	→	→	→	→	→

图 24-4　页地址模式数据写入顺序

例如，页地址是 B2h，列地址低位是 03h，列地址高位是 10h，起始列将为 PAGE2 的 SEG3，GDDRAM 访问指针的指向如图 24-5 所示。如果写入一个字节数据，则按低位在上、高位在下的方式写入 GDDRAM。

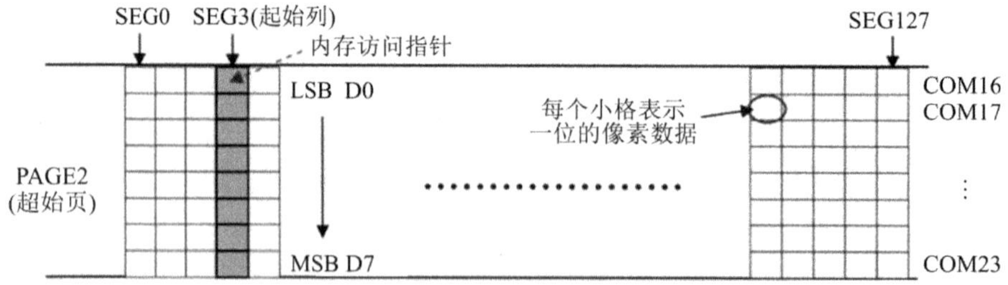

图 24-5　页地址模式字节 GDDRAM 写入位置

初始化函数中用 0x20、0x00 双字节指令设置为水平地址模式。当处于此模式时，在 GDDRAM 访问后(读/写)，列地址指针将自动增加 1。如果列地址指针到达列终止地址，列地址指针将复位到列起始地址，且页地址指针将自动增加 1。

水平地址模式下的数据写入顺序如图 24-6 所示，如果列地址指针和页地址指针都到达各自的终止地址，则它们都将复位到各自的起始地址。

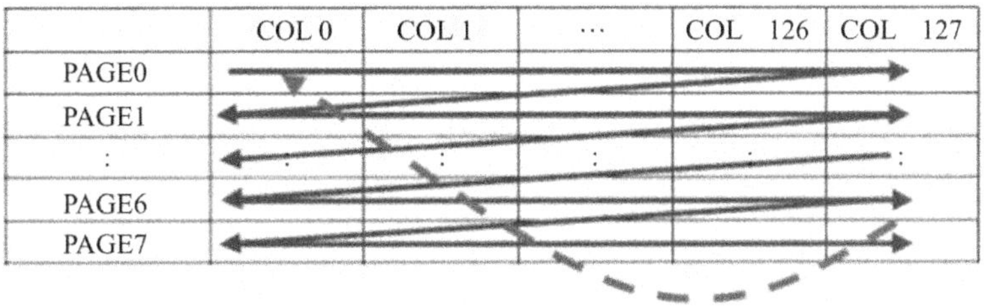

图24-6　水平地址模式下的数据写入顺序

初始化函数中用 0x20、0x01 双字节指令设置为垂直地址模式。当处于此模式时，在GDDRAM 访问后(读/写)，页地址指针将自动增加 1。如果页地址指针到达页终止地址，页地址指针将复位到页起始地址，且列地址指针将自动增加 1。

垂直地址模式下的数据写入顺序如图 24-7 所示，如果列地址指针和页地址指针都到达各自的终止地址，则它们都将复位到各自的起始地址。

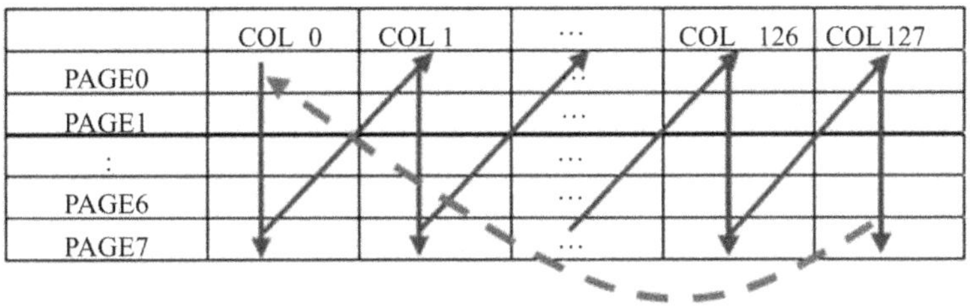

图24-7　垂直地址模式下的数据写入顺序

4. SSD1306液晶写入数据

SSD1306通常采用的是SPI 接口以及 IIC 接口。4线SPI接口包括：串行时钟(SCLK)、串行数据(SDIN)、数据/命令控制(D/C#)、片选(CS#)。在4线SPI模式下，D0用作SCLK，D1用作SDIN。E和R/w#的引脚连接到外部地。

在 SCLK 每个上升沿，SDIN 上的数据按 D7，D6，…，D0 的顺序(高位在前)移位到一个8位移位寄存器中。每8个时钟对D/C#进行一次采样，移位寄存器中的8位数据根据D/C# 的采样结果写入图形显示数据 RAM(GDDRAM)或命令寄存器。4 线 SPI 的写时序如图24-8所示。

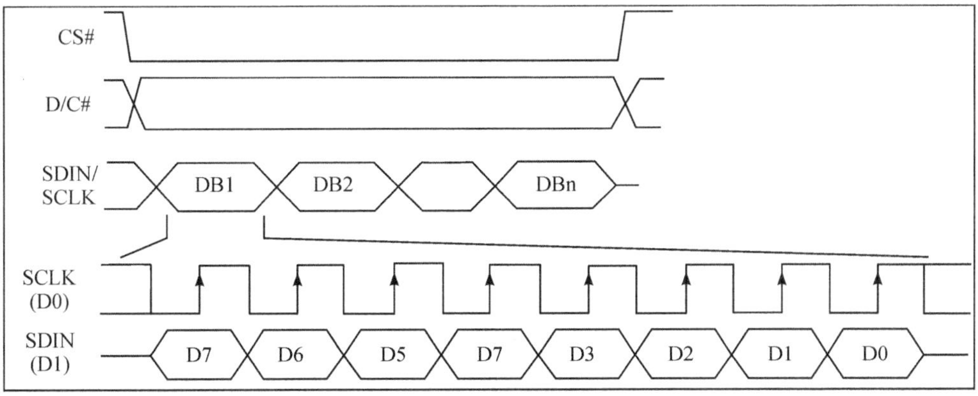

图24-8　4线SPI的写时序图

3 线 SPI 接口包括：串行时钟(SCLK)、串行数据(SDIN)和片选(CS#)。在 3 线 SPI 模式下，D0 用作 SCLK 输出，D1 用作 SDIN。该操作类似于 4 线串行接口，但不使用 D/C#引脚。

IIC 总线包含数据信号线 SDA 和时钟信号线 SCL。SDA 和 SCL 线都必须接上拉电阻。主机先发起开始(START)信号，然后发送 1 B 首字节，包括从机地址(7 位)和读写数据位(1 位，最低位，0 为写模式)，驱动器识别从机地址为本机地址之后，将会发出应答信号(ACK)，如图 24-9 所示。

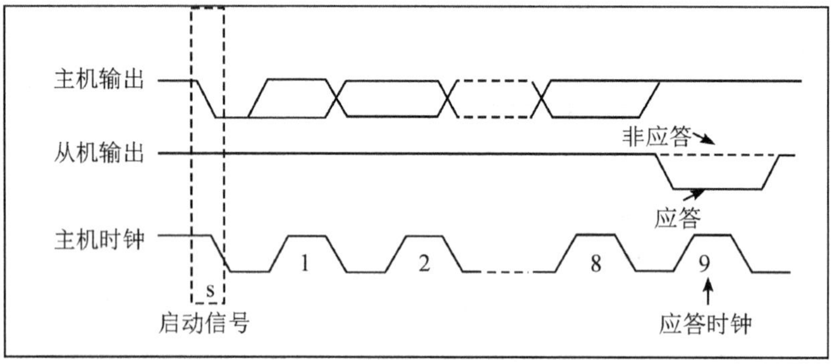

图 24-9　IIC 写数据时序图

函数 Write_IIC_Command()实现了 IIC 方式下的命令写入，其代码如下：

```
void Write_IIC_Command(unsigned char IIC_Command)
{
    IIC_Start();                        //IIC 启动信号
    Write_IIC_Byte(0x78);               //IIC 从机地址 SA0=0
      IIC_Wait_Ack();                   //等待 1 个时钟的 ACK 响应信号
    Write_IIC_Byte(0x00);               //准备写入命令
      IIC_Wait_Ack();                   //等待 1 个时钟的 ACK 响应信号
    Write_IIC_Byte(IIC_Command);        //写入 SSD1306 命令
      IIC_Wait_Ack();                   //等待 1 个时钟的 ACK 响应信号
    IIC_Stop();                         //IIC 结束信号
}
```

等待 1 个时钟的 ACK 响应信号的函数 IIC_Wait_Ack()的代码如下：

```
void IIC_Wait_Ack()
{
      OLED_SCLK_Set() ;
      OLED_SCLK_Clr();
}
```

IIC 写入 1 位数据时，先从 SDA 数据线输出数据，待 SCL 发出一个脉冲信号后。再输出下一位数据(见图 24-10)，其代码如下：

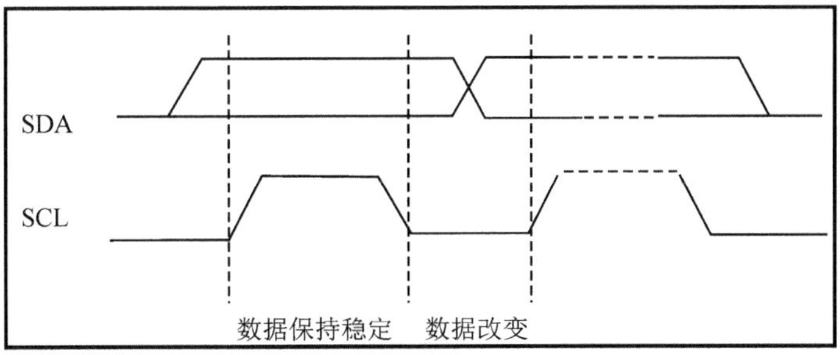

图 24-10　IIC 写入 1 位数据时序图

```
void Write_IIC_Byte(unsigned char IIC_Byte)
{
    unsigned char i;
    unsigned char m,da;
    da=IIC_Byte;
    OLED_SCLK_Clr();
    for(i=0;i<8;i++)
    {
        m=da;
        m=m&0x80;
        if(m==0x80)                    //输出高位在前
        {OLED_SDIN_Set();}
        else OLED_SDIN_Clr();
            da=da<<1;
        OLED_SCLK_Set();               //发出一个时钟脉冲信号
        OLED_SCLK_Clr();
    }
}
```

二、SSD1306 文件移植

SSD1306 文件由 SSD1306.h 和 SSD1306.c 文件组成，主要包含了初始化、写入字节、写入字符串、写入图像等函数。资料中提供的一般都是针对 51 或 STM32 等单片机编写的函数，由于 CC2530 采用 51 内核，因此直接使用资料提供的 SSD1306 的 51 代码即可。

(1) 将基础实验里面的 SHT10.c、SHT10.h、oled.h、oled.c、oledfont.h 文件复制到项目文档的“...\Projects\Z-Stack\Samples\SampleApp\Source”文件夹或其他文件夹下，如图 24-11 所示。

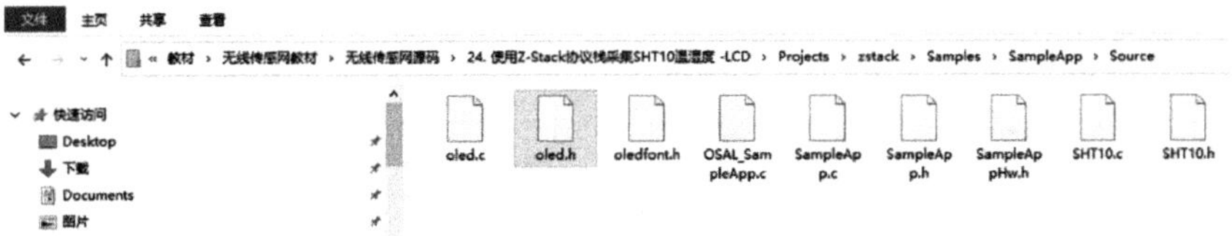

图 24-11　SSD1306 文件复制

(2) 为了方便查看，在协议栈的 APP 目录树下用鼠标右键点击 Add 选项，将 SHT10.c、SHT10.h、oled.h、oled.c、oledfont.h 文件添加到 APP 中，使 SampleApp.c 文件中包含 SHT10.h、oled.h 头文件，如图 24-12 所示。

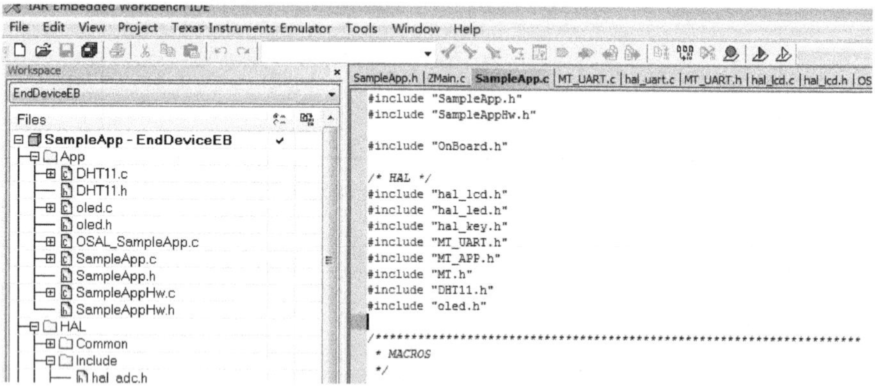

图 24-12　SampleApp.c 添加头文件

(3) 在 oled.c 文件中添加 oled.h、oledfont.h 头文件，如图 24-13 所示。

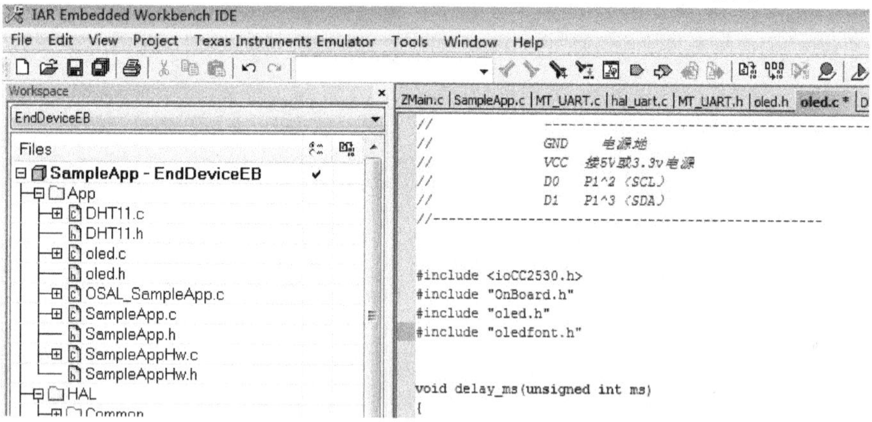

图 24-13　oled.c 添加头文件

(4) 在 SampleApp.c 文件中添加 SSD1306 初始化函数 OLED_Init()，并将 16 × 8 点阵的字符串“Temp:”显示在屏幕左上角，如图 24-14 所示。

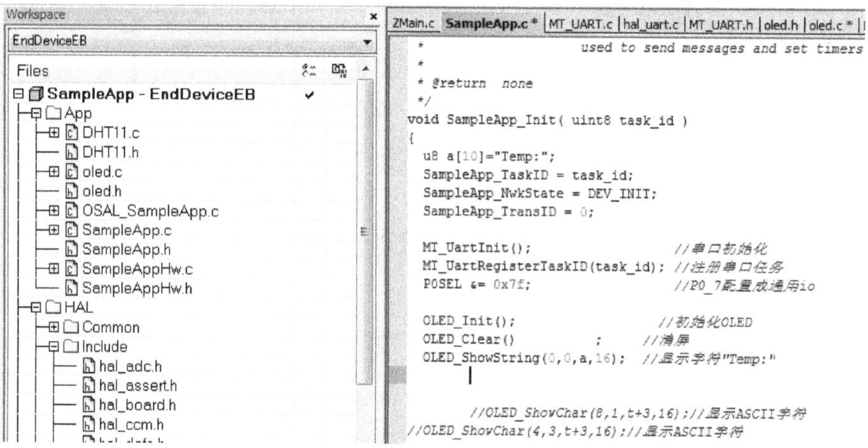

图 24-14　SampleApp.c 文件中添加代码

(5) 在发送点播包函数 SampleApp_Send_P2P_Message( )中添加将采集到的温湿度数据显示到 SSD1306 液晶屏的代码中，如图 24-15 所示。

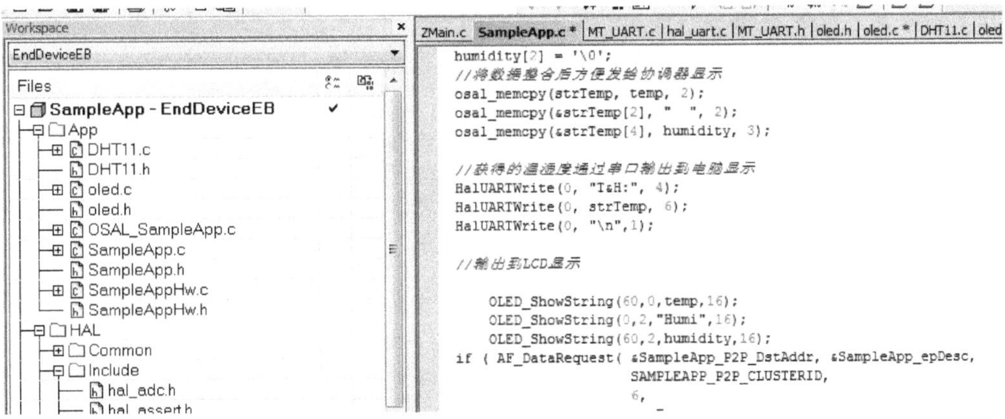

图 24-15　修改 SampleApp_Send_P2P_Message( )函数

项目实施

一、设备和资源准备

项目实施前必须先准备好相应的设备和资源，见表 24-2。

表 24-2　设备和资源清单

序号	设备/资源名称	数量	单位	是否准备到位(√)
1	CC2530 模块	2	个	
2	SmartRF04EB(或 CCDebugger)仿真器	1	个	
3	USB 转 TTL 数据线	1	根	
4	SSD1306 液晶	1	块	

二、实施过程

1. 连接设备

将 SmartRF04EB 仿真器的 JTAG 接口与 CC2530 模块相连，仿真器另一端用 USB 数据线连接到 PC 上。

2. 下载程序

(1) 打开 IAR 的 SHT10 工程，在目录树的下拉菜单中选择 CoodinatorEB，将其下载到开发板 A 作为协调器。

(2) 在目录树的下拉菜单中选择 EndDeviceEB，将其下载到开发板 B 作为终端节点。

(3) 终端连网成功后终端节点会以串口、液晶、无线三种方式发送数据。

项目成果

接通协调器和终端节点开发板电源。当联网成功后，终端节点会通过无线方式发送温湿度数据到协调器，同时通过串口和液晶显示温湿度数据，其中液晶显示的实验结果如图24-16所示。

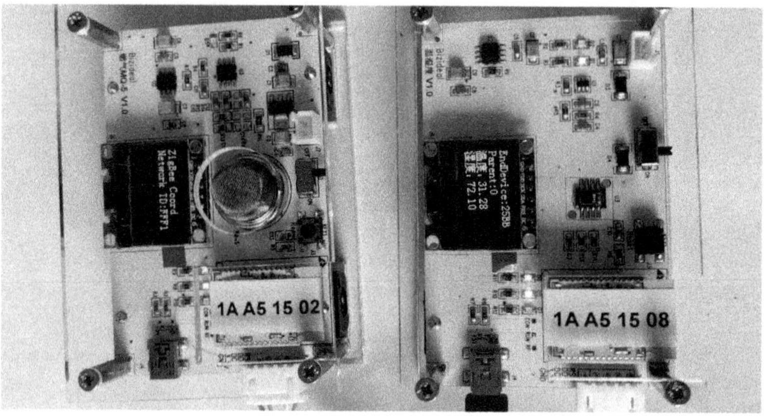

图 24-16　SSD306 液晶显示效果图

项目总结

项目完成后认真填写表 24-3，记录整个项目的完成步骤及完成效果。

表 24-3　项 目 报 告 表

<table>
<tr><td>课程名称</td><td></td><td>项目名称</td><td colspan="4"></td></tr>
<tr><td>班级</td><td></td><td>姓名</td><td></td><td>学号</td><td colspan="2"></td></tr>
<tr><td>组长</td><td></td><td>小组成员</td><td colspan="4"></td></tr>
<tr><td rowspan="5">项目报告</td><td colspan="6">(报告必须包含以下几点：一、项目目的；二、项目计划；三、项目实施过程；四、项目总结；五、体会，可附页)</td></tr>
<tr><td colspan="3" rowspan="4"></td><td>日期</td><td colspan="2">年　月　日</td></tr>
<tr><td rowspan="3">项目成员签名</td><td></td><td></td></tr>
<tr><td></td><td></td></tr>
<tr><td></td><td></td></tr>
</table>

项目评价

根据项目完成情况，由学生自评、项目组互评、教师评分给予综合评判。学生也可参考评分细节重点掌握相关环节需要达到的能力要求。考核评价表如表 24-4 所示。

表 24-4　考核评价表

评价要素		分值	学生自评 (30%)	项目组互评 (20%)	教师评分 (50%)	各项总分	合计
能力考核	接线正确	10					
	驱动安装正确	10					
	完成代码	10					
	液晶显示正常	10					
	完成拓展训练	10					
	项目报告	20					
素质考核	学习态度	5					
	工作态度	10					
	合作交流	5					
	出勤	10					
学生自评签名：			项目组互评签名：		教师签名：		

参 考 文 献

[1] 王小强，欧阳骏，黄宁淋. ZigBee 无线传感器网络设计与实现[M]. 北京：化学工业出版社，2012.

[2] 姜仲，刘丹. ZigBee 技术与实训教程：基于 CC2530 的无线传感网技术[M]. 北京：清华大学出版社，2014.

[3] 杨瑞，董昌春. CC2530 单片机技术与应用[M]. 北京：机械工业出版社，2016.

[4] 刘赞宇. 物联网应用技术[M]. 北京：北京邮电大学出版社，2013.

[5] 企想学院. 无线传感网技术与应用[M]. 北京：中国铁道出版社，2021.